国家自然科学基金项目(51374198,51504247,51323004)
国家重点基础研究计划(973)项目(2013CB036003)

大同矿区坚硬顶板
静动压巷道稳定控制关键技术

郭金刚　靖洪文　孟　波　著

中国矿业大学出版社

内 容 简 介

本书是大同煤矿集团有限责任公司近年来在大同矿区坚硬顶板静动压巷道稳定控制方面所取得研究成果的总结，全书共分7章，内容包括绪论、大同矿区坚硬顶板静动压巷道灾害特征研究、坚硬顶板静动压巷道围岩承载机理与控制技术研究、坚硬顶板静动压巷道支护材料及关键技术研究、坚硬顶板静动压巷道稳定性评估方法与支护规范化设计、基于B\S架构的支护专家系统以及工业性试验。

本书适用于煤矿支护技术人员学习参考，也可供相关专业的研究人员、大中专师生研究参考。

图书在版编目(CIP)数据

大同矿区坚硬顶板静动压巷道稳定控制关键技术/
郭金刚,靖洪文,孟波,著. —徐州:中国矿业大学出版社,
2017.6

ISBN 978-7-5646-3596-1

Ⅰ.①大… Ⅱ.①郭… ②靖… ③孟… Ⅲ.①坚硬顶板—煤层巷道—稳定性—研究—大同 Ⅳ.①TD322

中国版本图书馆 CIP 数据核字(2017)第 156737 号

书　　名	大同矿区坚硬顶板静动压巷道稳定控制关键技术	
著　　者	郭金刚　靖洪文　孟　波	
责任编辑	吴学兵	
出版发行	中国矿业大学出版社有限责任公司	
	（江苏省徐州市解放南路　邮编 221008）	
营销热线	(0516)83885307　83884995	
出版服务	(0516)83885767　83884920	
网　　址	http://www.cumtp.com　**E-mail**:cumtpvip@cumtp.com	
印　　刷	徐州中矿大印发科技有限公司	
开　　本	787×1092　1/16　**印张** 19.25　**字数** 480 千字	
版次印次	2017 年 6 月第 1 版　2017 年 6 月第 1 次印刷	
定　　价	65.00 元	

（图书出现印装质量问题,本社负责调换）

前　言

　　大同矿区是我国最大的煤炭生产基地之一,拥有井田面积 2 083.69 km²,资源储量合计约 313 亿吨,每年新掘巷道总进尺为 260～300 km,支护工作量大面广。大同矿区"两系"煤岩层具有煤层厚度大、顶底板坚硬的特点,在采用综合机械化(放顶煤)开采的过程中普遍存在采场压力大、矿压显现剧烈、区段煤柱宽、煤炭损失严重,支护设计工作量大、煤巷维护困难等突出问题。受地质条件、围岩性质、采掘顺序、支护方式等因素的影响,近年来大同矿区巷道支护出现了很多典型新问题,如石炭系火成岩侵入特厚煤层破碎顶板巷道、侏罗系多层开采中极近距离煤层巷道、过煤柱巷道支护问题等,这些新旧问题给矿井安全、高效开采带来了巨大挑战。

　　针对大同矿区坚硬顶板双系煤层群开采条件和存在的问题,大同煤矿集团有限责任公司与国内外高校、科研院所等单位进行了大量的合作研究,以复杂围岩应力条件下支护结构稳定为主线,围绕大同矿区静动压巷道致灾机理、稳定控制关键技术以及专用新型支护材料展开攻关,取得如下创新成果:

　　(1)基于大同矿区坚硬顶板静动压巷道围岩应力重分布与锚固结构强度之间的平衡协调过程,建立了围岩强度衰减的力学模型,揭示了坚硬顶板静动压巷道灾害形成机制,提出了"应力-强度稳定控制"支护机理和方法。

　　(2)通过大批量锚杆、锚索现场破坏性拉拔试验,获得了不同岩性条件下锚杆、锚索的工作性能特征曲线及"三径"匹配规律,提出了坚硬顶板巷道小直径、高强度支护材料优化方法,研制了载荷阻尼螺母、高阻差速让压模块、应力显示环和 JW 钢带等新型支护材料和结构。

　　(3)提出了大同矿区坚硬顶板静动压巷道"三高一体化动态优化支护"、"极软弱顶板煤巷双层锚固平衡拱支护"和"消防结合整体耦合防冲让均压支护"的多层次、动态耦合成套支护技术。

　　(4)建立了基于松动圈和地质力学评估的稳定性分级模型,研制了大同矿区坚硬顶板支护技术规范和非单调推理的 BS 型交互式多级权限管理的支护专家系统,提高了矿区巷道支护规范化、自动化、智能化水平。

本书是大同煤矿集团有限责任公司近年来在大同矿区坚硬顶板静动压巷道稳定控制方面所取得研究成果的总结,全书共分 7 章,内容包括绪论、大同矿区坚硬顶板静动压巷道灾害特征研究、坚硬顶板静动压巷道围岩承载机理与控制技术研究、坚硬顶板静动压巷道支护材料及关键技术研究、坚硬顶板静动压巷道稳定性评估方法与支护规范化设计、基于 B\S 架构的支护专家系统以及工业性试验。

由于作者水平所限,书中不妥之处在所难免,恳请广大读者给予批评指正。

作　者

2017 年 1 月

目 录

1 绪   论

1.1 引言

大同矿区是我国规划中的晋北大型煤炭基地,也是我国最大的煤炭生产基地之一。大同煤矿集团有限责任公司(以下简称"同煤集团")是地跨大同、朔州、忻州 3 市的 39 个县、区,拥有井田面积 2 083.69 km²,资源储量合计约 313 亿吨,年生产能力上亿吨的特大型煤炭企业集团。2012 年同煤集团全部巷道进尺统计结果见表 1-1。

表 1-1　　　　　　　　　　2012 年同煤集团巷道进尺统计表　　　　　　　　　单位:m

按巷道断面 /m²	合计	按支护形式划分				按巷道岩性			按照巷道性质		
		锚杆锚索	锚喷支护	U29 钢棚支护	梯形钢梁支护	全煤巷	半煤巷	全岩巷	开拓	准备	回采
≈7	3 377	3 272	105	0	0	1 735	1 527	115	105	0	3 272
≈8	10 794	10 180.1	614	0	0	3 581	6 381.1	832	0	224	10 570.1
≈9	11 343	11 202.5	140	0	0	2 459	8 733.5	150	0	1 239.5	10 103
≈10	28 634	26 213.4	1 042	0	1 379	6 312.4	21 612	710	0	1 456	27 178.4
≈11	49 592	46 434	2 010	495	653	7 139	41 322	1 131	696	8 619	40 277
≈12	41 178	36 436	3 981	607	154	13 825	20 183	7 170	1 307	8 067	31 804
≈13	22 552	19 219	2 970	0	363	4 514	16 691	1 347	609	3 939	18 004
≈14	10 395	9 901	434	0	60	3 704	6 411	280	95	2 780	7 520
≈15	31 316	16 387	4 643	9 773	513	10 131	16 882	4 303	2 237	8 208	20 871
≈16	9 432	4 231	5 161	0	40	1 221	3 407	4 804	2 798	2 247	4 387
≈17	12 282	10 249.7	2 032	0	0	10 254.7	1 256	771	245	3 334	8 702.7
≈18	12 509	7 251	5 257.5	0	0	2 086	7 782.5	2 640	2 698.5	2 257	7 553
≈19	9 072	8 705	307	60	0	8 512	295	265	497	10	8 565
≈20	21 179	17 773	3 015	300	91	17 300	474	3 405	1 770	5 444	13 965
≈21	13 257	9 716.7	3 160	380	0	9 981	1 456.7	1 819	1 833	7 684	3 739.7
≥21	685	0	685	0	0	0	0	685	685	0	0
总计	287 597	237 171	35 556.5	11 615	3 253	102 755	154 414	30 427	15 575.5	55 508.5	216 512
百分比	100.0	82.47	12.36	4.04	1.13	35.73	53.69	10.58	5.42	19.30	75.28

注:统计图中面积≥21 m² 的巷道进尺对应于坐标轴 22 m² 的进尺。

同煤集团下辖矿井赋存于侏罗系和石炭系地层,每年新掘巷道总进尺为 $260\sim300$ km。巷道断面面积主要集中于 $9\sim14$ m² 之间,全煤巷道和半煤巷道占巷道总量的 90%,83% 的巷道采用的是锚杆锚索联合支护,如图 1-1 所示。按巷道性质,工作面回采巷道占总数的 75%。

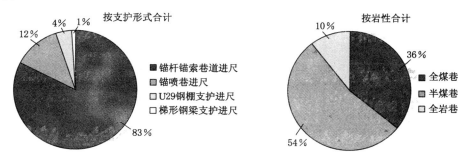

图 1-1　支护进尺统计

受地质条件、围岩性质、采掘顺序、支护方式等因素的影响,近年来大同矿区巷道支护出现了很多典型新问题,如石炭系火成岩侵入特厚煤层破碎顶板巷道、侏罗系多层开采中极近距离煤层巷道、过煤柱巷道支护问题等。针对这些问题,需要进行系统研究,提出一套适用于大同矿区实际情况的支护理论和配套支护技术,在保证安全的基础上,尽可能降低支护成本,提高生产效率。

1.2　国内外坚硬顶板静动压巷道稳定控制研究现状

一个稳定的支护体应该具有一定的结构形式和必要的强度。地下空间围岩既是支护的对象又是地层压力的承载主体,经过支护以后形成的承载结构及其强度直接影响到巷道的变形和稳定。各个时代的学者对围岩支护结构承载机理进行了大量的研究工作,形成了各个时期的认识和理论。

1.2.1　坚硬顶板静动压巷道围岩稳定控制机理

坚硬顶板煤层开采形成的大范围悬臂(板)结构是巷道围岩静动压力的主要根源。近距离煤层群、孤岛煤柱工作面、厚煤层大采高破碎围岩巷道等问题叠加造成静动压力更加严重。为控制静动压力的危害,主要围绕两个方面展开研究,一是增加围岩承载能力,二是消除静态集中压力及动态冲击压力。对于第一个方面,通过施加锚杆(索)、支架、注浆等手段;对于第二个方面,主要通过采区工作面布局优化,采用人为弱化坚硬顶板悬臂(板)结构或围岩的手段,将静动压力的量值降至安全范围内。

1.2.1.1　围岩支护结构承载特性

路易斯阿帕内科等于 1952 年提出了悬吊理论,认为锚固机理是锚杆通过其在上部稳定岩层中的锚固点将巷道软弱、破裂顶板岩层悬吊固定,以增强软弱岩层的稳定性。另外,锚杆末端固定在稳定岩层内,除了承担其周围一定范围内岩体的重量外,锚杆相当于固定的铰支点,减小了巷道顶板跨度,从而降低了顶板的挠度。

随着工程条件的日益复杂,人们发现在没有足够强度的上覆厚硬岩层为锚杆提供悬吊着力点时,锚杆在层状岩层中的主要作用是加固作用。Evans(1941)将锚杆在层状岩层中形成的加固结构称为"直线拱",后来发展成为组合梁理论。组合梁理论主要针对岩层的层状结构,指出可利用锚杆的轴向力以及横向抗剪力将层状岩层组合起来形成组合梁结构进行支护,可以有效防止岩层离层以及相对滑动,减小其变形,增加支承结构的整体结构强度,从而起到控制围岩的作用。Raoul O. Roko 等(1983)通过对完整及破坏后层状叠合梁加锚相似模拟试验,认为锚杆对于层状岩层的加固效果取决于岩层的完整状态。当岩层完整时,锚杆将岩梁组合成一个整体,增加了岩层的抗弯能力和峰值强度。相对破裂的岩层顶板可以相互挤压形成自然承载梁,锚杆在破裂岩层顶板中所起的作用是提高水平推力来提高梁的稳定性,另外还能提供抵抗层间剪切的阻力。

当围岩破裂程度较高,岩层层状结构破坏后,传统意义上的组合梁理论的假定条件不能得到满足,人们开始探求新的支护理念。T. A. Lang 等(1961)通过经典的桶中砾石锚固试验[图 1-2(a)]以及砾石自承载板试验[图 1-2(b)]证实了锚杆对破裂岩体的锚固效果。其中自承载板试验模型尺寸为 1.2 m×1.2 m,内含有 200 mm 的砾石(直径大约 30 mm)。试验证明,可以利用直径 7 mm、间排距为 100 mm×100 mm 的微型锚杆将洁净并含有棱角的砾石锚固起来形成有一定承载能力的承载结构。后来通过进一步研究发现了更具有普遍性的规律:要形成这种有效的承载结构,锚杆长度至少是锚杆间排距的 2 倍,且锚杆间排距不能超过潜在不稳定块体平均直径的 4 倍。

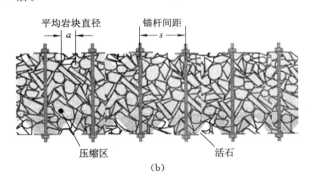

图 1-2 预应力锚杆对砾石的锚固效应
(a) 桶中砾石锚固试验;(b) 砾石锚固自承载板

由图 1-2(b)可知,如果锚杆在松散破裂岩层中的密度足够大,锚杆共同作用形成的锥体压应力区会相互叠加,在岩体中产生一个均匀的压缩带,压缩带若为板状,那么系统锚杆形成的围岩支护结构则为承载板或者岩墙的形式。同理,若巷道断面为拱形,则压缩带即可起到压缩拱支护效果(图 1-3)。图中阴影部分代表了锚杆拉力形成的压缩区。压缩区内块体之间会相互锁定形成自承载拱结构。承载拱下方锚杆之间的小三角楔体由于没有受到锚杆的拉应力约束会塌落,通常利用钢筋网或喷射混凝土来对其进行支护。

一般认为,组合拱内岩体受径向和切向应力约束,处于三向应力状态,大大提高了岩体承载能力。组合拱充分考虑了锚杆支护的整体作用,在软弱、破裂围岩难支护巷道中得到了广泛的研究和应用。

我国学者程良奎(1978)指出,一定间排距条件下,锚杆能提高结构面抗剪强度,将锚固

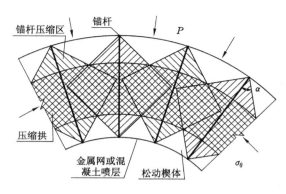

图 1-3　巷道围岩压缩拱示意图

范围内岩体组合为加筋结构体。这种组合承载结构既能维持本身稳定，又能为上覆岩体提供承载力，防止其松动和变形。当采用机械锚固型锚杆时，施加的锚固力要使井巷或者隧道周边形成均匀压缩带，才能进一步形成稳定的岩石结构体。

杨延毅(1994)针对层状岩质高边坡的顺层滑坡问题，将加锚层状岩体视为等效连续介质建立分析模型，得到了边坡极限滑动状态时的层间错动位移表达式以及锚固结构的本构关系，计算发现，加锚后的层状岩体变形模量和峰值强度的各向异性程度较加锚前显著降低。

宋宏伟(1997)在分析软岩锚喷支护机理及破坏特征的基础上，指出组合拱在软岩支护中客观存在，通过相似模拟试验对锚杆以及围岩形成的这类组合承载结构强度进行了研究，认为组合拱承载力主要与锚杆约束阻力、破裂岩石性质、组合拱厚度和组合拱形状有关。通过模拟试验以及现场观测发现组合拱的破坏特征是剪切破坏，并求出了组合拱的承载力以及合理锚杆长度。

徐金海等(1999,2000)通过现场观测和相似材料模拟试验发现，对于软岩及全煤圆形、拱形和平顶梯形巷道，破裂岩块锚固体以承载环(组合拱)的形式对围岩起支护作用，当组合拱承载能力小于外载荷将失稳破坏。这种破坏首先从组合拱内侧(巷道周边)开始，破坏特征主要为剪切破坏，指出无论是圆形、拱形还是平顶梯形巷道锚杆锚固力的作用在于提高巷道周边破裂围岩的残余强度，并使锚固体形成组合拱起支护作用；形成组合拱的锚固体强度与其破坏前强度、破裂程度、支护系统提供的围压等因素有关。组合拱的承载能力与其结构、锚固体强度和厚度等有关。

韩立军，贺永年等(1997,2005)针对深部巷道破裂围岩变形失稳的特点，对锚注加固结构承载机理进行了分析，并通过弹塑性理论推导得到了锚注加固结构极限承载能力表达式，认为锚注作用范围内的组合拱结构、锚注作用范围外高应力状态破裂岩体以及破裂范围外处于高应力状态的完整岩体共同组成了巷道支护结构的承载圈，其中锚注加固形成的组合拱结构是其中的关键承载圈，为深部破裂岩体提供径向约束，同时为深部破裂岩体应力强化特性的发挥创造条件。另外，锚注加固改善了破裂岩体的物理特性以及力学状态，改变了加固范围内岩体峰后力学特性，形成的多层组合拱结构具有较好的整体性和结构性、较高的承载力和较强的让压和抗变形能力。

杨松林(2001)假设加锚层状岩体视为等效连续体，推导得到了加锚层状岩体介质的本构方程,方程中考虑了节理的剪胀扩容特性和锚杆的作用。

高明中(2004)针对煤巷锚杆锚固梁结构在外部载荷作用下不连续非线性弯曲突变失稳现象,建立了锚固结构力学分析模型,研究了锚固结构弯曲突变失稳机理和平衡条件,并对锚固结构横向承载面积以及水平推力进行了分析,发现锚固结构在不同变形阶段能够保持动态平衡,显示出不同的自稳特征。

康天合等(2004)针对循环载荷作用下锚杆对层状节理岩体的锚固作用进行了物理模拟试验研究。研究发现,锚杆改变了无支护条件下岩体由表及里的层裂破坏形式,锚固层状节理岩体破坏形式为大尺度断裂,且断裂后仍具有良好的整体承载能力。岩体的分层厚度及块度越小,锚杆的锚固效果越明显。提出高应力条件下对层状或层状节理岩体的锚固必须加强锚杆各支护附件(如钢带和金属网)的强度以及锚杆预紧力才能达到较好的锚固效果。

杨建辉等(2005)通过物理模型试验对煤巷顶板锚固结构分离体的变形破坏特征进行研究,结果表明:层状结构巷道顶板变形过程中形成了铰接拱结构,铰接位置应力集中发生破碎导致锚固结构挠度不断增加最终失稳。层状顶板分层间存在滑移错动使锚杆同时受到拉力和剪力的作用,锚杆提供反作用提高了锚固结构峰值后承载力和韧性,对峰前力学特性影响较小。

张绪言等(2005)通过数值计算结果分析了沿空巷道顶板变形对锚固结构的影响,发现沿空巷道基本顶回转使巷道直接顶岩层间具有明显的错动变形,由此产生了对锚杆的横向剪切作用,探讨了这种情况下顶板锚固结构存在的三种状态:① 锚杆横向约束作用较大,岩层间错动力较小,锚固结构仍然以组合梁的形式保持稳定;② 岩层较软且层间错动力较大,锚杆无法阻止岩层错动也未被剪断,巷道稳定受到一定影响;③ 岩层坚硬且层间错动力较大,锚杆被剪断,锚固结构失效,由组合梁变为叠合梁,极易诱发顶板事故。

王继承等(2006)针对综放大断面沿空留巷围岩稳定性控制问题,采用 ANSYS 对综放沿空留巷顶板锚固结构中锚杆的剪切变形特征进行了数值计算研究,讨论了锚杆剪切力随基本顶回转角和锚杆布置倾角的变化规律。研究发现适当调整顶板锚杆倾角可以使基本顶回转引起的锚杆横向剪力显著降低。

翟英达(2008,2011)基于固体力学中 Boussinnesq 问题的解建立了单根预应力锚杆在围岩中的横向挤压力计算公式,并在此基础上将顶板锚固结构简化为均布载荷作用下的固支梁,建立了力学平衡分析模型,得到了一定巷道顶板载荷集度条件下形成稳定顶板锚固结构所需锚杆预紧力与岩石强度、锚杆有效长度以及间排距之间的关系表达式。同时把两帮锚固结构看作顶板锚固结构的支撑,分析了锚固结构承载能力与围岩侧向压力之间的关系,建立了形成帮部稳定锚固结构所需锚杆预紧力与围岩压力、岩石强度、锚杆长度及安装根数之间的关系表达式。

前人通过试验验证了巷道围岩支护结构的存在,并对其进行简化,建立了拱或梁计算模型,根据力学平衡关系推导得到了锚固岩体发生强度破坏或结构失效时的承载特性,为现场锚杆支护提供了初步的依据。

1.2.1.2　围岩支护结构与外部围岩相互作用机理

支护结构为外部围岩提供支护阻力,同时承受外部围岩的压力,与外部围岩一同构成维护巷道稳定的主体。二者之间相互影响,相互协调,最终决定了巷道稳定与否以及变形量的大小。

朱建明等(2000)根据小官庄铁矿破碎围岩巷道变形破坏及支护观测分析,将锚杆支护在松弛区内形成的承载结构(压缩拱)称之为次承载区,将内部承担围岩主要荷载的压缩区称为主承载区。次承载区承载能力取决于锚杆长度、间排距以及松弛区岩体强度,为主承载区提供支护力,主承载区承担大部分围岩压力,二者之间的相互协调作用决定了巷道的稳定。

侯朝炯等(2001)针对综放沿空掘巷围岩在回采过程中的稳定性控制问题,提出了大、小结构的概念,大结构是指包括顶煤、直接顶、基本顶和基本顶之上载荷岩层的巷道较大范围围岩结构,小结构是指巷道周围锚杆组合支护以及锚杆与围岩共同组成的锚固结构。在一定煤柱尺寸条件下,小结构中锚杆与围岩形成的锚固结构承载能力和大结构维持稳定所需支护阻力之间的平衡关系决定了围岩整体的稳定性。

孔恒等(2003)根据现场深基点位移计观测结果,将巷(隧)道岩体锚固的承载结构体系分为关键承载结构、次生加固承载结构以及二者之间的准塑性承载结构。指出作为次生加固承载结构的锚固圈承担来自外部结构的载荷,通过改善自身结构的物理力学性质影响外部围岩,其结构强度越强,则关键承载结构的范围越大,准塑性承载结构范围越小,巷道越趋向于稳定。

王卫军,李树清等(2006,2008)针对深井煤巷矿压显现的特点,引入"内、外承载结构"的概念,将锚固体、注浆体及支架等巷道支护结构称为外结构,将巷道围岩内部应力峰值点附近,由部分塑性硬化区和软化区煤岩体组成的主承载区称为内结构。指出外结构通过围岩应力场影响内结构的形成过程,当外结构在强度、支护时机上与内结构的形成实现耦合时,巷道围岩才能实现稳定。

余伟健等(2010)针对深部软弱围岩的"锚喷网+长锚索"联合支护特点,提出了由主压缩拱(锚杆支护)和次压缩拱(密集型锚索支护)共同构成的叠加拱承载体力学模型,将锚固结构看作一种等效耦合围岩,以摩尔库仑准则得出了压缩拱内岩块强度,推导得到了考虑初次支护让压影响的叠加拱承载能力计算公式以及锚固结构力学参数随让压位移变化的关系式。

1.2.1.3 巷道围岩应力转移控制原理

围岩静动压力是巷道发生变形破坏灾害的根本推动力,从源头消除危害巷道稳定的因素,无疑要比增强支护、事后补救更为安全、高效。根据弹塑性力学理论,地下空间开挖后围岩应力发生重分布,浅部围岩发生变形破裂,切向集中应力卸载,峰值切向应力向深部转移,浅部破裂围岩受力降低,这有利于巷道的稳定性。

目前围绕应力转移技术的研究主要集中在三个层面。第一个层面是采场的上部坚硬岩层空间结构层面。具有坚硬顶板特征的工作面回采形成的大规模悬臂(板)结构导致的超前集中支撑压力,以及多煤层群开采形成的孤岛煤柱对下方煤层的集中压力往往造成巷道失稳,如果煤层较厚,围岩条件较差,这种灾害的发生概率将大大增加。

合理的开采布局和方法选择对降低有害顶板结构的形成具有重要意义。如巷道走向尽量沿最大主应力方向,邻近工作面应避免相向或背向开采,应合理规划工作面开采顺序和布局,避免出现孤岛煤柱和边角煤。

工作面回采过程中后方坚硬顶板悬而不落,造成工作面前方高集中压力,容易出现突然破断造成工作面支架损毁、巷道突然变形、瓦斯突出等冲击地压灾害。通过在坚硬顶板中钻深孔爆破或者注高压水的方法切断或者弱化坚硬顶板,使之在结构上丧失完整性和连续性,最终周期性规则有序破断,消除高集中压力和冲击压力带来的威胁。这种方法对于近距离煤层群开采中上部采空区孤岛煤柱带来的集中压力问题同样适用。

第二个层面是巷道围岩层面。巷道围岩集中应力迁移过程是自然发生的过程,人为通过工程手段强制集中应力迁移既可以降低浅部围岩对支护结构的压力,同时也可以最大限度地保存浅部围岩的完整性和强度。目前巷道围岩应力迁移的手段主要通过在围岩中施工卸压孔、卸压槽,并在围岩内部进行水压致裂或爆破的方式。

第三个层面主要针对特殊支护结构。巷道在压力作用下发生变形的过程本质上是支护结构和围岩共同作用的过程,二者相互协同、相互影响,共同决定了围岩的稳定性。由于材料刚度的不耦合,在变形过程中,支护与围岩的受力存在不耦合,造成支护材料和围岩破坏不同步。多数支护材料均无法承受破坏后围岩碎块滑移形成的大变形以及冲击地压带来的瞬间高集中应力。基于此,带有恒阻、大变形、让压功能的支护结构在坚硬顶板巷道支护领域逐渐出现。这些新型支护结构通过自身结构的创新能够逐渐实现与围岩变形、刚度的耦合,这大大延长了支护构件的寿命,改善了围岩承载结构整体力学特性。

1.2.2 坚硬顶板静动压巷道围岩支护技术

1.2.2.1 锚杆支护技术

自 20 世纪 50 年代引入我国,经过多部门"七五"、"八五"和"九五"期间联合攻关,锚杆支护目前已经成为我国巷道支护工程中的主要技术。围绕锚杆及其支护附件的支护方式近年来发展迅速,由早期单一的锚杆支护、锚网支护、锚网梁支护、锚网带支护,发展到目前锚网索支护、锚网索喷支护、锚注支护等联合支护形式,这些品种丰富的新型支护形式广泛应用于普通巷道及高应力、软岩、碎裂巷道支护工程中,取得了良好的支护效果。锚杆材质由初期的竹锚杆、木锚杆、圆钢锚杆、钢丝绳锚杆、普通螺纹钢锚杆直至现在抗拉强度高于500 MPa 的高强度螺纹钢锚杆。锚杆锚固方式由初期的机械式、管缝摩擦式、水泥胶结式到目前标准的树脂锚固式。锚杆支护附件由早期的普通平托盘、低强度普通六角螺母、无垫圈,发展到现在的蝶形托盘、可调角度异型托盘、高强度阻尼螺母、减摩垫圈等一系列强度、变形匹配,高预紧力的成套锚杆支护系统。为了满足快速、方便、施加高预紧力、一次安装的要求,锚杆安装由之前的简单人工安装、人工预紧发展为新型钻、安、预紧一体式锚杆钻机、扭矩放大器、应力自动显示器的系列配套锚杆施工装备。随着在我国的大规模推广应用,锚杆支护技术整体有了长足的发展,开始朝特殊化、专门化、高效化、经济化的趋势发展,近年来出现了大量针对特殊工程需求巷道的新型锚杆类型,如恒阻大变形锚杆、高强度高刚度螺纹钢锚杆、防冲锚杆等。

1.2.2.2 金属支架

早期巷道支护无专门支护材料,主要参照地面交通、土建的施工技术经验,采用砌碹、支柱等支护形式。这类支护取材方便,成本低,在当时浅部煤层中广泛应用。随着煤炭开采深度的增加和条件复杂化,这类支护的缺点也逐渐暴露出来。砌碹支护施工劳动强度大,支护强度低,抵抗围岩变形能力差,无法与围岩密切接触,因而起不到及时支护作用。木支架的初撑力和支护强度均比较低,也无法有效控制围岩的有害变形,另外,木材易腐蚀、变质和自燃,对矿井安全有一定的威胁。

随着工业技术的发展,金属支架出现,金属支架承压后首先发生变形,而后应力集中部位发生屈服,最后断裂或者结构失稳,一般不会发生突然的断裂破坏,因此从这个角度来说,金属支架支护要优于砌碹或者锚杆支护。其次,金属支架韧性和强度均高于木支护,如果设计断面为圆形、拱形,其承载能力将更高。如果在支架内部结合位置设置可缩构件,则支架能很好地适应围岩变形,从而大大增加支架的服务寿命。另外,安装方便、快捷,有利于机械化施工,可回收复用,综合成本低等因素促进了金属支架在巷道支护中的大范围推广应用。20世纪30年代德国发明了U型钢,经截面优化、增加凹槽、调质等一系列技术改革,U型钢屈服极限、承载力学性能均得到大幅提高,一度成为西方煤矿巷道支护的主要材料。我国在20世纪60年代逐步引入U型钢支护技术,70年代后期在国有统配煤矿全面推广,经过半个世纪的发展,无论是设计理论、支架材料、施工自动化程度还是架型系列、工程应用,U型钢支护技术都取得了长足的发展。学者们围绕U型钢支架力学及失稳特性进行了大量的研究工作,现场应用和室内试验表明,U型钢支架自身几何及力学参数、附属构件、外部载荷是影响支架承载能力的主要因素。

巷道不同部位围岩在收敛变形过程中会陆续与U型钢支架接触,造成支架偏载、局部应力集中,当变形超过临界值时导致支架断裂和结构性失稳。早期主要通过支架壁后充填的方式解决这个问题,研究表明,充填密实的U型钢支架承载能力能够达到0.3~0.5 MPa。随着巷道埋深的增加和软岩大变形巷道的出现,壁后充填的U型钢支架仍然会出现局部应力集中和变形失稳的问题,支架的可缩性、卡缆、支架搭接位置的力学特性及其对支架整体稳定性的影响成为U型钢支架承载特性的研究热点,可缩性U型钢支架应运而生。当围岩压力较低时支架仅发生弹性变形,卡缆搭接位置并不发生作用。当变形达到一定程度,围岩压力继续增加,克服卡缆所提供的阻力,搭接位置将发生滑动,支架整体表现出高阻让压特性,这种特性对条件简单巷道的变形具有良好的控制效果。当围岩压力较高或者巷道跨度较大时,U型钢可缩支架的失效形式往往表现为结构性失稳。国内学者针对现场U型钢支架失稳及结构强度低的问题,提出了棚-索协同支护、金属网+壁后注化学浆+土工膜+U型钢拱架支护等新方法,极大地推动了支架支护在复杂巷道中的应用。

结构工程中,通过外部约束条件改善受力环境,从而提高自身的抗压强度和峰后延性的混凝土称为约束混凝土,钢管混凝土属于典型的约束混凝土结构。约束混凝土将钢管的延性以及混凝土强度充分协同互补,大大提高了抗压强度,使其既具有钢材的高强度和延性,又具有混凝土耐压和造价低廉的优点。钢管混凝土支架早期在地下工程中主要用于隧道施工遇到的膨胀性、破碎地层的断层带等不良地质段支护工程中。20世纪90年代平顶山矿务局首先在井下石门修复工程中使用了混凝土拱架支护,取得了较好的效果,随后在孙村煤矿、钱家营矿、北皂煤矿、查干淖尔煤矿、华丰煤矿、邢东煤矿等单位陆续进行了现场推广使用。钢管混凝土拱架在软岩、高应力巷道中的优势逐渐被重视起来,近年来国内学者围绕钢管混凝土拱架的内力分布、极限承载能力、失效机制等问题进行了系统研究,发现拱架的承载能力是相同重量U型钢拱架和工字钢棚的2~3倍,具有良好的支护性能和经济效益,对软岩大变形巷道具有较好的治理效果。

总体而言,金属支架具有强度高、抗变形能力大等优点,同时也具有劳动量大、初撑力低、被动支护等缺点,但对于无法施工锚杆的极近距离煤层巷道以及锚杆锚固效果较差的软岩或极破碎围岩巷道,仍然需要使用U型钢支架或者工字钢支架支护。

1.2.2.3　注浆支护技术

经过漫长的地质作用,巷道围岩内部充满了节理、裂隙和孔洞,这些规模不一的不连续面将完整岩块切割为低强度岩体。在后期开挖、回采等人为扰动影响下,原生裂隙扩展、新裂隙发育,围岩整体强度进一步衰减,巷道逐渐变形甚至失稳。同时,这些自由空间也是水和瓦斯的渗流通道,如果不加控制,会大大增加透水事故或者瓦斯爆炸事故发生的概率。

注浆是运用压力或者电化学的方法,将浆液通过变送设备以充填、劈裂、渗透等方式注入待加固工程材料或地层中,浆液将裂隙中的空气和水置换,改善岩体物理力学特性,达到充填裂隙、阻水、阻气、加固的目的。注浆技术源于19世纪初法国加固坝闸的工程中,随后应用到地基与基坑加固、边坡防护、隧道加固与堵水等领域。注浆材料也由最初的黏土浆液,发展为水泥、水泥粉煤灰浆液、水玻璃-氯化钙、丙烯酰胺、脲素-甲醛类浆液、络木素、脲醛树脂、环氧树脂等化学注浆材料。

注浆技术涉及的理论涵盖流体力学、水力学以及固体力学等多门基础理论,主要围绕浆液性质、注浆压力、注浆速率、裂隙参数等因素与浆液扩散规律和加固效果之间的关系展开。目前流行的注浆理论主要包括:渗透注浆理论、裂隙岩体注浆理论、压密注浆理论、劈裂注浆理论以及动水注浆理论。注浆方法主要有:充填注浆、渗透注浆、压密注浆、劈裂注浆、高压旋喷注浆、电化学注浆及爆破预裂注浆等。目前注浆技术的理论、材料和方法均呈现系列化、专门化、经济化的特征,稳定性高、渗透效果好、价格低廉、对环境无污染的复合注浆材料是将来主要的发展方向。

1.2.2.4　水压致裂技术

水压致裂技术最早应用于石油和天然气的开采,其技术的核心是通过在封闭的钻孔空间内施加高水头压力,拉裂孔壁,在周边岩层中形成裂纹网络,提高储层的透气性与孔隙率,从而达到提高石油及天然气采出率的目的。由于高压水破碎岩石具有高效、可控、不易诱发瓦斯爆炸等优点,水压致裂技术后来又逐渐发展应用于煤矿预防冲击矿压、提高瓦斯抽放效率、预防煤与瓦斯突出及预防自然发火等方面,现已成为预防矿井煤尘、瓦斯和顶板等重大事故的综合性安全措施。

大同矿区双系煤层具有典型的"双硬"特征,开采过程中坚硬顶板结构极易导致煤层储存高集中应力和弹性能,诱发冲击地压灾害。通过水压致裂技术可以破坏坚硬顶板结构,软化煤岩层,改变煤岩层储能条件和应力条件,配合开采布置、保护层开采、煤层松动爆破、煤层预注水、钻孔卸压、煤层切槽、底板定向切槽等措施可大大降低冲击灾害发生的概率,这些技术在大同矿区典型冲击矿井煤峪口矿、忻州窑矿均取得了较好的效果。随着矿区开采水平的延深以及边角煤、煤柱回收等特殊条件的出现,冲击地压灾害出现了很多新的特征,诱发因素的数量也在增加,单纯依靠以上技术中的一种或几种已经无法有效防控冲击地压灾害,迫切需要系统性研究,开发一套冲击地压灾害综合防控理论和技术。

1.3　大同矿区坚硬顶板静动压巷道关键技术问题

针对大同矿区坚硬顶板静动压巷道灾害与稳定性控制问题,需要解决以下关键技术问题:

(1)需对大同矿区近距离煤层巷道、过煤柱巷道、小煤柱巷道、冲击地压发生倾向巷道等特殊工况巷道围岩的物理力学性质、应力、变形、破坏规律进行实测研究,获得大同矿区坚硬顶板静动压巷道灾害特征。

(2)研究分析大同矿区坚硬顶板静动压不同类型巷道的破坏模式、灾害形成过程、围岩强度衰减特征及稳定控制机理,提出大同矿区坚硬顶板静动压不同类型巷道的控制机理与防治技术。

(3)需对现有支护材料、形式、设计及效果进行调研、测试和分析评价,建立规范化的支护材料选择、施工工艺标准和质量控制标准,研发专用的支护系统与支护材料。

(4)根据大同矿区坚硬顶板静动压巷道灾害特性和形成机理,建立了不同类型巷道煤岩体强度和围岩分级数据库,制订了巷道围岩分类标准和支护技术规范,形成一套科学、方便、有效的围岩稳定控制理论和技术体系。

(5)以巷道围岩松动圈支护理论和围岩稳定性级别为理论基础,根据支护技术规范建立了系统知识库和推理机,并在此基础上开发 BS 型交互式多级用户权限管理的支护专家系统。

2 大同矿区坚硬顶板静动压巷道灾害特征研究

坚硬顶板是大同矿区煤系地层特殊的沉积历史和沉积环境决定的,具有独特的致灾特性。坚硬顶板条件造成采动压力集中包含两方面的含义。首先,坚硬顶板在工作面回采过程中悬而不落,由于空间力学效应对本工作面巷道及邻近工作面掘进巷道造成了很大的超前集中应力,导致巷道压力显现明显,支护材料破坏严重。其次是坚硬顶板破断垮落发生过程时间短而集中,能量释放速率快,导致冲击矿压灾害。这些灾害在冲击倾向巷道、极近距离煤层巷道以及火成岩侵入特厚煤层巷道表现尤为突出。灾害特征是巷道围岩应力及支护结构承载能力之间相互作用的综合结果,是研究静动压巷道稳定控制机理的基础,本章首先归纳了大同矿区典型灾害巷道变形破坏特征,而后介绍了大同矿区双系地层煤岩体强度、地应力及次生应力场分布发育规律以及松动圈发育规律。

2.1 巷道变形破坏特征

2.1.1 极近距离煤层回采巷道

2.1.1.1 工程概况

根据云冈矿 11-2$^\#$ 层 81113 工作面掘进期间层间距探测资料及与上覆 11-1$^\#$ 层层间距等值线图分析,预计 81115 工作面与上部煤层层间距薄处为 0.20 m。21115 巷和 51115 巷具体煤层层间距情况如表 2-1 和图 2-1 所示。

表 2-1	81115 工作面与上覆煤层层间距情况			单位:m	
巷道名称	$H>4$	$3<H<4$	$2<H<3$	$1<H<2$	$H<1$
21115 巷	0～204(204)	204～266(62)	266～322(56)	322～378(56)	378～925(547)
51115 巷	0～307(307)	307～354(47)	354～406(52)	406～471(65)	471～925(454)

注:表中 H 表示煤层间距,数字单位均为 m。括号外数字代表距离盘区回风大巷的距离,括号中数字表示层间距为某值时的范围大小,如 378～925(547) 表示层间距小于 1 m 的范围为距离盘区回风大巷 378～925 m,长度为 547 m。

11-2$^\#$ 煤层 81115 工作面及采掘巷道与上覆 11-1$^\#$ 煤层采空区及煤柱的空间位置关系如图 2-2 所示。

81115 工作面设计长度 925 m,宽度 119 m。上部 11-1$^\#$ 层煤柱宽度 15 m 左右,11-2$^\#$ 层煤柱宽度 35 m 左右,11-2$^\#$ 层工作面相对于上部 11-1$^\#$ 层工作面内错 7 m。

2.1.1.2 巷道主要破坏特征

(1)顶板下沉弯曲严重

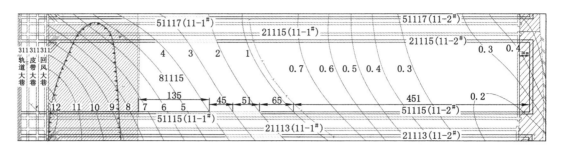

图 2-1　81115 工作面顶板厚度等值线图(单位:m)

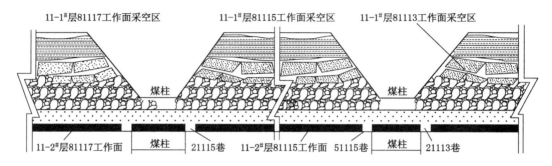

图 2-2　近煤层巷道空间位置示意图

受顶板岩性差、构造复杂、厚度薄、上部采空区煤柱集中压力以及 81111 工作面回采压力等多方面因素的影响,51113 巷顶板出现层状剥离破坏,下沉严重,闷墩不断,冒漏不绝。W 形钢带挤压出现 V 字形,工字钢棚被压弯曲,中间下沉量可达 20～30 cm,严重时出现翻转,与棚腿仅有点接触,极易失稳。

(2)巷道变形破坏主要集中在顶板,靠近帮部位置尤其严重

巷道破坏具有不均匀性,帮部完整,顶板变形破坏严重。典型破坏情况如图 2-3 所示。

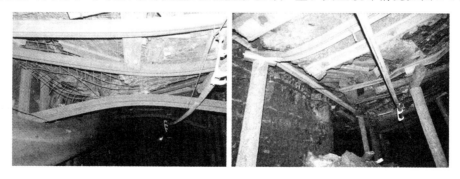

图 2-3　巷道顶板变形破坏情况

(3)顶板破碎严重极易发生漏顶

极近距离煤层巷道顶板在集中应力影响下,非常破碎,容易发生漏顶。2014 年 1 月 8 日早班与中班换班期间,51113 巷在距离盘区回风大巷约 630 m 处出现了一次较大规模冒漏,形成了直径和巷道宽度一致(4 m),高度为 1.5～2 m 的穿顶结构。

2.1.2 石炭系火成岩侵入特厚煤层大断面巷道

2.1.2.1 破坏现象

随着大同矿区侏罗系煤层资源日趋减少,煤矿开采深度逐渐增加,近年来慢慢向石炭系地层过渡。大同矿区石炭系地层受火成岩影响较为严重,特厚煤层中常见煌斑岩侵入体,形状不规则,范围大小不一,影响了煤质以及巷道稳定。目前巷道支护面临的主要问题是:采动影响范围内回采巷道顶板压力大,顶板下沉明显,底鼓严重,两帮炸帮,锚杆、锚索被拉断,矿压显现剧烈。针对采动应力大的问题,在工作面前 50 m 范围内架设三排单体液压支柱或木垛子,但液压支柱被压弯,如图 2-4 所示。

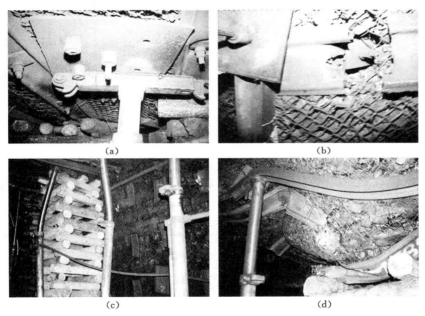

(a)   (b)

(c)   (d)

图 2-4 采动影响范围内巷道变形及支护构件破坏图
(a) 组合锚索被拉断;(b) W 形钢带被拉断;
(c) 单体液压支柱被压弯;(d) 锚索钢梁被压弯

2.1.2.2 巷道主要破坏特征

(1) 顶板破碎、巷道成型差

受火成岩侵入烘烤、挤压以及地质构造等因素的影响,煤层疏松易碎,结构复杂,掘巷过程中顶板易冒落形成穿顶结构,巷道成型差。常规普通注浆及化学注浆效果不明显,由于煤体的特殊结构特征,浆液往往沿宏观裂面传导,细微裂隙无法进入,单孔注浆量大,成本极高,局部每米多达数万元。

(2) 矿压显现明显,普通支护材料失效严重

邻近及本工作面回采压力影响大,矿压显现明显。普通锚杆及锚索支护构件易出现脱锚、拉断失效等,普通护表构件(如 W 形钢带)容易出现褶皱、拉断的情况。

(3) 巷道矿压显现时间长

邻近工作面回采对掘进巷道带来的采动压力影响在交锋后 100 m 仍然非常明显。石

炭系火成岩侵入特厚煤层采深相对于其他侏罗系地层深静态初始压力大,又面临较大的交锋超前及滞后长时间采动压力的影响。

2.1.3 冲击倾向巷道

2.1.3.1 破坏现象

煤峪口矿是冲击地压典型矿井,灾害发生时巷道发生大规模变形,支护结构破坏。具体如图 2-5、图 2-6 所示。

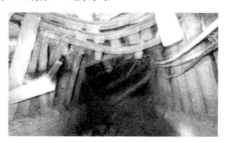

图 2-5 顶梁扭曲压垮　　　　　　　　　图 2-6 底鼓

从 2003 年开始发生较大规模冲击地压,当年发生 2 次,进入 2005 年后,发生频率增加,累计发生 5 次较大的冲击,和 2003 年相比冲击强度和破坏程度也愈来愈大,表 2-2 为煤峪口矿 307 盘区发生过的冲击地压有关数据统计(累计 10 次)。

表 2-2　　　　　　　　　　307 盘区冲击地压发生频率统计表

日 期	影响巷道范围	备 注
2003 年 2 月	盘区辅轨巷 8707下 工作面段	80 m 巷道
2003 年 5 月 25 日	盘区回风巷 5705～5707 段	120 m 巷道
2004 年 7 月 4 日	盘区辅轨巷 8707下 工作面段	47 m 巷道
2005 年 7 月 9 日	8705下 及 8706下 工作面段两盘区巷道及系统巷	400 m 巷道
2005 年 7 月 19 日	盘区回风巷 5707下 系统巷口附近	45 m 巷道
2005 年 9 月 14 日	5703下 系统巷	25 m 巷道
2005 年 9 月 16 日	盘区辅轨巷 8707下 工作面系统巷风桥之间	50 m 巷道
2005 年 11 月 5 日	第三材料斜井回风巷甩车场段	100 m 巷道
2006 年 3 月 30 日	盘区巷道 06～08 工作面段	200 m 严重,700 m 受损
2006 年 8 月 19 日	第三材料斜井及回风巷甩车场	80 m 巷道
2012 年 8 月 19 日	8706 斜井及轨道巷 8705 车场	共 90 m

由表 2-2 可以看出,发生冲击地压的地段多集中在盘区巷道、车场以及斜井等断面较大的巷道,而工作面的顺槽未发生过冲击地压现象。

2.1.3.2 巷道主要破坏特征

冲击倾向巷道破坏的主要特征表现为以下几方面:

(1)冲击灾害的发生与压力调整时间具有直接相关性

根据现场统计的情况,当工作面回采速度在 8～10 m/d 时,微震监测到的冲击事件发生频率远远大于工作面回采速度在 5 m/d 以下时。工作面回采速度较慢时,采区顶板承载结构发生破断比较均匀,巷道围岩破裂区能够有充分的时间向围岩深部发展,对应的切向集中应力也能够向围岩深部转移,采动诱发的能量能够得到均匀、充分的释放,从而大大减少冲击矿压的发生。

(2)冲击矿压发生时对锚杆、锚索施加的瞬间集中应力是造成支护构件破坏的主要原因

冲击矿压发生瞬间,巷道围岩极速内移,由于围岩内外部变形速率不同对锚杆、锚索造成瞬间的集中应力,这个应力叠加在锚杆、锚索静态压力上,造成瞬时应力急剧增加,对锚杆、锚索造成破坏。

(3)冲击矿压发生巷道的变形破坏主要表现为两帮内挤和底鼓,伴随瓦斯急剧增加

忻州窑矿和煤峪口矿等具有代表性的冲击矿压巷道发生冲击灾害后,多数表现为巷道两帮急剧内挤,剧烈底鼓,有些巷道甚至直接闭合。灾害发生后,巷道围岩发生了较大范围扰动,微宏观裂隙数量大大增加成为瓦斯通道,瓦斯浓度大大增加。

2.1.4 大同矿区静动压巷道变形破坏特征总结

(1)围岩静、动压叠加耦合影响

由于采场工作面布置以及采掘活动空间、时间上重叠的特点,采动压力以及静态压力(如上覆煤柱产生的集中应力)对巷道围岩稳定性的影响大,时间长。石炭系火成岩侵入特厚煤层邻近工作面回采对本工作面顺槽巷道的滞后影响距离超过百米。极近距离煤层巷道受到上覆煤柱集中应力影响随着二者错距的不同而不同,受煤柱宽度的限制,多数下覆巷道位于上覆煤柱集中应力影响范围内,全巷均受其影响。

(2)极近距离煤层巷道顶板边角破坏严重,易挠曲失稳,帮部完整

受顶板岩性差、构造复杂、厚度薄、上部采空区煤柱集中压力以及邻近工作面回采压力等多方面因素的影响,顶板出现层状剥离破坏,下沉严重,容易发生漏顶。巷道破坏具有不均匀性,帮部完整,顶板变形破坏严重。

(3)石炭系火成岩侵入特厚煤层巷道顶板破碎,成型差,采动矿压大,持续时间长受火成岩侵入烘烤、挤压以及地质构造等因素的影响,煤层疏松易碎,结构复杂,巷道成型差。邻近及本工作面回采压力影响大,矿压显现明显。石炭系火成岩侵入特厚煤层采深相对于其他侏罗系地层静态初始压力大,又面临较大的交锋超前及滞后长时间采动压力的影响。

(4)冲击矿压巷道灾害发生与压力调整时间具有直接相关性,对锚杆、锚索施加的瞬间集中应力是造成支护构件破坏的主要原因

工作面回采速度较慢时,巷道围岩破裂区能够有充分的时间向围岩深部发展,对应的切向集中应力也能够向围岩深部转移,采动诱发的能量能够得到均匀、充分的释放,从而大大减少冲击矿压的发生。冲击矿压发生瞬间,巷道围岩极速内移,由于围岩内外部变形速率不同对锚杆、锚索造成瞬间的集中应力,这个应力叠加在锚杆、锚索静态压力上,造成瞬时应力急剧增加,对锚杆、锚索造成破坏。

2.2　大同矿区双系地层煤岩体强度实测

　　围岩是巷道重分布应力的承载主体。大同矿区双系煤层巷道所处地层岩石在成因、形成年代以及经历的地质构造运动方面存在的差异造成了目前双系煤层巷道围岩岩性及强度不同。此外,相同的岩性和岩石强度对应的岩体强度随位置、研究范围的不同也存在差异。为了系统研究双系煤层静动压巷道稳定性问题,需要对大同矿区双系煤层及其顶底板煤岩体岩石强度以及原位强度进行实测,获得大同矿区双系煤层煤岩体岩石强度以及原位强度分布及演化规律,为支护方法优化及支护专家系统提供数据支撑。

2.2.1　大同矿区双系地层煤岩体岩石力学参数测试

2.2.1.1　煤岩体试样的钻取与加工

　　采用 150 岩石电钻,取芯钻头内径 50 mm,每一个煤层钻孔数量 3 个,钻孔之间间距在 10 m 以上;钻孔深度不小于 40 m,如图 2-7 所示。

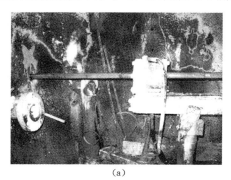
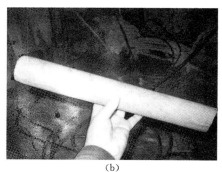

（a）　　　　　　　　　　　（b）

图 2-7　现场岩芯钻取图

（a）现场打钻；（b）钻取出的岩芯

　　每钻进 2 m 取一次岩芯。将所取岩芯按顺序排开并量取其长度,计算岩芯采取率。选择长度大于 50 mm 的岩芯段及时封装,标明所取岩芯位置、距巷顶高度、岩性、日期。

　　将现场钻取的煤岩体岩芯托运回实验室,按《工程岩体试验方法标准》,经切割、打磨、干燥制成标准的岩石试样,岩样制作过程见图 2-8。

2.2.1.2　煤岩体力学参数测试

　　中国矿业大学岩控中心实验室的美国 MTS 公司生产的 MTS815.02S 型电液伺服岩石力学实验系统,如图 2-9 所示。该系统由计算机控制实验全过程,数据自动采集,自动化程度高、实验精度高和数据处理快捷。实验系统配有轴压、围压和孔隙压 3 套独立的闭环伺服控制系统,可进行单轴、三轴压缩等实验。

　　1. 抗压强度测试

　　岩石单轴抗压强度是指试件在无侧限(围压)条件下,使试件产生破坏的最大轴向载荷与垂直于加载方向的截面积之比。岩石单轴抗压强度是确定岩石力学性能的重要指标。为获得煤岩体在单轴压缩情况下的强度,利用 MTS815.02S 实验机的单轴压缩实验系统进

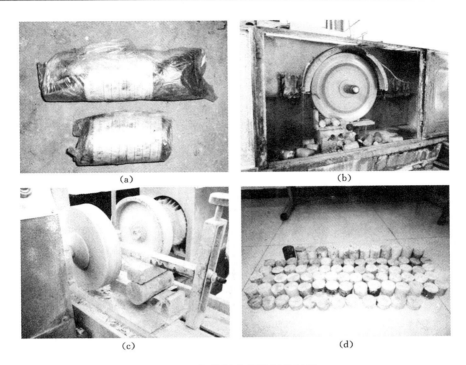

图 2-8　部分标准岩样制作过程

(a) 封装；(b) 切割；(c) 磨光；(d) 干燥

图 2-9　MTS815.02S 型电液伺服岩石力学实验系统

行。试验步骤如下：

　① 称量每一个试件的直径、高度和质量，精确到 0.1 mm 和 0.1 g，计算相应的密度。

　② 将试件两端涂抹润滑剂，减小试验过程中的环箍效应。

　③ 打开实验机，连通电脑控制系统，将试件放入试验台，并施加 0.5 MPa 的初始压力，如图 2-10 所示。

　④ 利用位移进行加载控制，加载速度为 0.1 mm/min。

　⑤ 试验过程中进行实时拍摄试件变形破坏的照片，以便进行分析。

　⑥ 当应力降低为峰值强度的 30% 左右时停止试验，卸下压力，打扫试验台，进行下一个试件的测试。

煤和岩石试样单轴压缩应力-应变曲线见图 2-11,破坏前后对照图见图 2-12。

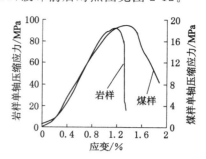

图 2-10 单轴压缩试验

图 2-11 部分试样应力-应变曲线

（a）

（b）

图 2-12 部分煤、岩试样破坏前后对照图

（a）部分煤样破坏前后对照图；(b)部分岩样破坏前后对照图

2. 抗拉与抗剪强度测试

抗拉强度采用巴西劈裂法进行间接测试,试样标准尺寸为直径 50 mm、厚 25 mm 的圆饼形试件,试验时,将试件放入带肋条的模具中,如图 2-13(a)所示,将二者一同放入 MTS815.02S实验机上进行压裂试验,试件受集中荷载的作用,岩石抗拉强度按下式计算。

$$S_t = \frac{2P}{\pi DT}$$

（a）

（b）

图 2-13 "两系"煤层煤岩体抗拉强度试验及其破坏形式

（a）抗拉强度测试；(b)岩样破坏形式

式中　S_t——岩石抗拉强度，MPa；

　　　　P——岩石试件断裂时的最大荷载，kN；

　　　　D——岩石试件直径；

　　　　T——岩石试件厚度。

　　为使抗拉强度值测试较准确，每种岩石试件数目至少3块，破坏形式如图2-13(b)所示。

　　岩石的抗剪强度包括黏聚力和内摩擦角，通常可以通过变角模法和三轴压缩试验法测得，而后者往往更为精确，因此，本课题利用MTS815.02S实验机的三轴压缩系统进行煤岩体的抗剪强度测试。煤试件常规三轴围压压力分别为3.2 MPa、9.6 MPa、16 MPa和22.4 MPa。围压加载速率为3 MPa/min，轴向荷载加载速率为30 kN/min，轴压加至一定值后，采用横向变形控制至刚过峰值并停止试验，横向变形速率为0.1 mm/min。

　　试件置于盛满压力油的压力室中进行试验，压力油是否渗入岩石试件中，对测试成果影响显著。当压力油渗入岩石孔隙中时，就产生孔隙压力，会大大降低岩石的强度；有试验成果证明，防油和未防油的岩石试件强度相差2～3倍。防油处理的方法是将试件置于专制的橡胶套中进行试验，要注意将橡胶套的口部密封牢固，并防止试验中途破损，最好是先涂防油胶，待其凝固后再套上耐油的橡皮套或塑料套。

　　由于三轴试验中试件安装在刚性压力室内，受压力室、内部液压油以及密封装置等阻隔，目前试验设备与技术(包括红外热成像、超声波、电磁辐射等)都无法准确地探测到试件的具体破裂位置。本课题以试件出现爆裂声响，同时出现变形突跳、轴力跌落等形式来判断试件的破坏发生时刻；若轴向承载力跌落，但仍有较高承载力时则判断和定义为试件局部某处满足强度准则的局部化、强度破坏问题；若试件轴力出现大幅跌落至残余应力水平，则判断和定义试件发生了宏观失稳破坏、承载力丧失，此时采取卸载轴压和围压。

　　3. 试验结果

　　(1)侏罗系煤层顶底板典型岩石力学参数

　　① 忻州窑矿

　　岩芯取自忻州窑矿东三盘区11#煤层和西一盘区12#煤层，测试结果见表2-3和表2-4。

表 2-3　　　　　　　　　忻州窑矿东三盘区 11# 煤层围岩的物理力学性质

位置	层位	岩性	密度 /(g/cm³)	抗压强度 /MPa	抗拉强度 /MPa	抗剪强度		弹性模量 /GPa	泊松比
						黏聚力/MPa	内摩擦角/(°)		
顶板	四分层	中细砂岩	2.34	128.4	10.74	14.95	27.07	21.8	0.28
	三分层	粉砂岩	2.43	134.8	10.73	17.70	19.30	18.6	0.19
	二分层	细砂岩	2.39	120.4	9.72	13.35	31.41	23.4	0.23
	一分层	粉砂岩	2.31	117.3	9.50	11.75	27.81	17.6	0.31
11# 煤层		煤	1.29	19.9	3.13	4.81	25.90	—	—
底板	一分层	细砂岩	2.58	98.2	10.67	14.90	26.60	16.8	0.21
	二分层	粉砂岩	2.50	108.3	7.73	12.06	26.90	20.9	0.36
	三分层	中砂岩	2.50	99.9	10.63	13.02	30.00	22.1	0.17

表 2-4   忻州窑矿西一盘区 12# 煤层围岩的物理力学性质

位置	层位	岩性	密度 /(g/cm³)	抗压强度 /MPa	抗拉强度 /MPa	抗剪强度		弹性模量 /GPa	泊松比
						黏聚力/MPa	内摩擦角/(°)		
顶板	三分层	中砂岩	2.90	136.3	9.80	7.85	31.70	21.1	0.11
	二分层	粉砂岩	2.89	139.2	10.23	12.04	20.60	23.8	0.17
	一分层	细砂岩	2.88	157.4	9.95	9.10	29.80	23.7	0.11
12# 煤层		煤	1.22	26.0	2.60	5.11	29.50	—	—
底板	一分层	泥岩	2.73	45.3	11.40	14.10	22.90	8.0	0.16
	二分层	细砂岩	2.82	118.1	5.39	8.89	31.00	23.8	0.11

② 同家梁矿

试验所用煤、岩样采自同家梁矿 11# 煤层,测试结果见表 2-5。

表 2-5   同家梁矿 11# 煤层围岩的物理力学性质

位置	层位	岩性	密度 /(g/cm³)	抗压强度 /MPa	抗拉强度 /MPa	抗剪强度		弹性模量 /GPa	泊松比
						黏聚力/MPa	内摩擦角/(°)		
顶板	三分层	粉砂岩	2.61	144.4	7.97	13.30	20.00	23.0	0.19
	二分层	细砂岩	2.63	104.4	7.71	8.76	32.80	22.9	0.23
	一分层	粉砂岩	2.53	112.5	8.06	13.06	28.50	12.5	—
11# 煤层		煤	1.26	14.5	2.31	3.53	27.40	—	—
底板	一分层	粉砂岩	2.55	119.8	8.13	12.23	20.90	13.4	0.25
	二分层	细砂岩	2.59	126.2	10.06	6.65	34.20	19.3	0.14
	三分层	粉砂岩	2.40	120.3	7.94	11.40	24.10	18.3	0.20
	四分层	细砂岩	2.68	98.2	11.82	13.37	22.90	20.3	0.13

(2) 石炭系煤层顶底板典型岩石力学参数

① 马脊梁矿

测试用岩样取自马脊梁矿风井井检 2 号孔,涉及埋深 387.61～487.60 m 范围共计 22 层岩层。测试结果见表 2-6。

表 2-6   马脊梁矿岩石力学参数测试

岩石编号	岩层序号	单轴抗压强度/MPa	软化系数	抗拉强度 /MPa	抗剪强度 /MPa	含水率 /%	孔隙率 /%	密度 /(g/cm³)
1	1	59.0	0.41	3.29	2.98	0.35	6.11	2.49
2	2	17.4	0.49	1.47	1.08	0.11	9.20	2.44
3	3	38.5	0.58	1.50	4.52	0.54	5.42	2.69
4	4	46.3	0.85	2.61	3.74	0.40	6.74	2.40
5	5	48.5	0.55	3.36	3.91	0.36	3.51	2.56

岩石编号	岩层序号	单轴抗压强度/MPa	软化系数	抗拉强度/MPa	抗剪强度/MPa	含水率/%	孔隙率/%	密度/(g/cm³)
6	6	43.1	0.41	1.31	2.77	0.79	1.51	2.54
7	7	58.2	0.76	6.27	2.64	0.12	0.91	2.61
8	9	35.4	0.52	2.53	2.34	0.33	2.04	2.92
9	11	22.7	0.52	4.77	4.78	0.36	0.23	2.56
10	13	43.5	0.77	4.32	2.81	0.51	2.54	2.54
11	14	28.8	0.52	3.01	4.26	0.41	1.08	2.56
12	16	22.6	0.52	1.18	2.39	0.83	4.19	2.49
13	20	25.4	0.52	1.46	2.73	0.84	1.92	2.35
14	21	20.8	0.33	1.88	0.96	0.07	9.21	2.38
15	22	50.7	0.75	2.07	4.72	0.57	1.46	2.56

② 塔山矿

表 2-7、表 2-8 为塔山矿 3#～5#煤层顶板煤岩体力学参数测试结果。

表 2-7　　　　　　塔山矿 3#～5#煤层顶板煤岩力学参数测试结果

试件编号	密度/(g/cm³)	抗压强度/MPa	弹性模量/GPa	泊松比	黏聚力/MPa	内摩擦角/(°)
M26#	1.49	15.0	15.0	—	7.92	36
Mb-1#	1.51	24.6	4.5	0.25		
平均值	1.50	19.80	9.75	0.25		
S24#	2.70	80.1	57.9	0.25	11.12	44
S43#	2.60	77.8	56.7	0.22		
S44#	2.92	67.5	48.3	0.20		
S47#	2.64	60.1	29.5	0.12		
S53#	3.17	173.4	65.5	0.26		
S54#	2.57	90.3	36.3	0.15		
S56#	2.58	52.2	17.6	0.09		
平均值	2.74	85.91	44.54	0.22		

表 2-8　　　　　　塔山矿 3#～5#煤层围岩力学参数测试结果

岩样编号	单轴抗压强度/MPa	抗拉强度/MPa	弹性模量/GPa	泊松比	黏聚力/MPa	内摩擦角/(°)	密度/(g/cm³)
1-1	86.67	6.77	43.93	0.25	—	—	2.66
1-2	18.13	1.03	—				1.69
1-3	45.33	5.87	22.43	0.22	—	—	2.63
1-4	63.00	7.37	18.15	0.24	9.61	37.06	2.67

岩样编号	单轴抗压强度/MPa	抗拉强度/MPa	弹性模量/GPa	泊松比	黏聚力/MPa	内摩擦角/(°)	密度/(g/cm³)
1-5	49.67	3.90	21.31	0.32	5.06	22.52	2.62
1-6	67.00	6.10	23.62	0.18	8.52	30.95	2.73
1-7	40.67	3.60	14.37	0.21	4.87	29.78	2.43
1-8	31.33	3.63	15.21	0.26	—	—	2.49
1-9	48.33	4.80	14.12	0.17	6.81	31.23	2.53
1-10	59.50	5.37	14.93	0.28	—	—	2.58
1-11	33.67	3.83	19.63	0.23	5.63	37.6	2.52
3#~5#煤	32.0	—	—	—	—	—	1.46
2-1	109.45	4.20	—	—	—	—	2.70
2-2	46.40	3.94	—	—	—	—	2.47
2-3	48.90	8.77	20.70	0.189	—	—	2.47
2-4	66.43	6.47	19.98	0.239	—	—	2.46
2-5	84.97	5.60	20.13	0.233	7.54	31.42	2.51
2-6	79.57	7.83	12.17	0.167	8.63	34.88	2.51
2-7	68.40	5.07	26.66	0.218	6.23	29.95	2.50
2-8	48.13	3.03	20.12	0.241	4.75	30.47	2.39
2-9	37.53	4.13	19.57	0.236	—	—	2.35
2-10	43.14	3.77	21.11	0.232	—	—	2.32
2-11	51.42	4.57	10.28	0.168	5.38	30.96	2.43
2-12	46.07	3.80	—	—	—	—	2.73

③ 燕子山矿 5#煤层

岩芯取自燕子山矿 5#煤层的 5204 巷 600 m 处的顶、底板的岩样,以及 8204 巷 360 m 处 5#煤层上、中、下部的煤样。测试结果见表 2-9。

表 2-9　　　　　　　　　燕子山矿 5#煤层围岩力学参数测试结果

编号	试件抗压强度/MPa	试件抗拉强度/MPa	弹性模量/GPa	泊松比	黏聚力/MPa	内摩擦角/(°)	密度/(g/cm³)
1S	59.76	4.94	10.81	0.22	8.59	47.92	2.42
2S	61.22	5.76	11.30	0.23	9.38	45.89	2.43
3S	62.01	5.88	11.34	0.23	9.54	45.76	2.43
1#	36.52	3.44	13.65	0.22	4.63	35.29	2.36
2#	38.65	3.73	14.02	0.21	4.81	35.78	2.37
3#	38.70	3.76	14.13	0.21	4.82	35.79	2.37
Y360 上	14.36	1.83	8.31	0.29	2.59	40.71	1.47
Y360 中	10.91	1.69	7.27	0.30	2.15	37.03	1.49
Y360 下	10.83	1.66	7.19	0.31	2.12	37.24	1.50

④ 永定庄矿 4# 煤层

岩石测试试样取自永定庄矿 4# 煤层皮带巷、2105 巷不同位置。测试结果见表 2-10。

表 2-10　　　　　　　　　　永定庄矿 4# 煤层围岩力学参数测试结果

编号	试件抗压 强度/MPa	试件抗拉 强度/MPa	弹性模量 /GPa	泊松比	黏聚力 /MPa	内摩擦角 /(°)	密度 /(g/cm³)
1-1	—	1.31	—	—	3.17	33.41	2.58
1-2	40.62	7.71	15.65	0.22	—		2.60
1-3	39.87	5.05	15.98	0.22	12.10	36.57	2.59
1-4	69.83	14.34	19.34	0.19	17.16	37.75	2.57
1-5	95.59	15.36	36.1	0.21	17.52	38.00	2.59
1-6	60.83	8.69	17.16	0.20	—		2.58
1-7	121.95	15.5	39.51	0.16	22.39	41.12	2.65
1-8	130.36	13.81	49.2	0.20	20.98	42.46	2.69
1-9	103.38	17.23	37.26	0.18	21.23	44.89	2.68
1-10	92.57	11.05	39.98	0.17	17.01	40.10	2.66
3-1	117.65	12.36	27.33	0.18	19.07	34.08	2.62
3-2	115.91	11.45	20.33	0.17	18.21	35.10	2.66
3-3	65.72	13.52	17.64	0.18	14.91	36.21	2.67
3-4	116.10	11.66	19.71	0.18	18.79	35.33	2.66
4-1	33.38	10.10	19.64	0.23	11.28	31.80	2.54
4-2	90.32	10.11	25.86	0.23	15.11	42.78	2.63
4-3	102.09	10.69	32.45	0.19	16.52	44.14	2.52
4-4	109.91	10.1	34.35	0.26	—		2.50
4-5	87.35	9.82	24.23	0.21	—		2.61
4-6	42.27	8.26	26.70	0.33	9.34	42.30	2.55
4-7	57.52	6.56	20.14	0.21	9.71	42.68	2.57

2.2.2　大同矿区双系地层原位强度测试

大同矿区巷道围岩强度衰减研究中,采用由美国爱荷华州大学研发的 RBST 现场岩石钻孔剪切测试仪对现场围岩剪切强度进行实测,该仪器可用于矿山、隧道、边坡设计等领域,广泛应用于美国、日本、韩国、中国、印度等世界各国。

2.2.2.1　原位强度测试原理及步骤

RBST 岩石钻孔剪切测试系统(图 2-14)能够对侧壁施加高达 80 MPa 的方向应力和 50 MPa 的剪应力,测头通过一个穿有电缆的套管下放到指定的测试深度。压力管的作用是施加和卸载压力,并随着电缆一起穿过套管,操作杆穿过套管,插入到空心圆柱形活塞中,活塞控制并将测头向上提拉对测头施加剪应力,总的剪应力减掉套管自重引起的剪应力得到岩石的剪应力。

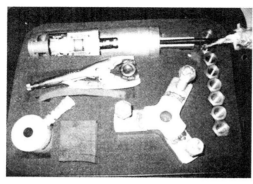

图 2-14　RBST 岩石钻孔剪切测试系统

测头内的一个活塞施加法向应力,持续施加法向应力约 5 min,以确保主应力在岩石剪切之前能充分施加到岩石上,活塞向上移动提拉测头从而对岩石进行剪切,现场测试效果如图 2-15 所示。

图 2-15　现场测试效果图

如果岩石在剪切时并没有破碎,那么可以将测头旋转 45°,施加一个更大的法向应力,如果岩石破碎,测头必须取出后进行清洗,然后将测头降低到比前一个测试点高 50 mm 的深度,重新施加一个更大的法向应力,通常可以测出 3 组数据,并通过这 3 组数据点绘出最匹配的数据线(图 2-16),直线与 Y 轴的截距代表黏聚力 C,直线的斜率就是内摩擦角 φ。

2.2.2.2　测试地点及结果

1. 冲击地压发生倾向巷道

(1) 测站布置

原岩强度测试地点在忻州窑矿 11# 煤层 903 盘区 5937 巷 960 m 位置处,在巷道顶板及两帮各钻取一个直径 78 mm、深 6 m 的测试孔,具体布置方式如图 2-17 所示。

(2) 5937 巷原位强度测试结果

图 2-18、图 2-19 为试验结果的拟合线,$y = kx + b$,其中 $C = b$,$\varphi = \arctan(k)$。

表 2-11 和表 2-12 为拟合后得到的 11# 煤层原位强度结果。

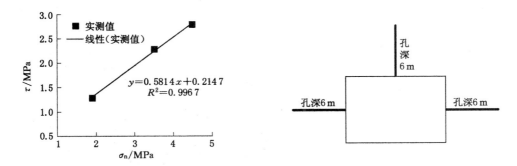

图 2-16 典型岩石剪切强度结果   图 2-17 原岩强度测试断面布置

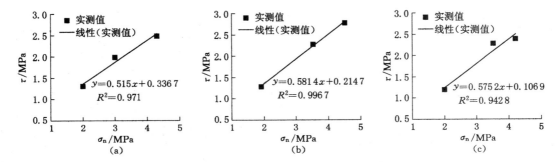

图 2-18 大同矿区忻州窑矿 11# 煤层 5937 巷实体煤帮原位测试结果拟合曲线

(a) 3.6 m;(b) 2.7 m;(c) 1.5 m

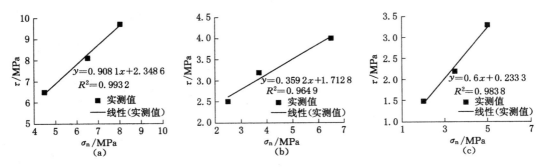

图 2-19 大同矿区忻州窑矿 11# 煤层 5937 巷顶板原位测试结果拟合曲线

(a) 5.5 m;(b) 3.2 m;(c) 1.5 m

表 2-11   大同矿区忻州窑矿 11# 煤层 5937 巷实体煤帮原位测试结果

深度/m	测量值		测试结果		单轴强度计算值/MPa
	法向力/MPa	剪切力/MPa	黏聚力/MPa	内摩擦角/(°)	
3.6	2	1.3	0.34	27.25	1.1
	3	2			
	4.3	2.5			

深度/m	测量值		测试结果		单轴强度 计算值/MPa
	法向力/MPa	剪切力/MPa	黏聚力/MPa	内摩擦角/(°)	
2.7	1.9	1.3	0.21	30.17	0.75
	3.5	2.3			
	4.5	2.8			
1.5	2	1.2	0.11	29.91	0.37
	3.5	2.3			
	4.2	2.4			

表 2-12　　　　　　**大同矿区忻州窑矿 11# 煤层 5937 巷顶板原位测试结果**

深度/m	测量值		测试结果		单轴强度 计算值/MPa
	法向力/MPa	剪切力/MPa	黏聚力/MPa	内摩擦角/(°)	
5.5(岩层)	4.5	6.5	2.35	42.20	10.6
	6.5	8.1			
	8	9.7			
3.2(煤岩交界)	2.5	2.5	1.71	19.76	4.9
	3.7	3.2			
	6.5	4			
1.5(煤层)	2	1.5	0.23	30.96	0.8
	3.5	2.2			
	5	3.3			

（3）原位强度测试结果分析

① 围岩原位强度随深度的增加而增加，二者基本呈线性关系。

原位实测结果表明，大同矿区忻州窑矿 11# 煤原位强度黏聚力范围为 0.107～0.337 MPa（均值为 0.219 MPa），内摩擦角范围为 27.249°～30.174°（均值为 29.11°），可以发现随着测试深度的逐渐增大，煤帮的黏聚力呈现出逐渐增大的趋势（图 2-20），这与钻孔摄像观测发现的围岩破碎程度由内向外逐渐增大的规律相吻合。

② 巷道围岩发生破坏后黏聚力衰减幅度远大于内摩擦角衰减幅度。

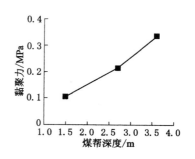

图 2-20　煤帮黏聚力随原位测试深度的变化规律

11#～12# 煤原位强度 1.5～3.6 m 处黏聚力范围为 0.107～0.337 MPa，内摩擦角范围为 27.249°～30.174°。1.5 m 深度处煤体相对于 3.6 m 处，黏聚力下降超过 68％，内摩擦角基本稳定在 29°左右，说明煤体发生破坏后的强度损失主要体现为黏聚力的丧失。

③ 顶板分层岩性不同，强度差异较大。

由钻孔柱状图可知，5937 巷顶板 3 m 左右煤上部为一层厚度为 0～3.26 m 的细砂岩。该层岩层的黏聚力为 2.35 MPa，内摩擦角为 42.24°，远大于煤层强度。由于二者存在这种强度的不耦合，在巷道承压变形过程中极易在二者接触部位产生离层。

④ 11#～12# 煤层 5937 巷相同深度围岩帮部比顶板强度衰减严重。

11#～12# 煤层顶板煤层测得的黏聚力 C 为 0.233 MPa，内摩擦角 φ 为 30.96°，与帮部煤相比，其黏聚力及内摩擦角相对较大，表明巷道顶板煤相对较完整；顶板煤岩交界处测得的黏聚力 C 为 1.71 MPa，内摩擦角 φ 为 19.76°。

2. 过上部采空区煤柱巷道

（1）测站布置

现场实测地点分别选定在 5704 巷 520 m 过煤柱（14-2# 层 8712 面和 8710 面煤柱）段及 560 m 远离上覆煤柱段，相应的平面布置如图 2-21 所示。

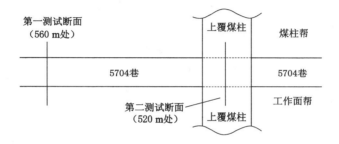

图 2-21　现场实测地点平面布置图

分别在第一、第二测试位置处选取一个断面，并在其顶板及两帮各钻取一个直径 78 mm、长度为 6 m 的测试孔。

（2）5704 巷原位强度测试结果

① 第一测试断面（煤柱影响范围外）测试结果。

图 2-22～图 2-24 为测试数据的拟合结果，强度参数见表 2-13～表 2-15。

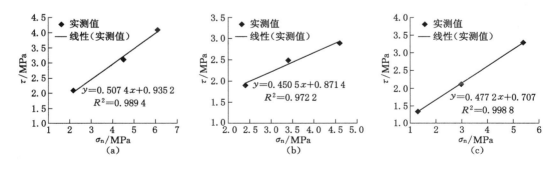

图 2-22　5704 巷工作面帮（远离煤柱）原位测试结果拟合曲线
(a) 5.6 m；(b) 3.8 m；(c) 1.9 m

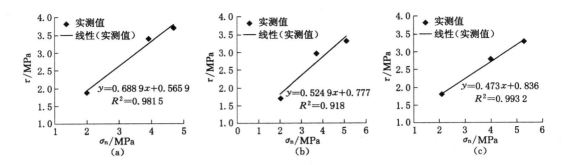

图 2-23 5704 巷煤柱帮(远离煤柱)原位测试结果拟合曲线

(a) 5 m;(b) 3.8 m;(c) 1.9 m

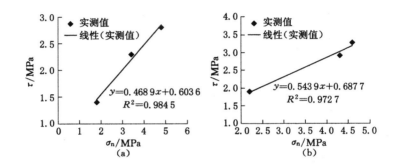

图 2-24 5704 巷顶板(远离煤柱)原位测试结果拟合曲线

(a) 3.8 m;(b) 1.8 m

表 2-13   5704 巷工作面帮(远离煤柱)原位测试结果

深度/m	测量值		测试结果		单轴强度
	法向力/MPa	剪切力/MPa	黏聚力/MPa	内摩擦角/(°)	计算值/MPa
5.6	2.2	2.1	0.94	26.90	3.05
	4.5	3.1			
	6.1	4.1			
3.8	2.4	1.9	0.87	24.25	2.70
	3.4	2.5			
	4.6	2.9			
1.9	1.3	1.4	0.71	25.51	2.24
	3	2.1			
	5.4	3.3			

表 2-14   5704 巷煤柱帮(远离煤柱)原位测试结果

深度/m	测量值		测试结果		单轴强度计算值/MPa
	法向力/MPa	剪切力/MPa	黏聚力/MPa	内摩擦角/(°)	
5	2	1.9	0.57	34.56	2.15
	3.9	3.4			
	4.7	3.7			
3.8	2	1.7	0.78	27.70	2.57
	3.7	3			
	5.1	3.3			
1.9	2.1	1.8	0.84	25.31	2.64
	4	2.8			
	5.3	3.3			

表 2-15   5704 巷顶板(远离煤柱)原位测试结果

深度/m	测量值		测试结果		单轴强度计算值/MPa
	法向力/MPa	剪切力/MPa	黏聚力/MPa	内摩擦角/(°)	
3.8	1.8	1.4	0.60	25.12	1.9
	3.4	2.3			
	4.8	2.8			
1.8	2.2	1.9	0.69	28.54	2.31
	4.3	2.9			
	4.6	3.3			

② 第二测试断面(煤柱影响范围内)测试结果。

图 2-25～图 2-27 为测试数据的拟合结果,围岩强度参数见表 2-16～表 2-18。

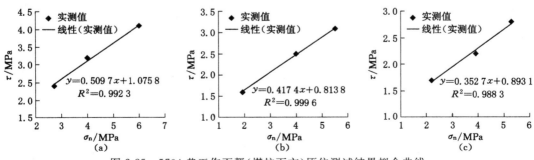

图 2-25 5704 巷工作面帮(煤柱下方)原位测试结果拟合曲线

(a) 4.7 m;(b) 3.9 m;(c) 1.9 m

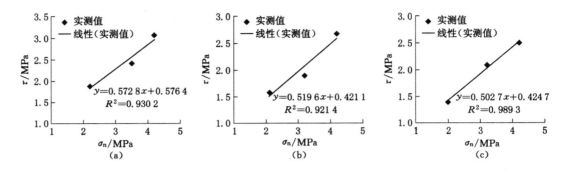

图 2-26 5704 巷煤柱帮(煤柱下方)原位测试结果拟合曲线

(a) 4.6 m;(b) 3.5 m;(c) 1.5 m

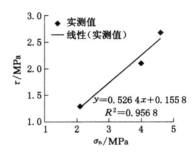

图 2-27 5704 巷顶板(煤柱下方)原位测试结果拟合曲线

表 2-16   5704 巷工作面帮(煤柱下方)原位测试结果

深度/m	测量值		测试结果		单轴强度计算值/MPa
	法向力/MPa	剪切力/MPa	黏聚力/MPa	内摩擦角/(°)	
4.7	2.7	2.4	1.08	27.00	3.51
	4	3.2			
	6	4.1			
3.9	1.9	1.6	0.81	22.66	2.44
	4	2.5			
	5.5	3.1			
1.9	2.2	1.7	0.89	19.43	2.52
	3.9	2.2			
	5.3	2.8			

表 2-17　　　　　　　　　5704 巷煤柱帮(煤柱下方)原位测试结果

深度/m	测量值		测试结果		单轴强度计算值/MPa
	法向力/MPa	剪切力/MPa	黏聚力/MPa	内摩擦角/(°)	
4.6	2.2	1.9	0.58	29.80	1.99
	3.5	2.4			
	4.2	3.1			
3.5	2.1	1.6	0.42	27.46	1.39
	3.2	1.9			
	4.2	2.7			
1.5	2	1.4	0.42	26.69	1.38
	3.2	2.1			
	4.2	2.5			

表 2-18　　　　　　　　　5704 巷顶板(煤柱下方)原位测试结果

深度/m	测量值		测试结果		单轴强度计算值/MPa
	法向力/MPa	剪切力/MPa	黏聚力/MPa	内摩擦角/(°)	
1.5	2.1	1.3	0.16	27.76	0.52
	4.6	2.7			
	4	2.1			

(3)结果分析

① 上部采空区煤柱对下部巷道实体煤帮影响较小,对煤柱帮影响较大。

5704 巷上部采空区煤柱下巷道实体煤帮 5~6 m、3~4 m 以及 1~2 m 处单轴强度分别为 3.51 MPa、2.44 MPa、2.52 MPa,平均值为 2.82 MPa;相同深度处煤柱帮单轴强度分别为 1.99 MPa、1.39 MPa、1.38 MPa,平均值为 1.59 MPa,两帮平均强度差值为 1.23 MPa。对应地,5704 巷不受上部采空区煤柱影响的下部巷道实体煤帮对应深度处单轴强度分别为 3.05 MPa、2.7 MPa、2.24 MPa,平均值为 2.66 MPa;煤柱帮对应深度的单轴强度分别为 2.15 MPa、2.57 MPa、2.64 MPa,平均值为 2.45 MPa,两帮平均强度差值为 0.21 MPa。这表明,上部采空区煤柱对下部巷道实体煤帮影响较小,对煤柱帮影响较大。在进行支护设计时应对上部采空区煤柱下方巷道煤柱帮予以重视。

② 围岩原位强度随深度的增加而增加,二者基本呈线性关系。

与 5937 巷规律相同,随着测试深度的逐渐增大,5704 巷煤柱影响范围外的实体煤帮抗压强度逐渐增加,依次为 3.05 MPa、2.7 MPa、2.24 MPa。

③ 巷道围岩发生破坏后黏聚力衰减幅度远大于内摩擦角衰减幅度。

5704 巷煤柱影响范围外的实体煤帮由浅到深黏聚力分别为 0.71 MPa、0.87 MPa、0.94 MPa,内摩擦角变化不大,依次为 25.51°、24.25°、26.90°。1.9 m 深度处煤体相对于 5.6 m 处,黏聚力下降超过 24.5%,内摩擦角基本稳定在 25°左右,偏差不超过 8%。说明煤体发生破坏后的强度损失主要体现为黏聚力的丧失。

3. 近距离煤层巷道

(1) 测站布置

测试地点分别在 51113 巷四个测试断面(距离开口 350 m、490 m、550 m 和 630 m)钻孔应力计安装位置附近,布置原位强度剪切测试测站,每个测试断面在顶板及两帮中点处各钻取一个直径 78 mm 的钻孔,如图 2-28 所示,其中两帮钻孔孔深 6 m,钻孔向上倾斜 5°左右;四个断面顶板处钻孔孔深分别为 6 m、3.5 m、2.5 m 和 1.5 m。

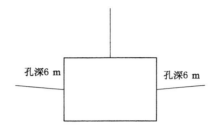

图 2-28 原岩强度测试断面布置

(2) 51113 巷原位强度测试结果

图 2-29 为测试数据的拟合结果,围岩强度参数见表 2-19。

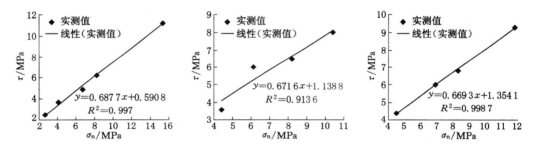

图 2-29 51113 巷原位强度测试拟合曲线

表 2-19 51113 巷原位强度测试汇总表

深度/m	位置及岩性	测量值		测试结果		单轴强度计算值/MPa
		法向力/MPa	剪切力/MPa	黏聚力/MPa	内摩擦角/(°)	
1.0	帮部,煤层	2.7	2.5	0.59	34.53	2.24
		4.1	3.6			
		6.7	4.9			
		8.2	6.2			
		15.3	11.2			
1.5	顶板,粉砂岩	4.4	3.6	1.14	33.90	4.27
		6.1	6.0			
		8.2	6.5			
		10.4	8.0			

深度/m	位置及岩性	测量值		测试结果		单轴强度计算值/MPa
		法向力/MPa	剪切力/MPa	黏聚力/MPa	内摩擦角/(°)	
2.3	顶板,细砂岩	4.5	4.4	1.35	38.41	5.58
		6.9	6.0			
		8.3	6.8			
		11.8	9.3			

2.2.2.3 大同矿区双系地层煤岩体原位强度分布规律

基于测点处测试揭露得到的数据,经过分析比较主要发现以下规律:

(1)岩性对岩体原位强度的影响

5937 工作面顶板 5.5 m 深度处的砂岩计算单轴强度能够达到 10.6 MPa,5704 工作面顶板砂质泥岩的强度最大为 2.31 MPa,完整煤体计算单轴强度范围为 3.07~3.51 MPa。这种由于岩性不同形成的强度差异,最终在巷道变形过程中会导致二者变形、破裂的不耦合,极易在二者接触部位产生离层。

(2)围岩深度对岩体原位强度的影响

正常条件下越靠近围岩深部,岩体结构越完整,同时受到围压的约束效应越明显,这些因素综合作用导致围岩强度随深度的增加而增加。本次原位强度测试的结果表明,正常条件下岩体强度与围岩深度基本呈线性正相关关系。另外,测试还发现,特殊条件下,如围岩为煤柱帮或受上部采空区煤柱集中应力影响,则强度与深度的关系不明显,强度差别较小。分析其原因,当围岩为煤柱帮或受上部采空区煤柱集中应力影响时,由于受应力扰动影响大,相当范围的围岩均处于破碎区内,这导致围岩强度与深度无明显关系。

(3)上部采空区煤柱对下部巷道围岩原位强度的影响

5704 巷上部采空区煤柱下巷道实体煤帮 5~6 m、3~4 m 以及 1~2 m 处单轴强度分别为 3.51 MPa、2.44 MPa、2.52 MPa,平均值为 2.82 MPa;相同深度处煤柱帮单轴强度分别为 1.99 MPa、1.39 MPa 和 1.38 MPa,平均值为 1.59 MPa,两帮平均强度差值为 1.23 MPa。对应地,5704 巷不受上部采空区煤柱影响的下部巷道实体煤帮对应深度处单轴强度分别为 3.05 MPa、2.7 MPa、2.24 MPa,平均值为 2.66 MPa;煤柱帮对应深度的单轴强度分别为 2.15 MPa、2.57 MPa、2.64 MPa,平均值为 2.45 MPa,两帮平均强度差值为 0.21 MPa。这表明,上部采空区煤柱对下部巷道实体煤帮影响较小,对煤柱帮影响较大。

(4)巷道围岩发生破坏后黏聚力衰减幅度远大于内摩擦角衰减幅度

5937 巷煤帮 1.5~3.6 m 处黏聚力范围为 0.107~0.337 MPa,内摩擦角范围为 27.249°~30.174°。1.5 m 深度处煤体相对于 3.6 m 处,黏聚力下降超过 68%,内摩擦角基本稳定在 29°左右。5704 巷发现的规律与之相同,说明煤岩体发生破坏后的强度损失主要体现为黏聚力的丧失。

2.3 原生应力场、采动次生应力分布及演化规律研究

2.3.1 大同矿区原生地应力分布规律研究

2.3.1.1 大同矿区地质概况

大同煤田位于山西省北部大同市西南约 20 km 处,在大地构造上位于华北板块北缘,北侧和西侧分别是黑龙江板块和鄂尔多斯板块,南侧是河淮板块,东侧是胶东-苏北-南黄海板块。如图 2-30 所示。

图 2-30 大同矿区地理位置

区域地质构造位置位于天山-阴山纬向构造体系的南缘,新华夏系第三隆起带的北端,西邻吕梁山经向构造带,受吕梁山支脉西石山以东白垩系凹陷盆地控制,东以口泉-鹅毛口(口泉断裂)的山前新生代断陷盆地——大同盆地相毗邻,再往东则为祁吕贺兰山字型构造带的东翼六棱山反向弧,南以洪涛山背斜与宁武煤田相隔。大同煤田正好位于阴山纬向构造带和新华夏系构造带的交汇地带,为一轴向北东、开阔的不对称的向斜构造盆地,长 85 km,宽 30 km,面积 1 827 km²。向斜轴偏东部,呈 NE30°~50°走向,向斜轴呈反"S"和"S"型,最低处位于忻州窑井田中部和云冈石窟一带,向斜轴向南西方向仰起,北端局部转为北西。煤田东南缘底层倾角较陡,倾角一般 30°~50°,局部直立倒转,中部及西部宽缓,倾角一般在 10°以下。

　　大同煤田地质演化历史与山西及整个华北一样,经历了地台基底形成、地台盖层发育、地台重新活化三大发展阶段。在第一、二阶段中,大同煤田服从于整体构造特征,尚不具备独立活动的地质意义。海西运动使华北地台北缘抬升形成古华北高原,中南部称为大型的内陆山间盆地,此时期内大同、宁武等地接受了侏罗系沉积。燕山运动是大同煤田形成的决定时期,沿东缘发生的口泉-鹅毛口逆推断裂,使东盘太古界的上覆地层全部剥蚀,因推覆、挤压煤田西、北部平缓上翘并遭受白垩系的强烈侵蚀。根据补勘、井下揭露和野外多次的调查,褶皱和断裂构造的形迹以及地层接触的时代关系等资料认为大同煤田构成当今之地质地貌景观,主要是燕山构造运动的产物。

　　大同煤田赋存有两套煤系:侏罗系煤系和石炭二叠系煤系。侏罗系煤田呈北东向展布,宽 20 km,长 40 km,含煤面积 772 km²,煤系厚约 220 m,可采煤层 14～21 层,总厚约 20 m,最大埋深 350 m。煤层坚硬,顶底板各为坚硬的砂岩,部分为砂砾岩和砾岩。石炭二叠系煤田含煤面积 1 739 km²,北中部两煤系重叠面积 684 km²。北部不重叠,只有侏罗系,含煤面积 88 km²;南部不重叠,只有石炭二叠系,含煤面积 1 055 km²。大同煤田侏罗系煤炭资源临近枯竭,石炭二叠系煤系将成为大规模开发对象。

　　石炭二叠系煤系包括上石炭统下部本溪组、上石炭统上部太原组及下二叠统山西组。本溪组不含可采煤层。太原组由陆相及滨海相砂岩、泥岩夹煤层及高岭岩组成,组厚 36～95 m,含可采及局部可采煤层 10 层,煤层总厚在 20 m 以上。山西组由陆相砂岩夹煤及泥岩层组成,组厚 45～60 m,含 1 层可采煤层,厚 0～3.8 m。早侏罗系煤系,即下侏罗统大同组。大同组由陆相砂岩夹泥岩及煤层组成,组厚 0～264 m(一般 220 m),含可采煤层 14～21 层,可采煤层总厚度 18.7～24 m。

2.3.1.2　大同矿区现今构造应力场特征

(1)区域构造应力场特征

　　华北地区地处欧亚板块东部,构造应力场主要受来自太平洋板块向西俯冲、青藏块体向北运移以及华南块体北西西向运动等周围板块和块体联合作用的控制。华北地区现今构造应力场以水平挤压作用为主,最大主应力方向为 NE～NEE 向,方位为北东 60°～80°,构造应力张量结构以走滑型为主,兼有一定数量的正断型(正断型应力结构主要分布在山西断陷盆地)。除渤海地区和晋北地区外,其他地区的中间主应力轴基本直立,最大主应力轴和最小主应力轴为近水平,倾角均在 20°以内。根据我国华北地区深部煤矿的原地应力测量结果可知,最大主应力在数值上大大高于自重应力,水平构造应力场起主导和控制作用,最大主应力方向主要取决于现今构造应力场。华北地区构造应力的分布具有明显的非均匀性,而且与地质构造、岩石性质及强度等有很大关系,其中,板内块体、断裂的相互作用和构造环境是导致地壳应力非均匀分布的主要原因。

(2)现今构造应力场特征

　　大同矿区位于华北地块东部偏北地区,矿区主要受华北地块 NE 至 NEE 向的主压应力的区域构造应力场的控制,其力源同样来自青藏断块 NE 和 NEE 向挤压和西太平洋板块俯冲带。这一挤压力直接作用在鄂尔多斯块体西南边界上,成为控制鄂尔多斯周缘共轭剪切破裂带形成的直接动力源。大同矿区现代区域应力场基本上沿袭了上述构造应力场的特征,仍为 NE 至 NEE 向挤压和 NW 至 NNW 拉张作用。

2.3.2 大同矿区地应力场实测

2.3.2.1 测试地点及测试结果

1. 已有地应力测点测试结果

通过对以往研究资料的整理、归纳,对大同矿区现有地应力分布情况进行了梳理总结,测点数据见表 2-20 和表 2-21。

表 2-20　　　　　　　　　　大同矿区三维地应力实测结果汇总表

编号			位置及岩性	埋深 /m	σ_1			σ_2			σ_3		
					量值 /MPa	方位角 /(°)	倾角 /(°)	量值 /MPa	方位角 /(°)	倾角 /(°)	量值 /MPa	方位角 /(°)	倾角 /(°)
1	A	A1	煤峪口矿	364	12.05	325.0	−14.5	7.50	310.0	75.0	5.83	54.0	3.7
2	B	B1	晋华宫矿 8210 工作面	330	12.46	118.4	7.1	9.48	341.3	68.7	7.47	210.5	14.2
3		B2	晋华宫矿 8701 工作面	280	10.02	95.5	8.0	7.59	285.0	59.8	4.16	358.9	19.1
4	C	C1	燕子山矿 1035 水平大巷,中砂岩	245	12.85	2	15	6.86	73.6	−50	5.88	283.4	−36
5		C2	燕子山矿 1140 水平大巷,中砂岩	153	6.08	23	−38	5.20	314	26	4.41	50	41
6	D	D1	忻州窑矿 865 大巷,中砂岩	362	23.05	281	−2	11.67	1	80	6.47	12	−10
7		D2	忻州窑矿 11 层 2908 巷,煤	271	8.63	342	−28	1.47	314	58	0.98	66	12
8		D3	忻州窑矿西二一斜井	352	12.95	330.7	0.5	7.29	56.7	−83.0	7.14	60.7	7.3
9		D4	忻州窑矿东三火药库	370	13.11	331.7	−1.8	11.04	241.4	−7.5	8.74	255.0	82.3
10		D5	忻州窑矿西二盘区车场	355	12.72	330.0	−0.9	11.66	247.2	−6.7	8.65	254.6	80.3
11		D6	忻州窑矿西二人行斜井	356	11.88	331.9	−1.9	10.54	244.6	−7.5	9.9	255	82.6
12		D7	忻州窑矿东二 14-3 绕道	322	11.07	329.4	0.7	10.84	56.7	−83	10.71	60.5	7.3
13	E	E1	同家梁矿	360	12.36	324.9	3.2	6.91	164.8	86.6	6.37	55.0	1.1
14	F	F1	同忻矿北一盘区 8107 顶回	546	20.96	244.4	−0.21	13.8	−25.1	−65.6	11.60	154.3	−24.4
15		F2	同忻矿北一盘区 8107 顶回风巷	546	19.58	245.9	1.4	14.57	−29.1	−74.9	12.18	156.3	−15.0
16		F3	同忻矿北二盘区回风大巷	532	20.71	245.2	5.65	13.83	−20.2	39.39	11.47	148.4	50.05

2. 云冈矿地应力测试结果及分析

为了研究大同矿区双系地层地应力整体分布规律,在原有测点的基础上,新增塔山矿和云冈矿 2 个测点,测点编号分别为 G4 和 H1。

云冈矿 H1 测点位于 9# 层 404 盘区 5413 掘进面头巷向里 980 m 处,埋深 205 m,如

图 2-31 所示。

表 2-21 大同矿区二维地应力实测结果汇总表（水压致裂）

	编号		位置及岩性	埋深/m	垂直应力/MPa	最大水平主应力/MPa	最小水平主应力/MPa	最大水平主应力方向
17		G1	塔山矿 1070 辅运大巷，细砂岩	467	11.68	11.88	6.40	N26.7°E
18	G	G2	塔山矿 5102 顺槽，细砂岩	467	11.68	12.28	8.22	N24.8°E
19		G3	塔山矿 2102 顺槽，炭质泥岩	467	11.68	12.78	7.24	N19°E

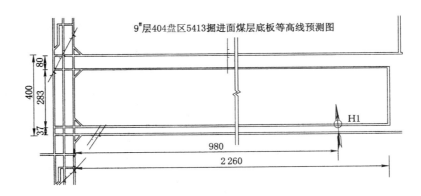

图 2-31 H1 测点位置示意图（单位:m）

H1 测点空心包体的 12 个应变片随解除距离的变化曲线如图 2-32 所示。从图中可以看出,在解除开始阶段应变曲线变化较为缓和,随着钻头的推进,当解除至应变片所在位置时,应变量会迅速增加,随后应变量会趋于稳定,解除完成。另外,从图上还可以看出绝大多数曲线的变化是有规律的,且变化趋势基本一致,这也说明绝大多数应变片的工作状态是正

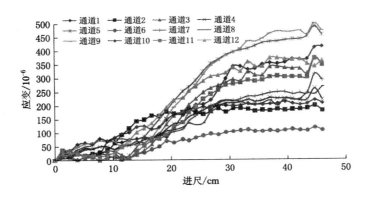

图 2-32 H1 测点应力解除曲线

常的,可以作为计算依据。

根据实测资料、测点岩石力学性质参数及钻孔的几何参数等,采用最小二乘法原理,先通过地应力计算机程序优化求解出地应力的六个分量,再计算各测点主应力大小和方向,其结果详见表 2-22 和表 2-23。

表 2-22　　　　　　　　　　　　　　H1 测点应力分量计算结果

测点	埋深/m	正应力/MPa			剪应力/MPa		
		σ_x	σ_y	σ_z	τ_{xy}	τ_{yz}	τ_{xz}
H1	205	6.37	6.01	6.17	0	0.70	0.66

注:x 的正向指东,y 的正向指北,z 的正向指下。

表 2-23　　　　　　　　　　　　　　H1 测点主应力计算结果

测点	埋深/m	主应力	实测值/MPa	方位角/(°)	倾角/(°)
H1	205	σ_1	7.15	234.6	−43.7
		σ_2	6.2	−45.71	10.7
		σ_3	5.2	213.7	44.35

原岩应力测量结果表明三个主应力的大小比较接近,最大主应力既不是接近水平方向也不是垂直方向,但中间主应力接近水平方向。

由于最大主应力不是水平方向,而水平方向的应力分布状态对巷道布置和支护设计影响较大,这里忽略铅垂方向应力影响,将其近似为平面应力问题,根据公式(2-1)、(2-2),利用测点水平方向三个应力分量求得测点水平主应力见表 2-24。

$$\left.\begin{array}{l}\sigma_{\max}\\\sigma_{\min}\end{array}\right\}=\frac{\sigma_x+\sigma_y}{2}\pm\sqrt{\left(\frac{\sigma_x-\sigma_y}{2}\right)^2+\tau_{xy}^2} \tag{2-1}$$

$$\tan 2\alpha_0=\frac{2\tau_{xy}}{\sigma_x-\sigma_y} \tag{2-2}$$

表 2-24　　　　　　　　　　　　　　H1 测点水平主应力计算结果

测点	最大水平主应力 σ_H		最小水平主应力 σ_h		垂直应力 σ_v /MPa	σ_H/σ_v	σ_H/σ_h
	数值/MPa	方位角/(°)	数值/MPa	方位角/(°)			
H1	6.37	90	6.01	180	6.17	1.03	1.06

最大水平主应力与垂直应力的比值为 1.03,最大水平主应力与最小水平主应力的比值为 1.06,两者都接近 1,说明云冈矿受构造运动影响相对较弱。

3. 塔山矿地应力测试结果及分析

塔山矿 G4 测点位于二盘区辅运大巷 3 400 m 处水仓外环开口向里 158 m 处,埋深 490 m,如图 2-33 所示。

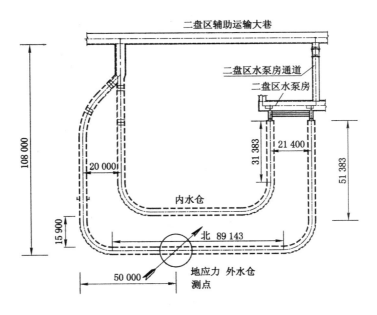

图 2-33　G4 测点位置示意图

钻孔应力解除曲线如图 2-34 所示，12 个应变数据采集通道从钻孔套心开始直至应力解除完毕工作状态良好。3 个应变花集中布置在应变包体中部，随着岩芯的解除，应变逐渐恢复，应变花采集到的数值逐渐变大，直至解除完毕，读数趋于稳定。绝大多数应变曲线的变化是有规律的，且变化趋势基本一致，说明绝大多数应变片的工作状态是正常的，可以作为计算依据。

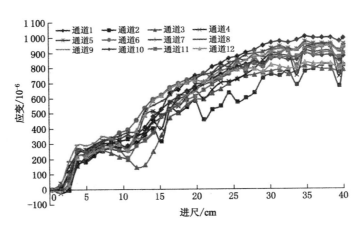

图 2-34　G4 测点应力解除曲线

根据实测资料、测点岩石力学性质参数及钻孔的几何参数等，采用最小二乘法原理，先通过地应力计算机程序优化求解出地应力的六个分量，再计算各测点主应力大小和方向，其结果详见表 2-25、表 2-26。

表 2-25   **G4 测点应力分量计算结果**

测点	埋深/m	正应力/MPa			剪应力/MPa		
		σ_x	σ_y	σ_z	τ_{xy}	τ_{yz}	τ_{xz}
G4	490	12.42	11.84	8.65	−3.65	−0.63	0.87

注:x 的正向指东,y 的正向指北,z 的正向指下。

表 2-26   **G4 测点主应力计算结果**

测点	埋深/m	主应力	实测值/MPa	方位角/(°)	倾角/(°)
G4	490	σ_1	15.95	132.6	8.3
		σ_2	8.61	33.7	46.7
		σ_3	8.35	230.1	42.1

同理,利用测点水平方向三个应力分量求得测点水平主应力见表 2-27。

表 2-27   **G4 测点水平主应力计算结果**

测点	最大水平主应力 σ_H		最小水平主应力 σ_h		垂直应力 σ_v /MPa	σ_H/σ_v	σ_H/σ_h
	数值/MPa	方位角/(°)	数值/MPa	方位角/(°)			
G4	15.79	132.73	8.47	42.73	8.65	1.83	1.86

2.3.2.2   大同矿区地应力分布规律

1. 地应力方向分布规律

由图 2-35 所示大同矿区地应力分布图可以看出,总体上,大同煤田构造应力主要受燕山构造运动时期 NW-SE 水平挤压应力影响。煤田北部主向斜轴往北东方向延伸至云冈石窟以东青磁窑井田内,逐渐转向 NS 和 NNW 方向,走向和压性与 NNW 向逆行青磁窑大断裂平行;在大同煤田 NW-SE 水平挤压应力继续作用下,煤田北部阻力逐渐加大,特别是后期挤压,这就造成了煤田边界地质应力条件的改变。综合全煤田构造力的分析,在大同煤田特别是东北部,同时又产生了 NE-SW 向的挤压应力,这一应力在十里河以北也分解为往西和往南的两个分力,在分力和合力的作用下,使青磁窑井田内主向斜轴往西推移和偏转,且在忻州窑井田北部至晋华宫井田向东弯曲,产生小向斜盆地,以及主断裂错位处于走向平行交错,NE 向羽状张性小断裂等都是在大同煤田 NW-SE 水平挤压应力持续作用下,煤田边界条件逐步改变,作用力因时因地在发生着转化的结果。大同矿区地应力方向主要有以下三个特点:

(1)煤田北部云冈矿和晋华宫矿地应力实测结果最大主应力方向分别为 234.6°、95.5°和 118.4°,说明该地区在燕山期构造运动后受 NE-SW 向的挤压应力的影响,最大主应力方向由 SEE 向 NEE 转动,这是对燕山构造运动时期地质应力 SE-NW 水平挤压应力的继承和发展,并以发展为主。

(2)煤田的中部及南部地应力受东缘的口泉断裂影响较大。口泉断裂是在燕山运动初期,受 NE-SE 向挤压力为主的构造作用产生的,口泉断裂在断裂除南端走向近 EW 外,总体走向 N35°～55°E,倾向 SE,倾角 50°～70°。总体呈现南北不对称的"S"形空间展布特征。

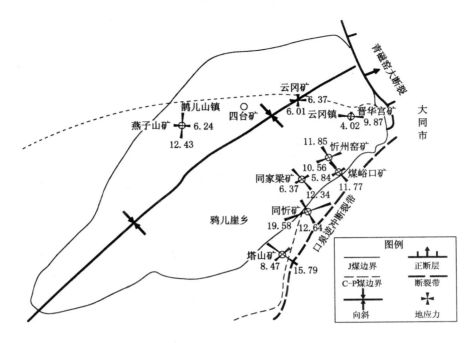

图 2-35 大同矿区地应力分布图

实测塔山矿主应力方向为 132.6°,说明煤田的中部及南部是对燕山构造运动时期地质应力 NW-SE 水平挤压应力的继承和发展,并以继承为主。

(3)煤田的西部地质构造简单,基本呈东北低的单斜构造,最大主应力方向为 NNE 向 NEE 略有转动,主要受北部向斜轴向北西方向转动影响。

2.地应力量值分布规律

(1)地应力随埋深的变化规律

为了考察地应力值随巷道埋深的变化规律,对矿区地应力测点最大主应力随深度的变化进行了统计分析,结果如图 2-36 所示。

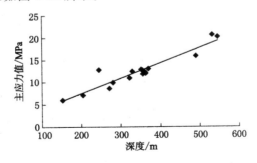

图 2-36 最大主应力与埋深关系

从图 2-36 可以看出,虽然数据存在一定离散性,但整体上矿区最大主应力与巷道埋深存在良好的线性正相关关系,最大主应力随着测点埋深的增加而增大,二者回归方程如下:

$$\sigma_1 = 0.034H + 0.607 \tag{2-3}$$

式中，H 为埋深，m；σ_1 为主应力，MPa。

侏罗系煤层埋深较浅，所测地应力值普遍小，如北部云冈矿、晋华宫矿、燕子山矿等埋深均在 150～370 m 之间，地应力值在 8～13 MPa。南部石炭系煤层埋藏较深，如同忻矿和塔山矿，所测地应力值较大，其中最大主应力最大值达到 20.71 MPa。

由于中间主应力和最小主应力数据的离散度较高，故仅对最大主应力变化规律进行分析。

以本次实测数据为主，结合搜集的地应力测量资料，根据主应力算出各测点水平面内应力分量对其进行了统计分析，计算结果见表 2-28。

表 2-28　　　　　　　　　　　各测点水平应力计算结果

矿名	测点	埋深/m	最大水平主应力 σ_H		最小水平主应力 σ_h		垂直应力 σ_v/MPa	σ_H/σ_v	σ_H/σ_h
			数值/MPa	方位角/(°)	数值/MPa	方位角/(°)			
煤峪口矿	A1	364	11.77	144.70	5.84	54.70	7.78	1.51	2.02
晋华宫矿 8210 工作面	B1	330	12.40	118.88	7.56	28.88	9.46	1.31	1.64
晋华宫矿 8701 工作面	B2	280	9.87	95.91	4.02	5.91	7.88	1.25	2.46
燕子山矿 1035 水平大巷,中砂岩	C1	245	12.43	3.32	6.24	93.32	6.92	1.80	1.99
燕子山矿 1140 水平大巷,中砂岩	C2	153	5.58	167.21	4.98	77.21	5.22	1.07	1.12
忻州窑矿 11 层 2908 巷,煤	D2	271	6.99	162.11	1.03	72.11	3.06	2.28	6.79
忻州窑矿西二一斜井	D3	352	12.95	150.65	7.14	60.65	7.28	1.78	1.81
忻州窑矿东三火药库	D4	370	13.11	151.90	11.00	61.90	8.78	1.49	1.19
忻州窑矿西二盘区车场	D5	355	12.67	156.57	11.65	66.57	8.71	1.45	1.09
忻州窑矿西二人行斜井	D6	356	11.85	154.30	10.56	64.30	9.91	1.20	1.12
忻州窑矿东二 14-3 无极车绕道	D7	322	11.07	150.26	10.71	60.26	10.84	1.02	1.03
同家梁矿	E1	360	12.34	144.93	6.37	54.93	6.93	1.78	1.94
同忻煤矿北一盘区 8107 顶回风巷	F1	546	20.96	64.38	11.98	154.38	13.66	1.53	1.75
同忻煤矿北一盘区 8107 顶回风巷	F2	546	19.58	66.02	12.34	156.02	14.41	1.36	1.59
同忻煤矿北二盘区回风大巷	F3	512	20.63	64.35	12.87	154.35	12.51	1.65	1.60
塔山矿	G4	490	15.79	132.73	8.47	42.73	8.65	1.83	1.86
云冈矿	H1	205	6.37	90	6.01	180	6.17	1.03	1.06

根据表 2-28 中的计算结果，绘制水平主应力与埋深的关系曲线，如图 2-37 所示。

图 2-37 中的直线是通过最小二乘法对最大、最小水平主应力和垂直应力进行线性回归分析得到。随着埋深的增加，最大、最小水平主应力和垂直应力都在增大，其中最大水平主应力增大的速度最快，而最小水平主应力与垂直应力近似平行关系。所用测点的最大水平主应力均大于垂直应力，侧压力系数在 1.02～2.28 之间，说明该区域水平应力占据主导地位，呈现典型的构造应力场特征。

（2）大同矿区地应力平面分区

根据大同矿区区域地质构造的演化规律，结合对该区的大量现场地应力测试数据及分

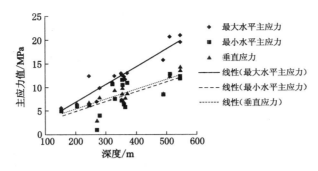

图 2-37　水平主应力与埋深关系

析结果(表 2-28),将大同矿区按其地应力分布特点划分为 3 个区,以兴旺庄村-窑子沟一线以及口泉村-窑洞村一线为界,分为北部Ⅰ区(包括四台矿、云冈矿、晋华宫矿等)、中部Ⅱ区(包括燕子山矿、忻州窑矿、煤峪口矿、同家梁矿等)、南部Ⅲ区(包括塔山矿、同忻矿等),如图 2-38所示。

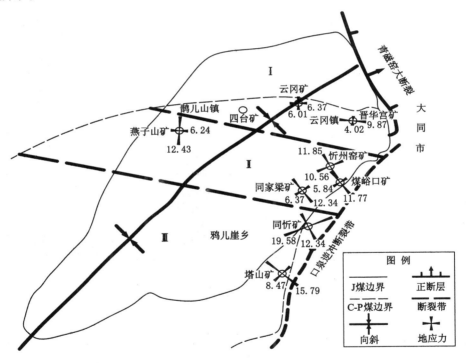

图 2-38　大同矿区地应力分区

3. 总结分析

大同矿区的地应力场的基本规律总结如下:

(1)大部分测点均有两个主应力接近水平方向,另一个主应力接近垂直方向,并以水平应力为主导,最大主应力近于水平。所有统计的 16 个三维地应力中,仅有 2 个测点最大主应力倾角大于 20°。矿区 21 个地应力测点中,有 17 个测点 $\sigma_H > \sigma_v > \sigma_h$,占总测点数的 81%,剩下的 4 个测点(忻州窑矿 3 个测点和同忻矿 1 个测点)$\sigma_H > \sigma_h > \sigma_v$,占总测点数的 19%,说明大同矿区地应力是以水平构造应力为主导的,且均为压应力。

（2）随着深度的增加,应力值增大,垂直应力值基本上等于或略大于上覆岩层的重量。

（3）在不同构造部位,受断层影响,最大主应力方向发生了明显变化,矿区东北部最大主应力方向由 NWW 向 NNW 略有转动,矿区西北部最大主应力方向一般为 NNE,矿区东南部受口泉断裂影响,最大主应力方向发生了较大转动,为 NEE 方向。

（4）地应力场具有明显的不均匀性。即使在同一高程不同部位,各测点的应力大小、方向和倾角均存在较大的差异。地应力值的不均匀性反映了本区地质构造和岩体特征的复杂性。

综上所述,大同矿区是以水平压应力为主,地应力具有明显的构造应力特征;最大主应力方向受矿区内构造影响较大,矿区应力显示出明显的不均匀性和各向异性,工程设计与施工中应考虑局部应力场特征。

2.3.3 采掘次生应力场分布演化规律研究

2.3.3.1 实测方案

（1）ZLGH-20 型钻孔应力计

在回风运顺槽 2430 采位处临空帮、2580 采位处临空帮和实体帮各布置 1 组（6 个）ZLGH-20 型钻孔应力计和 2 套多点位移计。根据设计在巷道两帮标出安装钻孔应力计的位置,钻取 1# 钻孔,孔深 1.5 m,直径 50 mm,安装 1# 钻孔 ZLGH-20 型钻孔应力计,如图 2-39 所示,并用快硬水泥充填,依次沿巷道走向水平钻孔安装 2#～6# 应力计,孔深分别为 3 m、5 m、8 m、10 m 和 15 m,孔间距 1.0 m 左右,实际安装情况如图 2-40 所示。

图 2-39 钻孔应力计　　　　　　　　　图 2-40 现场布设图

（2）多点位移计

3# 和 5# 应力计安装之后,分别在 2#、3# 钻孔连线中点和 4#、5# 钻孔连线中点上方 500 mm 处各安装 1 套多点位移计（6 基点,孔深 8 m）,分别在围岩内 1 m、2 m、3 m、4 m、6 m 和 8 m 深处各固定一个基点,对不同深度围岩变形进行监测,如图 2-41 所示。

2.3.3.2 结果分析

位于 5105 巷临空帮的第一、二两个测站的数据变化规律相似,为了能更好地说明采动对煤柱内部应力场、位移场变化的影响,选取位于同一断面、不同煤帮上的第二测站和第三测站的实测数据来进行分析。第二测站和第三测站的钻孔应力的实测结果如图 2-42、图 2-43 所示。

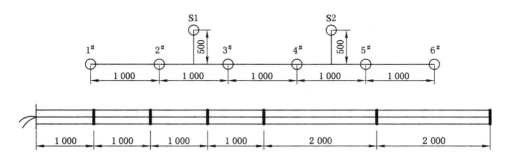

图 2-41 多点位移计安装示意图

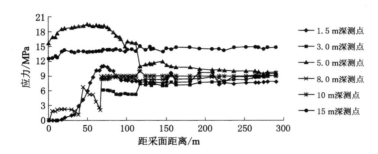

图 2-42 临空帮内部各测点应力与采面距离的关系曲线

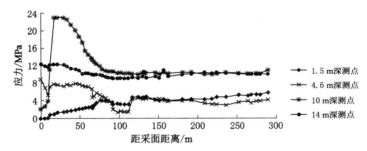

图 2-43 实体帮内部各测点应力与采面距离的关系曲线

由图 2-42 可以看出：

（1）回采对煤柱中的应力的影响过程可分为三个阶段：距工作面煤壁约 116 m 以外为无影响阶段，该阶段内各深度测点的应力保持初始值不变；距工作面煤壁 116～68 m 之间为影响阶段，该阶段内各深度测点的应力升降不一，整体呈跳跃式上升趋势直至达到应力峰值；距采面 68～0 m，距巷道表面 1.5 m 深处应力迅速下降，直至为零，而在 5.0 m 处应力在稳定一段时间后才开始缓慢降低，属于剧烈影响阶段。

（2）在无影响阶段，各深度测点处的应力大小关系为 15 m 测点应力最大、5 m 测点次之、1.5 m 测点最小；随着工作面的不断临近，5 m 测点的应力迅速增加，一度超过了 15 m 测点的应力；而在剧烈影响阶段，3 m 测点和 10 m 测点破坏，所以出现数据中断的显现，处于煤柱中部的 1.5 m 和 8 m 测点应力最大迅速下降，直至为 0 MPa，其余两个测点的应力下降速度较慢。导致这种现象的原因可能是：第二测站布置在临空煤帮内部，在无影响阶段，煤柱在锚杆支护作用下处于较完整状态，而且越靠近煤柱中部承载能力越高，应力峰值基本位于煤柱中部;之后,各测点离工作面越来越近,采动引起的侧向支承压力也不断增大,与煤柱自身的应力相互叠加,在距巷道表面 5 m 附近应力峰值达到最大,而在 1.5 m 和 8.0 m 深处测点附近的煤体发生塑性破坏使其应力降低。

由图 2-43 可以看出:

(1)巷帮实体煤中的应力演化过程与临空帮煤柱类似:距工作面煤壁约 116 m 以外为无影响阶段;距工作面煤壁 116～68 m 之间为影响阶段,该阶段应力缓慢上升;距离工作面煤壁 40 m 以内为剧烈影响阶段,该阶段应力呈指数迅速上升,之后又快速下降,应力变化幅度剧烈。

(2)在无影响阶段,各深度测点处的应力基本上保持初始值不变;在影响阶段,1.5 m 和 4.6 m 测点处煤体小部分的突然塑性破坏导致了两测点应力的突然减小,而后又缓慢上升;随着采面的不断推进,各测点所受的超前支承压力逐渐增大,而煤体表面由于受到巷道开挖时的破坏,承载能力较弱,在剧烈影响阶段承受不住超前支承压力而使煤体进一步破坏卸压,应力向煤体深部传递,如距实体帮表面 1.5 m 测点所示;在煤体深部,如 10 m 处,煤体较完整,并且处于三向受力状态,承载能力较强,故在剧烈影响阶段应力迅速上升,当超前支承压力超过其承载能力之后发生破坏卸压,应力降低。

图 2-44、图 2-45 为回采过程中,两帮横断面煤体应力分布情况,由图可以看出:

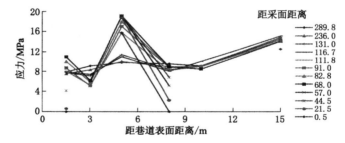

图 2-44　临空帮内部应力变化

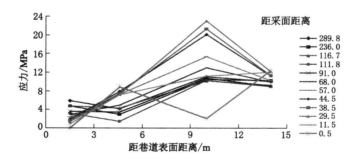

图 2-45　实体帮内部应力变化

(1)回采对临空帮和实体帮影响明显不同的是应力峰值区域的分布。

在临空帮中,距煤柱表面 5 m 左右深处受采动影响的程度最大,最大压力为初始压力的 1.9 倍;在实体帮中,距煤柱表面 10 m 左右受采动的影响最大,峰值处压力为采动前的 2.3 倍。

(2)回采对实体煤帮的应力影响程度大于对临空帮的影响。

回采前实体煤帮内最大应力位于距表面 10 m 处,约为 10.5 MPa;回采后最大应力所在位置没有变化,但应力增加到 23.0 MPa。对于临空帮,回采前最大应力所处深度与实体帮相同,都为距表面 10 m 左右,约为 9.2 MPa;回采后受回采侧向超前支承压力的影响,最大应力向巷道表面转移,但最大应力值为 19.6 MPa,比实体帮的最大应力小 3.4 MPa。

为了增加数据的普遍性,减小地质条件对监测数据的影响,在第二测站和第三测站各安装 2 个多点位移计,选取对称的二测站 3# 和三测站 5# 多点位移计的测试结果进行分析(以位移计孔口为不动点),实测结果如图 2-46、图 2-47 所示,单位回采距离引起的巷道两帮内部位移增量(简称"单位采距位移增量")与回采面距离的变化关系如图 2-48、图 2-49 所示。

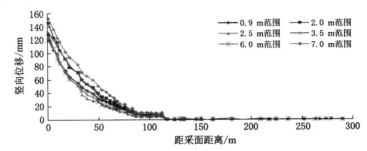

图 2-46 临空帮内部各测点位移与采面距离的关系

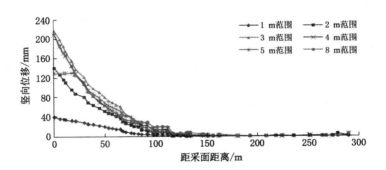

图 2-47 实体帮内部各测点位移与采面距离的关系

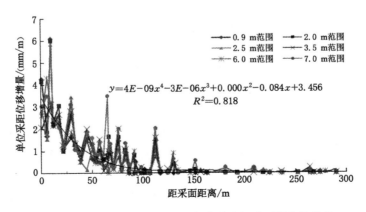

图 2-48 临空帮内部单位采距位移增量与采面距离的关系

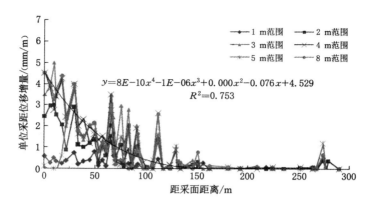

$$y=8E-10x^4-1E-06x^3+0.000x^2-0.076x+4.529$$
$$R^2=0.753$$

图 2-49　实体帮内部单位采距位移增量与采面距离的关系

由图 2-46、图 2-47 可以看出：

(1) 沿工作面走向回采对巷道两帮内部位移场的影响可以分为三个阶段：

① 无影响阶段：此阶段位于距离采煤工作面 116 m 范围之外巷道，该段巷道两帮内部位移只是在围岩自重应力及地应力的作用下发生缓慢的徐变，基本上不受回采超前支承压力的影响，在 40% 的监测范围内，两帮内部最大位移仅为 6.7 mm，仅占回采全过程变形量的 3.2%，巷道维护情况良好。

② 影响阶段：在工作面前方约 60～116 m 范围内，巷道受到工作面超前支承压力作用，巷道内部变形速度增加。由图 2-46、图 2-47 可知，距采面越近，单位回采距离引起的巷道两帮围岩内部位移的增速越大，并且在临空帮 0～7.0 m 和实体帮 3.0～8.0 m 深度范围内，单位采距位移增量与采面距离成 4 次多项式关系。

③ 剧烈影响阶段：随着采面的推进，距工作面 60 m 范围内，巷道两帮内部位移受到采动超前支承压力的影响进入"剧烈影响"阶段，该阶段两帮内部位移占总变形量的最大比例达到 77.7%（临空帮 6.0 m 深测点），此外，该阶段两帮单位采距位移增量最大达到 6 mm/m，按平均每天回采 6 m 计算，单帮巷道变形量达到 36 mm，两帮收敛量能达 72 mm。

(2) 超前支承压力对煤柱内部位移的初始影响存在一定的突发性。

观察图 2-48、图 2-49 可知，在距采面约 111 m 时，除实体帮 1.0 m 深测点外，其余的 11 个分析测点都出现了不同程度的"突增"现象，并且距巷道表面越深，"突增量"越大。出现该现象的主要原因是在回采无影响阶段，采动超前支承压力较小，不足以破坏较硬的煤帮，而随着采面的推进，超前支承压力缓慢积累逐渐达到两帮煤体的极限承载能力，使其发生突然的塑性破坏，致使两帮内部水平位移发生突然的增大。

(3) 采动对临空帮内部位移的影响较为均匀。

如图 2-48 所示，随着采面的临近，临空帮内部 6 个深度范围（距表面分别为 0.9 m、2.0 m、2.5 m、3.5 m、6.0 m 和 7.0 m 范围）内的位移同时增加，且不同时间点各深度范围水平位移的散点连线接近平行，说明采动对临空帮内部位移的影响较为均匀。此外，在回采过程中，距临空帮表面约 1.5～3 m 和 5～6.5 m 范围内的水平位移都有一定程度的减小，之后又随深度的增加而缓慢上升。说明在临空帮 2 m 和 6 m 左右深处的煤体在巷道开挖时发生了剪切滑移破坏，煤体松软，在第三主应力 σ_3 的作用下，3 m 和 7 m 左右深处的煤体向自由面移动挤压外侧的煤体,带动固定在 1.5~3 m 和 5~6.5 m 左右范围内的多点位移计固定端向巷道中心移动,使其所测的相对位移减小。

(4)回采对实体帮 3 m 内煤体的位移影响最大,再向深处影响较为均匀。

从采动对两帮内部水平位移"影响阶段"后半段开始,距实体帮表面 3 m 深度范围内的位移迅速增加,形成第一个峰值点,在"剧烈影响"阶段后半段,由于距实体帮表面 10 m 左右处的煤体在高应力作用下突然发生塑性破坏,挤压附近煤体向自由面移动,使 5 m 深处的多点位移计固定端向巷道移动,从而使其所测的相对位移量比其前面测点所测位移量要小。

(5)回采对实体帮的影响程度远大于对临空帮的影响。

由图 2-50、图 2-51 可以看出,回采过程中,实体帮最大位移达 218 mm,是临空帮 152.5 mm 的 1.43 倍,此外,从影响形式上看,侧向支承压力对临空帮的影响相对比较均匀,各深度范围内水平位移相差不大,而在实体帮中,距表面 3 m 范围内的围岩位移是 1 m 范围内的 5.6 倍,这样容易在 1~2 m 深度范围内发生片帮破坏。

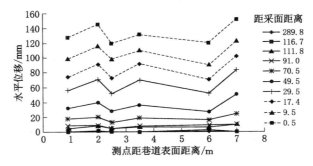

图 2-50　沿空帮内部位移分布图

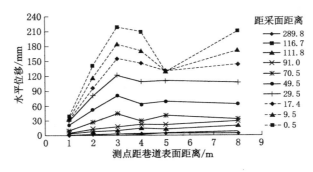

图 2-51　实体帮内部位移分布图

(6)两帮收敛量主要由 8 m 范围内煤体变形引起,且距采面越近,上述现象越明显。

为了研究两帮内部位移与其收敛量之间的关系,在监测采动对围岩内部位移场影响的同时,对临空帮 3# 多点位移计和实体帮 5# 多点位移计之间的水平距离用钢卷尺进行了量测,结果如图 2-52 所示。

图中内部位移线为临空帮 7 m 范围和实体帮 8 m 范围内煤体的水平位移之和,并将其与距采面相同距离时的两帮收敛量比值得到百分比曲线及其趋势线。由此可以看出,随着

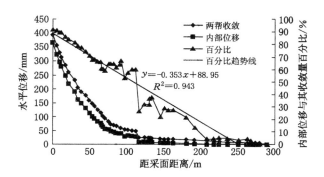

图 2-52　两帮内部位移及其收敛量与采面距离的关系

采动影响程度的加剧,两帮内部约 8 m 范围内煤体的变形量在两帮收敛量中所占比例呈线性增加,最大比值达到 92%。说明回采过程中,巷道两帮的收敛量主要集中在两帮一定范围(7~8 m)内的煤体中,对更深部的煤体基本上没有影响。

(7)在剧烈影响阶段采动对位移场的影响较应力场滞后。

采动对巷道内部位移的剧烈影响阶段从距工作面 60 m 左右开始,较应力场(68 m 左右)滞后了约 8 m,究其原因,主要是在剧烈影响前半段,超前支承压力仍在上升,由于塔山矿煤质较硬,巷道两帮承载能力强,积蓄的超前支承压力小于煤体的承载强度,对煤体破坏程度小,当超前支承压力超过煤体承载强度后,煤体变形速度加快,回采对围岩内部位移场的影响才进入剧烈影响阶段。

为了更好地找出围岩内部位移与应力之间的联系,将各测点间岩体的相对位移与其距离相比,研究相邻测点应变与采面距离的变化关系,找出围岩内部位移与其应力的对应关系。

图 2-53、图 2-54 分别为临空帮和实体帮围岩内部相邻测点横向应变与采面距离的变化曲线图。从图中可以看出,进入采动影响阶段后,大部分煤体的应变都为正值,说明围岩发生松弛膨胀,岩体第三主应力 σ_3 出现一定的拉应力,但亦有部分区段的应变出现了负值,如临空帮距巷道表面 2.0~2.5 m、3.5~6.0 m 范围,实体帮 3.0~4.0 m、4.0~5.0 m、5.0~8.0 m 范围内煤体压缩,σ_3 表现为压应力。大量的研究成果表明,采动影响下围岩内部拉应力区与压应力区交替出现的"拉压交替"现象并不是偶然,主要是由岩体的结构流变引起的。

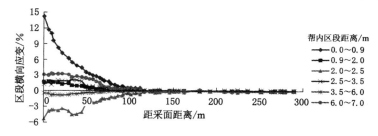

图 2-53　临空帮内部区段应变与采面距离的关系

此外,在实体帮 4.0~5.0 m 和 5.0~8.0 m 范围内岩体随距采面距离在同一区段出现了"拉压交替"现象,说明在回采过程中,实体帮内部应力变化较临空帮复杂,采动对实体帮

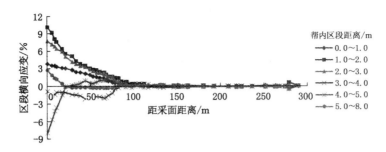

图 2-54 实体帮内部区段应变与采面距离的关系

的影响较大,与之前采动对位移内部应力场、位移场影响的研究成果一致。

为了得到采动对巷道表面位移更全面的影响,采用"十"字布点方法在距第二、三测站50 m 左右处补设了表面位移观测站,如图 2-55 所示。在顶底板中部垂直方向和两帮中部水平方向钻直径 30 mm、深 400 mm 的孔,将直径 32 mm、长 400 mm 的木桩打入孔中。顶板和上帮木桩端部安设环形测钉,底板和下帮木桩端部安设平头测钉。从距采面 180 m 左右开始观测,每天记录巷道表面位移及距采面距离,观测结果如图 2-56 所示。

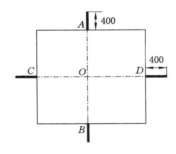

图 2-55 巷道表面位移量测断面布置图

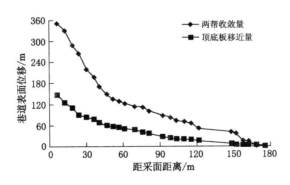

图 2-56 巷道表面位移观测结果

由图 2-56 可以看出:

(1)采动对巷道表面位移的影响与其对围岩内部位移影响相似。

在距采面 120 m 之外,除了受顶板来压造成的位移突变外,巷道表面位移基本未发生变化,根据"松动圈-碎胀力理论",围岩的变形主要是在围岩松动圈形成过程中产生的碎胀变形,而在无采动影响阶段,巷道的施工已经完成 1 年之多,松动圈及围岩应力已经调整完毕,巷道处于相对稳定状态,巷道两帮位移主要来源于围岩蠕变、流变过程中的横向变形,而这个变形是很小的;120~50 m 段,采动影响加剧,巷道收敛量逐渐增加;50~0 m 段,收敛量(尤其是两帮收敛量)呈指数迅速上升。

(2) 回采对巷道两帮的影响程度大于对顶底板的影响程度

从巷道表面位移量测的结果可以看出,无论是在"影响阶段"还是在"剧烈影响阶段",巷道两帮收敛速度几乎都大于等于巷道顶底板移近的速度,而在一般静力作用下,大断面煤巷顶底板的移近速度往往会大于两帮的收敛速度。由此可见,回采对大断面煤巷两帮的影响非常明显,分析该现象的原因,主要是由于:① 两帮煤体的力学特性较差,煤体的泊松比较大,受到采动影响后,两帮上部的超前支承压力逐渐增加,两帮的弹性变形也逐渐增大;② 巷道两帮支护较弱,只采用了锚杆+金属网支护,而巷道顶板采用的是锚杆+锚索+金属网的联合支护方案,导致两帮煤体在高应力的作用下不断发生塑性破坏,在碎胀力的作用下向巷道内部变形。

2.3.4 光纤光栅锚杆支护体荷载演化全过程实测分析

2.3.4.1 测点布置

为研究 8214 工作面回采对 5216 顺槽掘进期间影响规律,特在回采与掘进交锋面一定范围内布置锚杆受力与巷道变形监测站(该试验段支护方式为顶板破碎段支护方案),3 个测站分别位于 5216 巷 1 380 m、1 445 m、1 490 m 处(从盘区回风巷算起),交锋位置为 1 519 m 处。其中测站Ⅰ与测站Ⅱ间距为 65 m,测站Ⅱ与测站Ⅲ间距为 45 m。具体位置如图 2-57 所示。

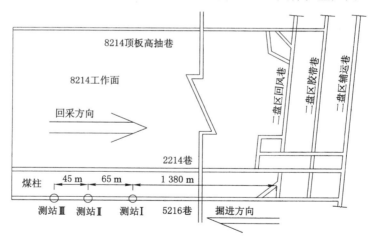

图 2-57　矿压测站布置示意图

测力锚杆全部选用 $\phi25$ mm×2 530 mm,锚固长度约为 1 150 mm,每根测力锚杆布置 5个测点,各测点分布情况如图 2-58 所示。

2.3.4.2 监测数据结果与分析

截至 2015 年 10 月 31 日,8214 工作面累计回采 762.5 m,从 10 月 2 日开始连续对巷道

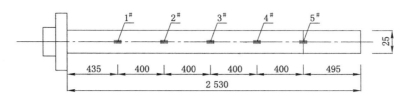

图 2-58 测点位置分布

进行矿压监测,现将测站Ⅱ、测站Ⅲ监测数据进行处理,结果如图 2-59、图 2-60 所示。

（1）测站Ⅲ监测数据处理

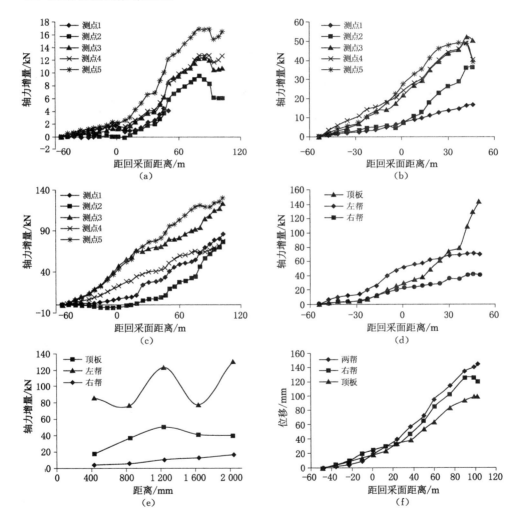

图 2-59 测站Ⅲ数据处理结果

（a）右帮煤柱侧锚杆轴力增量变化曲线;（b）顶板光纤光栅锚杆轴力增量变化曲线;

（c）左帮（非煤柱侧）锚杆轴力增量变化曲线;（d）光纤光栅压力环受力增量变化曲线;

（e）光纤光栅锚杆杆体轴力增量分布曲线;（f）巷道变形曲线

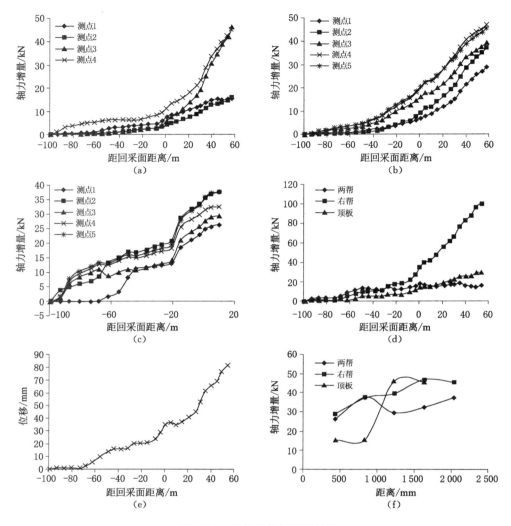

图 2-60　测站Ⅱ数据处理结果

（a）右帮煤柱侧锚杆轴增量变化曲线；（b）顶板光纤光栅锚杆轴力增量变化曲线；
（c）右帮（煤柱侧）锚杆轴力增量变化曲线；（d）光纤光栅压力环受力增量变化曲线；
（e）光纤光栅离层仪位移增量变化曲线；（f）光纤光栅锚杆杆体轴力增量分布变化曲线

　　图 2-59（a）～（c）为光纤光栅测力锚杆应力增量变化曲线，监测结果表明受邻近工作面回采影响，随着采煤工作面接近测站Ⅲ，各锚杆轴力的增量逐渐增大，回采面经过测站Ⅲ前10 m 开始，轴力变化趋势加剧；当采煤工作面错过测站Ⅲ 80 m 后，轴力的增量变化趋势变缓，最后趋于稳定。

　　右帮（煤柱侧）锚杆轴力最大增量出现在测点 5 处，为 16.4 kN；最小增量出现在测点 1 处，为 4.1 kN。顶板锚杆轴力最大量出现在测点 3 处，为 50.6 kN；最小增量出现在测点 1 处，为 17 kN。左帮（非煤柱侧）锚杆轴力增量最大出现在测点 5 处，为 130.8 kN；最小增量出现在测点 2 处，为 76.3 kN。左帮锚杆轴力增加量最大，顶板锚杆次之，右帮锚杆最小，最大增加量分别为 130.8 kN、50.6 kN、16.4 kN。对巷道变形分析可以发现，两帮总的收敛量为 145 mm,而右帮的变形量达到 120 mm,占两帮收敛量的 83%,而右帮锚杆的受力仅增加了 16.4 kN,说明右帮围岩的扰动范围较大,整个锚固区域均在扰动范围内,锚固区被整体挤出;左帮围岩的扰动范围较小,锚固端位于弹性区域内,所以左帮锚杆轴力增量较大。

图 2-59(d)为光纤光栅压力环轴力增量变化曲线,随着测站Ⅲ距采煤工作面距离的增加,各压力环的受力增量逐渐增大。顶板压力环增加量最大,左帮次之,右帮最小,分别增加了 144 kN、70 kN、41 kN。

图 2-59(e)为光纤光栅锚杆杆体轴力增量分布变化曲线,随着锚固长度(即距测力锚杆螺母距离)的增加,顶板锚杆受力呈现"倒 V 型",左帮锚杆受力呈现"波浪型",右帮锚杆受力呈现"增长型"。各测力锚杆轴力增量分布方式不尽相同,主要是由围岩发生错动的位置不同造成的。

(2)测站Ⅱ监测数据处理

图 2-60(a)～(c)测力锚杆的数据变化规律与图 2-59(a)～(c)的变化规律大致相同,−10～−50 m 的距离内,锚杆轴力增量变化趋势加剧,且没有明显放缓的趋势。对比图 2-60(a)与图 2-59(a)可以发现,测站Ⅱ处右帮锚杆受力明显大于测站Ⅲ,说明测站Ⅱ处煤柱帮的扰动范围小于测站Ⅲ。

图 2-60(f)为光纤光栅锚杆杆体轴力增量分布变化曲线,随着锚固长度(即距测力锚杆螺母距离)的增加,顶板锚杆受力呈现"增长型",左帮和右帮锚杆受力呈现"波浪型"。

2.4 静动压巷道围岩松动圈发生发展演化规律

2.4.1 松动圈测试方法与步骤

围岩松动圈是巷道在特定的地质条件和力学环境作用下的综合反映,是了解围岩的力学性状和确定支护方式与支护参数的重要指标,因此,松动圈厚度的准确测定是合理设计巷道支护的重要前提。

2.4.1.1 数字钻孔摄像法松动圈测试系统

(1)数字钻孔摄像法松动圈测试系统简介

数字钻孔摄像法松动圈测试系统总体结构如图 2-61 所示,由摄像头、主机、安装杆及相关配件等组成。

2.4.1.2 数字钻孔摄像法松动圈测试步骤

数字钻孔摄像法测试围岩松动圈主要步骤如下(图 2-62):

(1)在选定地点打钻孔,钻孔的直径要能够放入摄像头。钻孔打好后,将钻孔中的煤岩粉吹干净,以使摄像头采集的图像清晰。

(2)将摄像头用金属杆送入钻孔内,直到摄像头到达钻孔底部为止。连接插头,打开电源,开启记录按钮,开始采集图像。

(3)将数据线绕过深度指示仪的转轮,与金属杆同步缓慢向外拉动摄像头,使采集的图像与其所处的钻孔深度一致,直到钻孔口为止。

(4)当摄像头到达钻孔口时,关闭记录,保证数据存储正确,准备下一个钻孔的测量。

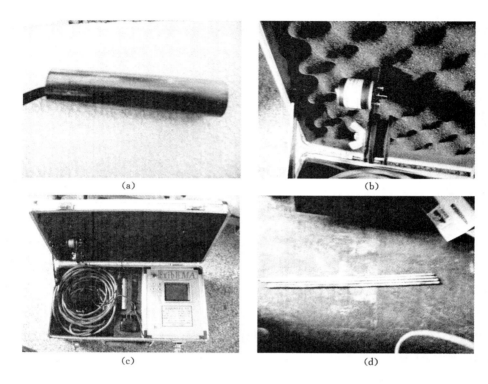

图 2-61　钻孔摄像测试围岩松动圈系统

(a) 全景摄像头；(b) 深度测量轮；(c) 钻孔摄像主机；(d) 安装杆

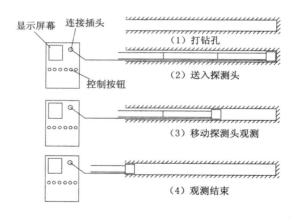

图 2-62　钻孔摄像法松动圈测量示意图

（5）将存储在主机内的钻孔视频文件通过 USB 接口转存于电脑,通过钻孔摄像软件对围岩内各不同深度围岩破碎情况进行直观分析(图 2-63),得出巷道围岩松动范围。

为了在钻孔数字摄像试验过程中获得比较清晰的图像,需要注意以下几个方面的内容：① 先清洗钻孔孔壁,然后用高压风管将孔壁粉尘吹清；② 需要保持探头筒内的清洁,尤其是玻璃筒及反光镜处干净；③ 为了保持实时记录摄像过程中探头所处的位置,必须用光缆线紧紧地缠绕在绞车滑轮上。

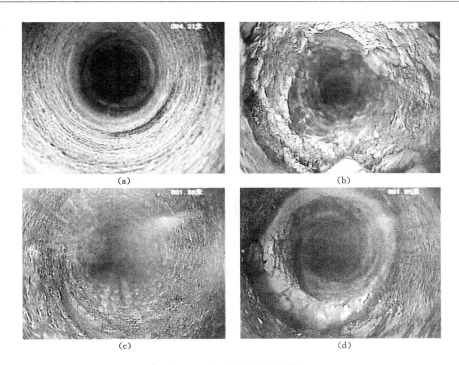

图 2-63 孔壁内围岩特征图

（a）完整岩体；（b）破碎岩体；（c）完整煤体；（d）破碎煤体

2.4.2 静动压巷道围岩松动圈现场实测

2.4.2.1 冲击地压发生倾向巷道

测试地点选择忻州窑矿 5937 巷道，该巷道为 8939 工作面的尾巷，煤层埋藏深度 300～340 m，工作面标高 956～996 m。工作面位于 903 扩区西部，东邻矿界及 8941 工作面（本区第七工作面，未掘），南接 903 轨道、皮带及回风大巷，西为 8937 工作面（回采），北部为矿界保护煤柱，西北部之上 140 m 为原总公司刘官庄矿 3# 采空区。工作面整体位于忻州窑向斜西翼，工作面中部低、两边高，大致呈一小向斜构造。工作面走向长 1 334 m，倾向长 94.5 m，煤层最小 7.7 m，最大 9.8 m，平均煤厚 8.31 m，煤层结构为简单结构，为低灰、低硫、高发热量优质动力煤。局部含有两层灰白色细砂岩夹矸，但不连续，厚 0.14～0.25 m。

（1）围岩松动圈测试结果

各测试断面围岩松动圈结果见表 2-29，围岩松动圈现场测试如图 2-64 所示。

表 2-29　　　　　　　　　　　5937 巷围岩松动圈测试结果

测试位置	裂隙区/m	松动区/m	备注
顶板岩层	4.6	—	较为完整，无明显破碎带
顶板煤层	3.1	1.8	煤岩交界面存在发育裂隙
工作面帮	4.2	2.3	深部存在较小的破碎带
煤柱帮	5.4	3.2	围岩破碎明显，全长测孔内均能观察到破碎带

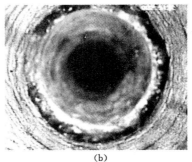

(a)   (b)

图 2-64　松动圈现场测试及测试结果

(a) 测试现场；(b) 测试截图

（2）结果分析

① 煤柱帮破裂程度及破裂范围均大于工作面帮。

煤柱帮施工钻孔摄像观测孔时经常出现卡钻、跳钻现象，钻孔施工完成后加水冲洗即发生闷墩。通过钻孔摄像发现 3.2 m 范围内煤体破碎严重，观测时浅部钻孔内有煤块掉落。工作面帮类似的破裂严重区域范围为 2.3 m。

② 顶板煤层的完整性较两帮好。

根据测试结果可以发现，顶板煤层内的离层破碎带在 1.8 m 范围内较为发育，相比工作面帮的 2.3 m 松动范围及煤柱帮的 3.2 m 松动范围，其松动范围明显减小。

③ 顶板煤岩交界面处存在离层。

如前所述，钻孔柱状图显示 5937 巷顶板 3 m 左右煤上部为一层厚 0~3.26 m 的细砂岩。钻孔摄像发现，在 5937 巷顶板 3.1 m 煤岩交界面处存在一条较细的破碎带，表明由于交界面两侧岩石岩性不同，二者存在变形、强度不耦合，在围岩受载过程中交界面会发生错动、破碎，形成离层。

2.4.2.2　过煤柱巷道

过煤柱巷道选择忻州窑矿 5704 巷作为测试地点。

（1）测试结果

① 煤柱影响范围外各测试断面围岩松动圈结果见表 2-30。

表 2-30　　　　　　　　　　　5704 巷煤柱影响范围外围岩松动圈测试结果

测试位置	裂隙区/m	松动区/m	备注
顶板岩层	1.9	—	围岩较为完整
工作面帮	2.1	2.1	破碎带主要集中在 0~2.1 m 范围内
煤柱帮	4.6	2.3	破碎带主要集中在 0~2.3 m 范围内

根据测试结果可以发现，煤柱帮部围岩较破碎，其内部裂隙破碎带分布较多，主要集中在 2.3 m 范围内，其内部偶尔也会观察到范围较小的破碎带。

② 煤柱影响范围内各测试断面围岩松动圈结果见表 2-31。

表 2-31　　　　　　　　　　5704 巷煤柱下方围岩松动圈测试结果

测试位置	裂隙区/m	松动区/m	备注
顶板岩层	2.6	1.6	相对较完整
工作面帮	3.1	2.4	表面 0.5 m 范围剥离,破碎带集中在 0.5～2.4 m 范围
煤柱帮	5.7	2.4	表面 1.5 m 范围剥离,破碎带集中在 1.9～2.4 m 范围

（2）结果分析

① 巷道围岩破裂状态与其所处深度密切相关。

由观测结果可知,围岩从浅部向深部大致可以分为四个区:破碎区、松动区、裂隙区和完整区。在 5704 巷未受上部煤柱影响段的两帮中破碎区的大致范围为 0.3～0.5 m,受到上部煤柱影响时两帮中破碎区的范围为 0.5～1.5 m;在 5704 巷未受上部煤柱影响段的两帮中松动区的大致范围为 2.1～2.3 m,顶板完整未见松动区,受到上部煤柱影响时两帮中破碎区的范围为 2.4 m,顶板中为 1.6 m;在 5704 巷未受上部煤柱影响段的两帮中裂隙区的大致范围为 2.1～4.6 m,顶板为 1.9 m,受到上部煤柱影响时两帮中破碎区的范围为 3.1～5.7 m,顶板中为 2.6 m。

② 巷道围岩破裂状态是应力状态差异的直接体现。

巷道围岩受到重分布应力的影响,在应力差的作用下会发生变形破裂。换言之,应力差是驱动巷道围岩发生变形破裂的根本原因,巷道围岩破裂状态是应力差作用的直接体现。本次测试中发现:a. 同一断面煤柱侧围岩裂隙区和松动区的范围均大于实体煤帮,在煤柱下方时二者相差较小;b. 不同断面同一侧帮受上部煤柱影响时的围岩裂隙区和松动区的范围均大于不受上部煤柱影响时的范围。

2.4.2.3　极近距离煤层巷道

极近距离煤层巷道选择云冈矿 51111 巷和 51113 巷作为测试地点。

（1）测试结果

① 51111 巷松动圈测试结果。

各测试点处围岩松动圈结果见表 2-32。

表 2-32　　　　　　　　　　51111 巷围岩松动圈测试结果

测试位置	裂隙区范围/m	松动区范围/m	备注
1# 顶板	2.1～2.7	2.9～3.2 0.3～1.1	整体破碎比较严重,裂隙较发育
2# 顶板	2.5～2.8 1.1～1.3	3.2～3.8 2.0～2.5 0.2～0.3	围岩整体破碎严重,裂隙发育
3# 顶板	3.1～3.4 2.8～2.9 1.9～2.2	3.0～3.1 2.3～2.8 1.6～1.9	表面 0.5 m 范围剥离,破碎带集中在 1.6～3.4 m 范围 裂隙区和松动区发育

测试位置	裂隙区范围/m	松动区范围/m	备注
4#煤柱帮	3.8~4.8 1.3~2.9	3.3~3.7 0.5~1.0	破碎带主要集中在 2.9~4.8 m 范围内
5#帮	2.1~4.3 0.3~0.5	1.2~1.7	表面 0.5 m 范围的岩体发生剥离

② 51113 巷松动圈测试结果。

51113 巷各测试点处围岩松动圈结果见表 2-33。

表 2-33　　　　　　　51113 巷围岩松动圈测试结果

测试位置	裂隙区范围/m	松动区范围/m	备注
6#顶板	4.3~5.4	4.2~4.3	深部破碎较严重
7#左帮	4.9~5.7 4.1~4.3 1.4~3.1	—	无明显松动区范围,部分位置存在夹矸现象 存在三处剥离破碎带,分别在 0.3 m、3.9 m、4.9 m 处
8#右帮	3.6~5.4 2.0~3.1	3.2~3.4 0.7~1.1	裂隙和松动区发展范围大,存在夹矸现象

（2）结果分析

① 巷道的松动圈分布范围受上部煤柱影响大。

51111 巷和 51113 巷的顶板和帮部围岩破碎都很严重,且松动区和裂隙区的范围分布比较广。主要原因是巷道在开挖前就已经受到上煤层工作面开采留设的保护煤柱的影响。因此,导致下煤层巷道周边受载条件更为复杂,围岩更加破碎。

由测试结果可知,51111 巷的 1#顶板的围岩松动区最大范围 0.8 m;2#顶板为 0.6 m;3#顶板为 0.5 m;4#帮部为 0.5 m;5#帮部为 0.5 m。顶板松动区最大范围要比帮部的范围大,主要原因是顶板受上煤层工作面回采的影响,围岩整体性变差所致。

② 非均布载荷是造成巷道变形破坏的重要原因之一。

51113 巷的 6#顶板围岩松动区最大范围为 0.1 m;7#左帮无松动区范围;8#右帮松动区最大范围为 0.4 m。右帮的松动范围大于顶板,主要原因是煤炭开采破坏了原有的应力平衡环境,导致应力重新分布,会不可避免地产生应力集中,因此导致右帮的围岩松动区范围大于顶板和左帮。

2.4.3　双系煤层巷道围岩松动圈测试

2.4.3.1　石炭系

（1）松动圈测点布置

永定庄煤矿是大同煤矿集团公司下属的百万吨矿井之一。由于资源开采历史悠久,多年来一直开采侏罗系煤层,目前,侏罗系煤炭资源已枯竭,逐渐转入下部石炭系煤层开采。因此,永定庄矿是现在石炭系煤层的典型矿井,对其进行松动圈测试能较好地反映石炭系煤层松动圈的发展情况,进而为巷道快速支护系统的建立提供有力的条件。

经过综合比较,永定庄矿选择在煤层较厚的 3#~5# 煤层,其中 3#~5# 煤层厚度 8.32~41.98 m,平均 24.96 m,顶板岩性炭质泥岩、高岭质泥岩,底板为炭质泥岩,属较稳定~不稳定煤层,具有很强的代表性。在 3#~5# 层延深皮带大巷中布置第一测站(距巷道口约 140 m),分别用钻孔摄像和地质雷达进行松动圈观测,钻孔深 6 m,孔径 28 mm。测站平面位置如图 2-65 所示,横断面测点布置如图 2-66 所示。

图 2-65 第一测站平面位置图

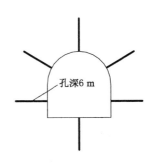

图 2-66 松动圈测试测点
横断面布置图

（2）松动圈测试结果

松动圈测试结果见表 2-34。

2.4.3.2 侏罗系煤巷围岩松动圈测试

（1）松动圈测点布置

晋华宫矿是大同矿区建设较早的矿井之一,井田内含煤地层包括侏罗系大同组和石炭系太原组。太原组地层在十里河以北即在本井田内云岗至青磁窑一线剥蚀尖灭,以北地区不赋存,煤层不发育,多为炭质泥岩和薄煤层或煤线,无经济价值。因此,选取晋华宫矿作为侏罗系煤层矿井的代表较为合适。

考虑到松动圈测试钻孔施工的难易程度和巷道不同时期的松动圈厚度的差别,选取 12-3# 煤层 2105 巷进行松动圈测试,该巷道为在掘巷道,已完成掘进长度约 1 000 m,采用锚索网支护,共布置 2 个测站,第一测站距 2105 巷道口 700 m,处于迎头新掘段,围岩力学环境还在调整过程中;第二测站距 2105 绕道口 10 m,巷道基本已达到稳定,钻孔平面布置如图 2-67 所示。

每个测站在巷道两帮和顶板中部各钻一个松动圈测试钻孔,孔深 6 m,直径 28 mm,钻孔断面布置如图 2-68 所示。

除了晋华宫矿外,永定庄矿的 12-3# 煤层也属于侏罗系煤层,为增加松动圈规律的普遍性,在永定庄矿 12-3# 煤层也进行了松动圈测试,12-3# 层 5910 巷布置第一、第二两个测站,分别距巷道口 140 m 和 360 m,如图 2-69 所示。由于 5910 巷为正在掘进的辅运巷,右帮距离掘进运煤胶带较近,不便于打孔,只在这两测站左帮进行松动圈测试,在同一断面钻取了

表 2-34　永定庄矿 3#~5# 号层盘区皮带巷松动圈测试结果

巷道名称	编号	测点位置	断面尺寸及支护形式	松动圈厚度/m				备注
				左帮	顶板	右帮	底板	
	21-0001	距入口约 280 m	直墙拱，宽 4.3 m，高 4.45 m，锚网索喷支护	1.2	1.18~1.2	1.1~1.26	1.1~1.26	支护效果良好，左帮顶挂电缆，右帮中部水管两根，风筒在水管旁，底板右侧水道
	21-0002	距入口约 226 m		1.1~1.24	1.24~1.46	1.21~1.24	1.2	一根，中线偏右皮带，偏左轨道
	21-0003	216~226 m	底板轨道中间测线	—	—	—	1.08~1.4	由里向外拉
	21-0004	216~226 m	左帮测线，距底板约 80 cm	1.18~1.38	—	—	—	由外向里
	21-0005	226~216 m	右帮测线，距底板约 80 cm	—	—	1.09~1.4	—	由里向外
二矿 5# 层盘区皮带巷	21-0006	距入口约 185 m	直墙拱，宽 4.3 m，高 4.45 m，锚网索喷支护	1.1~1.22	1.22~1.39	1.24~1.5	1.3	1~26 左帮，下到上；25~26 电缆，27~70 顶板，左到右；71~95 右帮，上到下，84 水管 2 根，管；96~100 底板
	21-0007	距入口约 45 m	直墙拱，宽 4.3 m，高 4.45 m，锚网索喷支护	1.18~1.38	1.2~1.4	1.3	1.21~1.3	1~22 左帮，下到上；21~22 电缆，23~91 顶板，左到右；92~105 右帮，上到下，99 水管 2 根；106~140 底板，110 水管，130 轨道，135 轨道
	21-0008	16~36 m		1.32~1.6	—	—	—	左帮测线，距底板 80 cm，由里向外拉
	21-0009	16~36 m		—	—	—	1.2~1.6	底板测线，由外向里拉
	21-0010	16~36 m		—	—	1.18~1.51	—	右帮测线，距底板 80 cm，由里向外拉

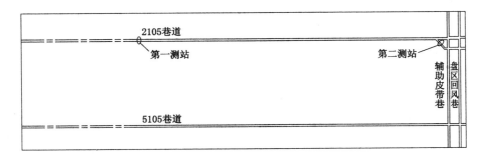

图 2-67 晋华宫矿 12-3# 层松动圈测站平面布置图

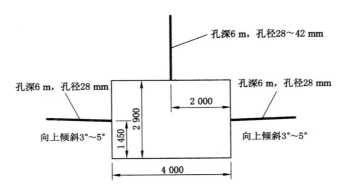

图 2-68 松动圈测试测点横断面布置图

上、下两个松动圈测试孔，如图 2-69 所示，竖向距离约 0.5 m。

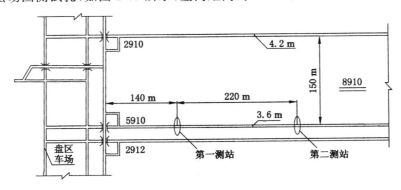

图 2-69 永定庄矿 12-3# 层松动圈测站布置平面图

（2）松动圈测试结果

① 晋华宫矿煤层围岩松动圈测试结果及分析。

由于第一测站距迎头较近，巷道开挖后应力调整剧烈，围岩松动圈还未充分形成，故松动圈厚度较小，顶板为 0.1 m，左帮为 0.15 m，右帮为 0.09 m，均为小松动圈围岩。

第二测站距迎头已经约 700 m，完成掘进近 4 个月，应力调整早已结束，围岩松动圈得到了充分的演化，故其顶板松动圈厚度为第一测站的 6.9 倍，为 0.69 m；左帮处于三角煤柱中，应力集中程度大，反映到松动圈上就是其厚度明显增大，达到 0.97 m，为第一测站的 6.5

倍；右帮为实体煤，承受集中应力的能力较大，与左帮相比松动圈厚度稍小，为 0.79 m，为第一测站的 8.8 倍。从松动圈围岩分类来看，第二测站的围岩均为Ⅱ类中松动圈围岩，围岩较稳定，采用锚杆悬吊理论、喷层局部支护等原理进行支护设计，但左帮松动圈厚度接近 1 m，在支护设计时应重点加强。

为了丰富松动圈测试成果，为松动圈智能预测提供大量的学习数据，同时考虑到煤矿钻孔的难度，采用地质雷达对 7# 煤轨道巷（半煤岩）、7# 煤 307 盘区回风巷、8# 煤盘区回风巷（半煤岩）、8# 煤轨道巷（半煤岩）、11# 煤总回风巷、11# 煤轨道巷（煤巷）、12# 煤轨道巷、12# 煤东翼回风巷、12# 煤 301 南翼总回（盘区回风巷）等不同岩性不同断面形式的大巷进行了松动圈测试。各巷道松动圈测试结果见表 2-35。

② 永定庄矿煤层围岩松动圈测试结果及分析。

第一测站顶板松动圈厚度为 0.49 m，左帮松动圈厚度为 0.52 m；第二测站顶板和左帮的松动圈厚度分别为 0.40 m 和 0.19 m。根据围岩松动圈分类方法，除了第二测站左帮属于Ⅰ类小松动圈围岩外，其他均为Ⅱ类中松动圈围岩。由于 5910 巷道为在掘巷道，第二测站距迎头较第一测站近，其松动圈还未得到充分的演化，故支护方案应该按照第一测站松动圈测试结果进行设计。此外，对比两测站的松动圈测试结果可以看出，两测站顶板松动圈厚度仅相差 0.09 m，而第一测站左帮松动圈厚度比第二测站大 0.34 m，是后者的 2.7 倍，所以顶板松动圈演化的速度较两帮快。

2.4.3.3 双系煤层巷道围岩随埋深及巷道断面形状松动圈分布规律

（1）不同埋深情况下围岩松动圈分布规律

由于石炭系煤层相对集中，巷道埋深相差不多，故在此只研究侏罗系巷道不同埋深情况下巷道松动圈的变化规律，测试结果如图 2-70 所示。图示测试结果显示，巷道埋深 270 m 左右时，围岩两帮及顶底板松动圈厚度在 1.45 m 左右，随着埋深的增大，围岩松动圈逐步增大，当埋深为 368.4 m 时，松动圈最大厚度增加到 2.32 m，为原来的 1.63 倍。对图 2-70 中围岩松动圈厚度和埋深关系曲线进行拟合，发现围岩松动圈厚度与埋深呈很好的线性关系，斜率为 0.006 9，也即是说，巷道埋深每增加 1 m，围岩松动圈厚度增加 0.006 9 m。

（2）不同断面形式下围岩松动圈的分布规律

在所测试的巷道中，可分为矩形巷道（包括梯形巷道）和直墙拱形巷道。由于采用地质雷达方法对巷道全断面进行了围岩松动圈测试，因此可得到巷道全断面松动圈的大小和形状。通过对测试数据的分析，可得知矩形巷道和直墙拱形巷道围岩松动圈分布如图 2-71 所示。

经过对比分析可知：① 矩形巷道围岩松动圈范围较大，直墙拱形巷道松动圈范围较小。② 矩形巷道得到的松动圈范围（帮部）比直墙拱形巷道大（图 2-72）。③ 矩形巷道和直墙拱形巷道两帮松动圈范围均最大，同时顶板比底板大，经过统计，矩形巷道帮部松动圈大小是顶板的 1.1～1.4 倍，直墙拱形巷道帮部松动圈大小是顶板的 1.5～2.5 倍。

综合以上测试成果可知：

（1）巷道开挖后，松动圈的形成并不是瞬时性的，而是有一定的过程，因此在进行巷道支护设计时，不应依据距迎头较近的松动圈测试结果进行方案设计，测试断面应尽可能远离迎头，以保证足够的安全系数。

（2）由于煤矿地质条件复杂，即使是同一巷道，不同松动圈测点的围岩情况也各不相

表2-35 晋华宫矿地质雷达松动圈测试结果汇总表

巷道名称	编号	测点位置	断面尺寸及支护形式	松动圈厚度/m 左帮	顶板	右帮	底板	备注
7#煤钩道巷	5-02	距猴车巷约20 m	矩形, 宽4.66 m, 高3 m, 锚杆支护	1.22~1.42	1.22~1.44	1.2~1.32	1.38~1.4	半煤岩巷道, 顶板4根锚杆, 同排距1 m×1 m; 两帮无支护
	2-01	距猴车巷约40 m, 起坡点	矩形, 宽4.8 m, 高2.75 m, 锚杆支护	1.36~1.4	1.3~1.4	1.18~1.3	1.38~1.46	顶板4根锚杆, 同排距1 m×1 m, 局部无网, 两帮无支护
7#煤307盘区回风巷	4-12	距入口约60 m	矩形, 宽4.3 m, 高2.4 m, 锚喷支护	1.2~1.38	1.34~1.44	1.26~1.39	1.2	半煤岩巷道, 局部底鼓约10 cm
	4-13	距入口约150 m	矩形, 宽4.65 m, 高2.7 m	1.44~1.58	1.48~1.58	1.4~1.48	1.44~1.54	
8#煤盘区回风巷	4-14	距入口约80 m	矩形, 宽4.3 m, 高2.5 m	1.22~1.6	1.22~1.59	1.12~1.22	1.32	
	4-15	距入口约200 m	矩形, 宽4.7 m, 高2.76 m	1.1~1.14	1.1~1.33	1.1~1.3	1.3~1.38	半煤岩巷道, 顶板左脚挂电缆, 不影响测量
8#煤轨道巷	4-17	距出口50 m	矩形, 宽5.4 m, 高2.6 m	1.3~1.6	1.3~1.67	1.24~1.3	1.12	右帮挂水管, 不影响测量
	4-19	距出口20 m	矩形, 宽4.46 m, 高2.9 m, 锚喷支护	1.1	1.1~1.21	1.2~1.44	1.21~1.47	
11#煤总回风巷	4-01	距入口约150 m	矩形, 宽4.75 m, 高2.61 m, 锚喷支护	1.68	1.5~1.64	1.64	1.8~1.89	顶板4根锚杆, 同排距1 m×1 m, 喷混凝土; 两帮喷混凝土无锚杆无网, 左帮节理发育, 喷混凝土; 右帮剥落; 右帮片帮严重, 底板潮湿
	4-02	距入口约120 m	矩形, 宽4.26 m, 高2.12 m, 锚喷支护	1.68~1.8	1.68~1.82	1.68~1.79	1.8	
	4-03	距入口80 m	矩形, 宽4.5 m, 高2.94 m, 锚喷支护	1.76~2.0	1.8~1.84	1.71~1.78	1.75~1.89	
	4-04	距入口30 m	矩形, 锚喷支护	2	2.07~2.04	1.67~1.80	1.67~1.87	
	4-05	距入口30 m		—	—	—	1.64~1.86	底板测线, 测线长16 m
	4-06	距入口30 m		1.91~2.02	—	—	—	左帮测线, 测线长16 m
	4-07	距入口30 m		—	—	1.66~1.75	—	右帮测线, 测线长16 m

续表2-35

巷道名称	编号	测点位置	断面尺寸及支护形式	松动圈厚度/m				备注
				左帮	顶板	右帮	底板	
11#煤轨道巷	4-10	距入口约20 m	矩形,宽4.15 m,高2.66 m,锚网喷支护	1.96~2.05	2.0~2.06	1.78~2.00	1.86~1.90	煤巷;顶板4根锚杆,间排距1 m×1 m,喷混凝土;两帮锚网喷,2排锚杆,锚杆五花布置;左帮片帮严重,右帮喷混凝土脱落
	4-11	距入口约50 m	m,锚网喷支护	1.98~2.02	1.8~1.98	1.74~1.78	1.90	
12#煤道道巷	1-02	交叉口右巷道向里30 m	直墙拱,宽3.73 m,高3.33 m,喷混支护	1.2~1.4	1.3~1.4	1.4~1.74	1.36	底板煤泥厚约30 cm
	1-01	交叉口向外5 m	直墙拱,宽5.1 m,高3.33 m,喷混支护	1.18~1.36	1.4~1.46	1.3~1.4	1.32~1.38	底板无煤泥,较干
12#煤东翼回风巷	1-03	距入口80 m	矩形,宽4.1 m,高2.56 m,锚网支护	1.2~1.32	1.52~1.88	1.16~1.3	1.28	顶板3根锚杆,间排距1 m,锚索1排
	1-04	距入口70 m		1.06~1.24	1.2~1.74	1.12~1.24	1.24	锚杆,左帮无,左帮中部片帮剥落约15 cm
	1-06	距入口30 m	矩形,宽4.9 m,高2.3 m,锚索网支护	1.15~2.32	1.96~2.22	0.96	1.15~2.06	
	1-07	距入口20 m	矩形,宽4.4 m,高2.8 m,锚索网支护	1.28	1.8~2.28	1.2	1.28~1.44	
	1-08	距入口约150 m	矩形,宽4.4 m,高2.8 m,锚索网支护	1.46~1.6	1.4~1.6	1.3~1.4	1.5~1.58	顶板4根锚杆,间距1 m,锚索1排,间距4 m,左右帮锚杆,挂金属网
	1-09	距入口120 m	矩形,宽4.4 m,高2.6 m,锚索网支护	1.18~1.39	1.14~1.32	1.14	1.15	
	1-10	距入口70 m,距5108绕道15 m	矩形,宽4.5 m,高2.26 m,锚索网支护	1.38~1.48	1.3~1.5	1.18~1.3	1.38	
12#煤南翼总回(盘区回风巷)	2-02	距入口90 m	矩形,锚索网支护	—	—	—	0.92~1.29	底板测线,长20 m
	2-03	距入口90 m		—	—	1.2~1.57	—	右帮测线,长20 m,实体帮
	2-05	距入口90 m		1.3~1.52	—	—	—	左帮测线,长20 m,左侧采空
	3-01	距入口60 m	矩形,宽3.6 m,高2.92 m,锚索网支护	1.28~1.56	1.38~1.4	1.33~1.42	1.28~1.37	顶板4根锚杆,间距1 m,锚索1排,间距4 m,左右帮置锚杆,挂金属网
	3-02	距入口30 m	矩形,宽4.95 m,高2.5 m,锚索网支护	1.26~1.42	1.3	1.28~1.49	1.2~1.3	
	3-03	距入口10 m	矩形,宽4.4 m,高2.63 m,锚索网支护	1.3~1.49	1.3~1.38	1.38~1.48	1.4	

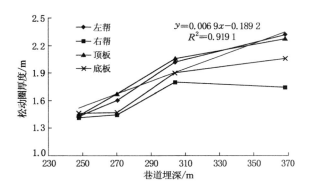

图 2-70 侏罗系巷道围岩松动圈厚度随埋深变化关系

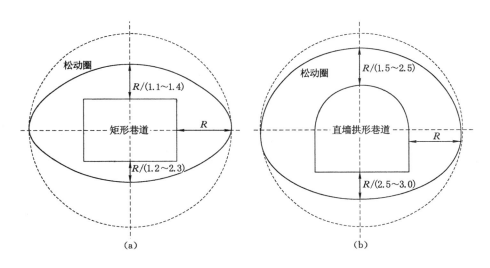

图 2-71 矩形巷道与直墙拱形巷道松动圈对比分析示意图
（a）矩形巷道；（b）直墙拱形巷道

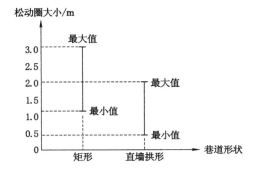

图 2-72 矩形巷道与直墙拱形巷道松动圈大小对比示意图

同,故不能用一个具体的数字来表述一条巷道的松动圈大小,但总的看来,石炭系巷道松动圈厚度较侏罗系的大,分析原因主要是由于石炭系 $3^{\#} \sim 5^{\#}$ 煤层较厚(15 m),煤体强度较小,巷道围岩承载能力不足,致使石炭系巷道松动圈厚度较大。

(3)在埋深分布差异明显的侏罗系煤巷,围岩松动圈厚度最大值随着巷道埋深的增加而线性增加。此外,巷道断面形式对松动圈的分布影响也较大,矩形巷道围岩松动圈范围较大,直墙拱形巷道较小。同一断面巷道两帮松动圈范围较顶底板大。

3 大同矿区坚硬顶板静动压巷道围岩
承载机理与控制技术研究

3.1 双系煤层巷道围岩锚固结构承载性能研究

3.1.1 不同锚固条件对破裂围岩锚固体承载特性影响规律研究

巷道破裂围岩是经过卸荷作用发生破坏形成的裂隙块体复合结构。破裂围岩锚固体受压破坏过程中表现出的强度和破裂特征是锚杆与岩体相互作用的结果,反映了锚固条件与破裂围岩锚固体的承载特性之间的关系。由于结构上的差异,自然形成的破裂围岩锚固体变形破坏特征与碎石、完整块体以及人工预制节理岩体锚固体有较大差别。另外,锚杆压缩区形态以及控制角的大小是利用组合拱理论进行破裂围岩巷道支护设计的重要依据,传统组合拱理论仅仅基于光弹性试验对其进行了假设,虽然近年来有很多学者利用数值模拟的方法对这一问题进行了研究,但尚未得出统一的结论,进一步研究破裂围岩锚固体的变形破坏特征对指导巷道支护具有重要现实的意义。

本节通过锚固体物理模拟试验对锚固条件与破裂围岩锚固体承载特性之间的关系进行分析。首先利用循环加卸载围压的方法对石英砂、水泥、石膏预制的 500 mm×500 mm×500 mm 模拟试块进行预裂,然后对破裂试样进行锚固压缩试验,最终基于试验结果,分析破裂围岩锚固体以及锚杆变形破坏特征。

(1) 试验模型

根据松动圈理论,锚杆在大松动圈巷道围岩中只能安装在松动带,一个单体锚杆在松散体内所起的作用如图 3-1(a)所示。如果锚杆间距比较近,锚杆间的这种双锥形压缩区重合并且组合体为拱形,就能形成挤压组合作用。本次试验根据锚固体在围岩中的受力状态,将锚固体从围岩中分离出来,简化为如图 3-1(b)所示的力学模型。

(2) 模型材料

以石膏为胶结剂的相似模拟材料弹性模量和抗压强度的调节范围比较大,制作工艺简单,材料来源广,是国内外应用最为广泛的一种相似材料。本次试验选取高纯度石英砂、石膏、水泥三种材料与水混合进行配比试验配制相似材料。作为骨料的石英砂由 20～40 目、40～70 目以及 70～140 目三种规格各占三分之一混合而成,这种粗、细颗粒的石英砂混合物可以使模拟材料具有较小的孔隙率,力学性质更加稳定,克服了普通砂级配复杂,与石膏胶结差,泥质、云母等杂质含量高,性质不稳定等缺点。通过大量配比试验最终确定模拟材料的配比号为 437(砂胶比为 4,水泥∶石膏为 3∶7)。

(3) 试验过程

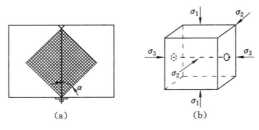

图 3-1　锚杆对岩体的加固作用力学模型

（a）锚杆在松散体中压缩区域分布示意图；（b）锚固体试验力学模型

巷道围岩在开挖卸荷以及周边重分布应力作用下发生张拉、剪切破坏，形成大量裂隙和块体。如果不及时进行支护，这些块体会在后续压力的作用下发生滑移。施加锚杆、钢棚或者混凝土砌碹等支护后，破裂围岩在有效支护阻力的作用下会出现应力强化特性，即理想弹塑性特性，当达到极限应力状态时，破裂围岩会发生二次破坏以及再破坏，形成新的裂隙和滑移块体。本次模拟试验根据巷道围岩卸荷破坏、支护再破坏的过程设计了应力路径：试块加载至原岩应力状态→前加载面围压 2 次加、卸荷→施加锚杆→加载至锚固体破坏。

3.1.1.1　锚固岩体再破坏特征分析

为系统研究锚固破裂岩体承载特性，在研究不同锚固条件对破裂围岩锚固体承载特性影响规律前，首先对加锚破裂岩体再破坏的一般特征进行分析。

（1）破裂围岩锚固体变形破坏过程实际是其内部块体发生再破坏的过程。图 3-2 为破裂围岩锚固体破坏后内部裂隙发育特征及破坏形态，其中图 3-2（a）为锚固体破坏后其内部

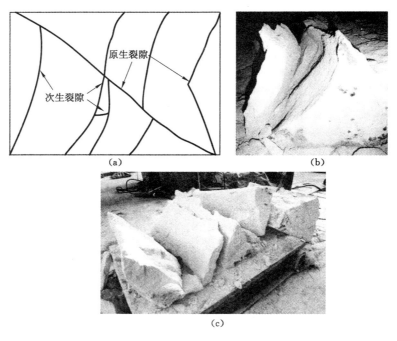

图 3-2　锚固体裂隙面特征及破坏形态

（a）示意图；（b）实物图；（c）锚固体破坏后块体形态

裂隙典型分布示意图,图 3-2(b)为破裂块体发生再破坏的实物图。由图 3-2(a)可以看出,锚固体受压发生破坏后内部出现了与预裂裂隙走向相同、倾向相反的次生裂隙,锚固体破裂面趋向于网络化,这些裂隙将岩体切割成为块度更小的破裂块体。

(2)锚固体内部主要裂隙面走向与 σ_2 方向平行,新形成块体形状一般为板状。由图 3-2(b)以及图 3-2(c)均可以看出,锚固体内部原有裂隙面以及破坏产生的裂隙面走向均与 σ_2 方向相同。

锚固体内部块体在压缩试验中水平方向上受到侧面挡板以及锚杆的约束,竖直方向上受到压力机施加载荷的作用处于较高应力状态。由于锚固体裂隙结构的不均一性,内部出现了不同程度的应力集中。当块体中某点的塑性剪切应变超过其容许应变值时,该点即处于剪切屈服状态,应力卸载,相邻位置岩体次第破坏,产生应变局部化,宏观上生成剪切滑移裂隙。由于锚杆提供的约束阻力 σ_3 最小,因此锚固体在该方向上的变形最大,块体的剪切滑移亦倾向该方向,导致滑移裂缝走向与 σ_2 方向平行,以对角线位置裂隙为界,同侧裂隙的倾向基本相同,因此新形成的块体形状一般为板状。

(3)裂隙面表面形态表明内部块体沿裂隙面错动、滑移。锚固体压缩试验结束后将周围约束挡板拆掉后发现,锚固体法线沿 σ_2 方向的侧面虽然布满图 3-2(a)所示的斜交的裂隙网络,但仍保持为整体状态。

后期拆解过程中发现,裂隙表面形态有两种类型,一类充满岩粉和碎屑[图 3-3(a)],轻微或者不需振动即能将其两侧块体打开;另一类其两侧块体紧密黏结在一起,需经过敲击才能将其分开,且分开后的裂隙表面肉眼看不到浮动的岩粉[图 3-3(b)虚线附近]。

(a) (b)

图 3-3　锚固体破坏后裂隙类型

(a) 第一类;(b) 第二类

相对于第一类裂隙表面的岩粉和碎屑,第二类裂隙表面的剪切滑移痕迹不甚明显,但后者延伸至锚固体表面后可以观察到其两侧块体的错动痕迹,这表明锚固体变形过程中其内部块体沿裂隙面的剪切滑移过程中再次被压密。

(4)锚固体内部新生裂隙类型趋向于单一剪切型。锚杆通过托盘提供的约束作用改变了锚固岩体破裂方式,发生破坏的锚固体内部除了原有对角线附近主控剪切破裂面,其附近新出现的破裂面大部分为剪切型破裂面,仅有少部分块体受到弯矩的作用发生断裂,形成张拉裂缝。

3.1.1.2 岩体初始破裂程度对锚固体承载特性的影响

（1）锚固体强度参数的计算

研究表明，锚杆对岩体的锚固作用可基本概括为变形和强度两个方面。在变形方面，主要可以对围岩横向相对位移提供约束力，提高锚固体弹性模量、减小泊松比。在强度方面，主要通过轴向拉力以及横向抗剪、抗弯作用，改善锚固体所处的应力状态，提高锚固体的宏观黏聚力，增加锚固体的抗剪切强度。一般认为，锚固体强度对锚固条件的敏感因素为黏聚力，锚杆对锚固体内摩擦角并无影响，因此可以假设锚固体受压破坏过程中摩擦角不变。

破裂岩体内部裂隙交错，宏观黏聚力大大降低，锚杆通过轴向力为裂隙面提供法向力以及抗剪强度，增加了锚固体整体承载能力，将这种增强作用体现在具体力学参数上，即：

$$C = C_0 + nC_m \tag{3-1}$$

式中　C_0——无锚杆时岩体黏聚力，MPa；

　　　　n——锚固体中锚杆根数；

　　　　C_m——单根锚杆提供的附加黏聚力，MPa；

$$C_m = F_{smax}\cos\,(\pi/4 - \varphi/2)/S \tag{3-2}$$

　　　　S——锚固体自由面面积，m^2；

　　　　F_{smax}——锚杆在纯剪条件下的最大剪力，应用 Mise 准则有：

$$F_{smax} = F_a/\sqrt{3} \tag{3-3}$$

　　　　F_a——锚杆极限锚固力，MN。

将式（3-2）、（3-3）代入式（3-1）可得锚固体的复合黏聚力表达式：

$$C = C_0 + nF_a\cos\,(\pi/4 - \varphi/2)/(\sqrt{3}S) \tag{3-4}$$

假设锚固体的破坏遵循 Mohr-Coulomb 强度准则，则有

$$\sigma_1 = \sigma_3\,\frac{1 + \sin\varphi}{1 - \sin\varphi} + \frac{2C\cos\varphi}{1 - \sin\varphi} \tag{3-5}$$

其中

$$\sigma_3 = nF_a/S$$

在锚固体轴向承载力以及锚杆极限锚固力已知的情况下可由式（3-5）直接对锚固体复合黏聚力进行求解，结合式（3-1）可对锚固条件下破裂岩体自身黏聚力进行求解。

（2）对锚固体强度的影响

图 3-4 是锚杆预紧力为 7.5 kN、初始围压为 0.24 MPa 时不同初始破裂程度锚固体时间-压力曲线，图中 F_1 为锚固体竖向压力，F_2 为拉杆提供的水平压力，F_3 为锚杆提供的水平压力。

本次锚固体加载试验得到的力学特性曲线表明，在锚杆预紧力为 7.5 kN 的条件下，不论是完整围岩还是破裂围岩锚固体在预应力锚杆作用下其强度均存在"双峰值"特征。当锚固体受到的轴向压力 σ_1 超过围压 σ_2 和 σ_3 约束作用下锚固体的极限强度时，其内部块体不再沿原有裂面滑移，发生变形破坏，锚固体整体承载能力达到峰值并跌落，锚杆承受的拉力随着锚固体的碎胀变形进一步增加，锚固体内部裂隙在不断增加的围压约束下逐渐被再次压密，锚固体整体承载能力回升。当锚杆以及水平方向拉杆提供的约束反力接近峰值水平时，锚固体承载能力出现第二个峰值，锚杆拉应力达到峰值后尾部螺纹滑丝，螺母逐渐向外滑动，由于螺母强度高于加工锚杆的螺纹强度，在螺母向外滑动过程中锚杆的约束力能够始

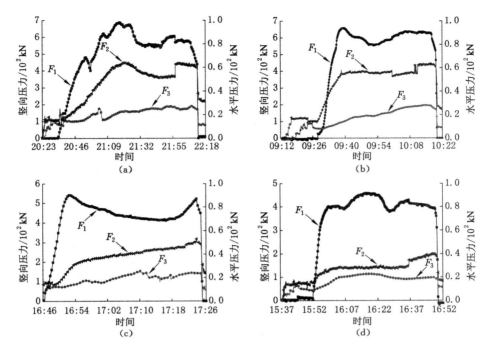

图 3-4 不同初始破裂程度锚固体时间-压力曲线

(a) Ⅰ-7.5-1;(b) Ⅱ-7.5-1;(c) Ⅲ-7.5-1;(d) Ⅳ-7.5-1

终保持在 20~25 kN 左右的水平,因此锚固体达到第二个峰值后并没有出现承载能力急剧下降,而是表现出塑性滑移的特征直至锚杆失效。

通过式(3-4)、(3-5)以及式(3-1)计算得到不同破裂程度围岩锚固体基本力学参数见表 3-1。

表 3-1 不同岩体初始破裂程度条件下锚固体力学参数汇总

破碎程度	σ_{1f}/MPa	σ_{1s}/MPa	E/MPa	C/MPa	C_0/MPa
Ⅰ	2.74	2.42	48.4	0.57	0.53
Ⅱ	2.57	2.53	111.9	0.53	0.49
Ⅲ	2.15	2.05	163.8	0.43	0.39
Ⅳ	1.82	1.69	155.3	0.35	0.31

注:σ_{1f} 为锚固体第一个峰值应力,σ_{1s} 为锚固体第二个峰值应力。

在同样围压以及锚杆预紧力的条件下,围岩初始破裂程度越高,锚固体的峰值强度越低。完整围岩锚固体的第二个峰值强度为 2.42 MPa,相对于第一个峰值强度降低了 11.7%,二者差别较大,其他破裂程度锚固体两者相差较小(图 3-5),说明初次破坏对完整围岩锚固体强度的影响比对破裂围岩锚固体的影响大。

随破裂程度的增加,破裂岩体强度虽在锚固体整体强度中的贡献越来越低,但仍然是构成锚固体强度的基础。破裂岩体-锚固体黏聚力比 $K_c = C_0/C$,即破裂岩体等效黏聚力与锚固体等效黏聚力之比,反映了破裂岩体强度在锚固体强度中所起的作用(图 3-6)。当锚固对象为完整岩体时，$K_c = 92.7\%$，随着围岩破裂程度的增加，K_c逐渐减少，说明原岩破裂程度越高，其黏聚力越低，这与损伤力学的观点相符合。

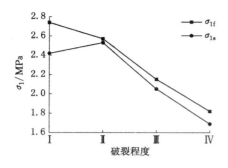

图 3-5　岩体初始破裂程度对锚固体峰值强度的影响

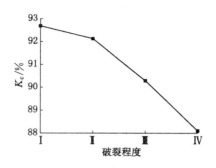

图 3-6　岩体破裂程度对黏聚力比的影响

另外，虽然随围岩破裂程度的增加，破裂岩体黏聚力在锚固体黏聚力中占的比重有所下降，锚杆提供的附加黏聚力所占比重有所上升，但 K_c 仍然不低于 88%，说明岩体强度仍然是构成锚固体强度的基础。

（3）对锚固体变形破裂特征的影响

锚固体弹性模量随岩体初始破裂程度的升高而升高，达到一程度后保持稳定。破碎岩石（煤）压实试验研究表明，岩石（煤）的块度越小，碎胀系数越大，围岩破裂程度越高，裂隙密度越大，则形成的块体尺寸越小，相应地，岩体的碎胀系数也就越大。在竖向加载速度一定的情况下，破裂程度高的锚固体锚杆和水平方向拉杆提供的约束反力上升越快，单位变形需要的竖向压力也就越高，因此弹性模量越大。图 3-7 是锚固体破裂程度与割线弹性模量的关系。

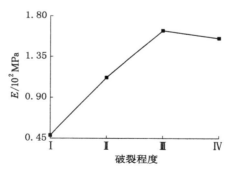

图 3-7　岩体破裂程度对锚固体弹性模量的影响

完整围岩锚固体的弹性模量为 48.4 MPa，与围压为 0.2～0.3 MPa 时小试样试验得到的结果较为接近。本次试验得到的锚固体弹性模量和破裂程度基本呈正相关关系，破裂程度超过Ⅲ后锚固体弹性模量不再上升，保持在 160 MPa 左右。

锚固体初始破裂程度越低，破坏后裂隙分布越集中，岩体强度越容易得到保留。当锚固岩体初始为完整岩体（Ⅰ）或者具有较低破碎程度（Ⅱ）时，锚固体内部应力分布均匀，另外受到锚杆预紧力和试验台施加的水平约束应力的作用，其轴向受压破坏时内部裂隙极易发生应变局部化,形成数量较少、分布集中的宏观裂隙面。反之,若锚固岩体初始破裂程度较高,那么锚固体在竖向压力作用下沿原有裂隙滑移,同时内部块体发生再破坏。

图 3-8 是锚杆预紧力为 7.5 kN,水平围压 σ_2 为 0.24 MPa 时不同初始破裂程度锚固体受压破裂特征。图中Ⅰ、Ⅱ、Ⅲ、Ⅳ分别代表 4 种不同破裂程度,如Ⅱ-7.5-1 代表岩体破裂程度为Ⅱ级、预紧力为 7.5 kN、单根锚杆的情况。

完整以及初始破裂程度较低的岩体锚固受压破坏后的主要破裂形态如图 3-8(a)、(b)所示。初始破裂程度较低的岩体经过锚固压缩发生破坏形成的裂隙主要集中在对角线以及卸荷自由面附近,位置比较集中,裂隙面平直,为典型的剪切型裂隙,表明初始破裂程度低的锚固体破坏形成少数剪切型裂隙后即沿裂隙滑移,破裂块体没有或较少发生再破坏,岩体整体强度得到了保留,形成了尺寸较大的块体。与之对应的初始破裂程度高的岩体,锚固再破坏后次生裂隙数量多且分布均匀,裂隙网络更复杂[图 3-8(c)、(d)]。

图 3-8 不同初始破裂程度锚固体破裂特征
(a) Ⅰ-7.5-1;(b) Ⅱ-7.5-1;(c) Ⅲ-7.5-1;(d) Ⅳ-7.5-1

3.1.1.3 锚杆预紧力对锚固体承载特性的影响

（1）对锚固体强度的影响

① 图 3-9 是在围岩破裂程度为Ⅲ,$\sigma_2 = 0.24$ MPa 的条件下,不同预紧力破裂围岩锚固体时间-压力曲线。在锚杆预紧力 $F_p = 0$ kN 时,破裂围岩锚固体内部块体在锚杆发挥约束作用前相对位移就已经很大,基本丧失整体强度,后期残余强度完全由锚杆维持,力学特性曲线为常见单峰值形态。当预紧力超过 2.5 kN,锚固体力学特性曲线即表现出双峰值特征。

试验得到的不同预紧力条件下锚固体力学参数如表 3-2 所示。

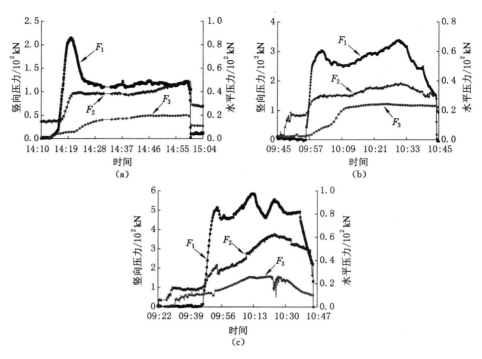

图 3-9　不同预紧力条件下锚固体时间-压力曲线

(a) Ⅲ-0-1；(b) Ⅲ-2.5-1；(c) Ⅲ-12.0-1

表 3-2　　　　　　　　　　不同预紧力条件下锚固体力学参数汇总

F_p/kN	σ_{1f}/MPa	σ_{1s}/MPa	E/MPa	C/MPa	C_0/MPa
0	0.85	0.45	112.3	0.12	0.08
2.5	1.21	1.35	159.3	0.20	0.16
7.5	2.15	2.05	163.8	0.43	0.39
12	2.32	2.21	173.3	0.47	0.43

② 锚杆预紧力与峰值强度基本呈正相关关系，锚杆预紧力越低，对锚固体峰值强度的影响越高（图 3-10）。预紧力从 0 kN 增加到 2.5 kN，锚固体第一峰值承载能力即 0.85 MPa

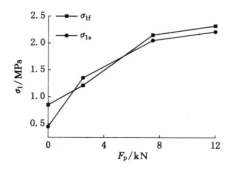

图 3-10　预紧力与峰值强度的关系

增加到 1.21 MPa,增加了 42.4%;第二峰值从 0.45 MPa 增加到 1.35 MPa,增加了 200%,说明当预紧力比较低时,锚杆对锚固体峰值强度,特别是对第二峰值强度影响较大。

当预紧力从 7.5 kN 上升到 12 kN 后,锚固体峰值强度仍然随预紧力的升高而升高,但增加幅度相对较低,仅为 8%,说明锚固力一定的情况下,预紧力超过一定限度后对破裂围岩锚固体的峰值承载能力的增加不会再产生太大的影响。

③ 锚杆预紧力是锚固体中岩体强度得到充分发挥的先决条件。当锚杆预紧力为 0 kN时,岩体-锚固体黏聚力比值为 65%;当锚杆预紧力为 7.5~12 kN 时,岩体-锚固体黏聚力比值分别为 90.3% 和 91.1%,表明在锚固力和岩体初始破裂程度一定的情况下,岩体强度虽然是构成锚固体强度的基础,但预紧力是岩体强度得到充分发挥的先决条件。锚杆预紧力超过 7.5 kN 后,岩体自身承载强度在锚固体总体承载能力中所占的比重基本恒定(图 3-11)。

(2) 对锚固体变形破裂特征的影响

① 锚固体弹性模量随锚杆预紧力的增加而增加,当锚杆预紧力超过 2.5 kN 后稳定在 160~180 MPa。

预应力锚杆对破裂岩体初期是主动支护,随着岩体的碎胀扩容,托盘产生的支护反力增加,锚杆逐渐变成被动支护,其承受的拉应力随着岩体变形逐渐增加,直至屈服破坏。由于竖向加载速度恒定,预紧力越小,锚杆到达极限强度的时间就会越长;反之,锚杆到达极限强度的时间越短。锚杆预紧力的大小是影响破裂围岩锚固体的整体变形特征的重要因素。试验发现,破裂围岩锚固体在锚杆预紧力超过 2.5 kN 后弹性模量受锚杆预紧力影响较小(图 3-12),当水平方向拉杆提供的围压为 0.24 MPa,锚杆预紧力为 0 kN 时,锚固体弹性模量为 112.3 MPa;当预紧力为 2.5 kN 时,弹性模量上升至 159.3 MPa;随后预紧力增加,锚固体弹性模量仍然增加,但增加幅度较小,稳定在 160~180 MPa。

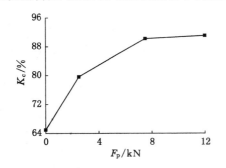

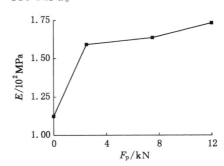

图 3-11　预紧力对岩体-锚固体黏聚力比的影响　图 3-12　锚杆预紧力与锚固体弹性模量的关系

② 在预紧力不大于 2.5 kN 的情况下,锚固体破坏主要表现为沿原有裂隙面滑移。在岩体初始破裂程度为 Ⅲ、水平围压 σ_2 为 0.24 MPa、施加单根锚杆的情况下,不同预紧力对锚固体破裂形态的影响如图 3-13 所示。

对于预紧力不大于 2.5 kN 的锚固体而言[图 3-13(a)、(b)],破裂岩体虽然增加了锚杆支护,但预紧力在预裂裂隙面上施加的法向应力不能产生足够的摩擦力阻止块体滑移,滑移块体一直没有得到有效的约束,围压裂隙面在块体滑移过程中受到摩擦、剪切变得更加光滑、平直,摩擦系数变小。随着锚固体横向变形的增加,锚杆约束反力逐步提高,但此时锚固

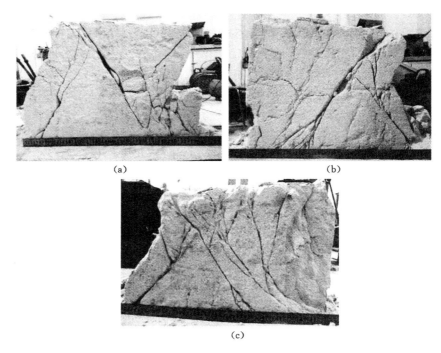

图 3-13　不同锚杆预紧力条件下锚固体破裂特征

(a) Ⅲ-0-1;(b) Ⅲ-2.5-1;(c) Ⅲ-12.0-1

体承载力大多数均由锚杆承载,因此锚杆很快发生屈服,锚固体中的滑移块体块度仍比较大,相互之间仍然以摩擦滑移为主,发生再破坏的机会较少,因此预裂产生的上下两个主要块体除局部破坏外,基本仍保持原有结构强度。随着锚固体竖向变形的增加,楔形滑移块体的角部直接接触顶、底压板首先发生应力集中,成为新生裂纹较为集中的位置,破碎比较严重。另外,试件自由面"<"形张剪裂缝区在锚杆托盘的集中应力作用下发生再破坏,成为细小块状或粉状结构。总体来看,预紧力较低的锚固体中裂隙受到块体滑移摩擦作用的影响,形态都比较平直,主要裂隙数量较少且发育位置集中。

③ 预紧力大于等于 7.5 kN 后,锚固体再破坏时沿对角线裂隙向上下压板方向发育倾角大于 60°的次生裂隙[图 3-13(c)],进一步破裂成为块度更小的滑移块体。由于锚杆预紧力较高,锚固体达到峰值强度的时间较短,其内部滑移块体在相对位移较小的情况下即处于相互紧密嵌固的高围压环境,在后期加载过程中裂隙发育位置较多,且分布比较均匀。

④ 预紧力对锚杆与破裂岩体之间的协同作用具有较大影响。施加较高的预紧力能在受力初期使破裂围岩和锚杆强度得到有效的结合,形成较高的共同承载能力,锚固体最终达到峰值强度时能够处于较高的应力环境中,产生的裂隙小而密且分布均匀,通常这种裂隙网络的形成标志着锚固体耗散了较高能量。反之,如果初期施加预紧力较小,那么,破裂围岩和锚杆之间不能形成有效的协同作用,仅有锚杆承担竖向压力形成的块体动扩张力,锚杆吸收了大多数外界输入的能量而过早失效,锚固体整体承载能力低下。得益于破裂围岩和锚杆之间的承载作用的不协调,破裂围岩块体主要发生了滑移和局部摩擦破坏,整体强度虽得到了保留,但承载力不高。

3.1.1.4 锚杆密度对锚固体承载特性的影响

（1）对锚固体强度的影响

图 3-14 为在锚杆预紧为 7.5 kN、$\sigma_2 = 0.24$ MPa、围岩破裂程度为Ⅲ时，不同锚杆密度条件下锚固体力学特性曲线，图中锚杆应力为单根锚杆平均应力。不同锚杆密度条件下锚固体力学参数见表 3-3。

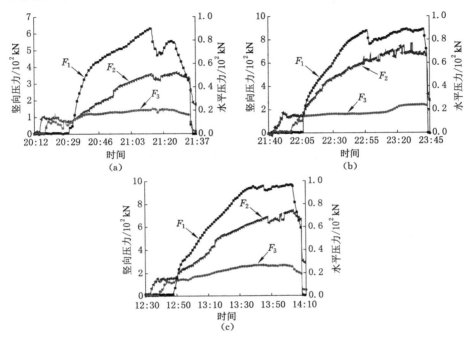

图 3-14 不同锚杆密度条件下锚固体时间-压力曲线

（a）Ⅲ-7.5-2；（b）Ⅲ-7.5-3；（c）Ⅲ-7.5-4

表 3-3   不同锚杆密度条件下锚固体力学参数汇总

N	σ_{1f}/MPa	σ_{1s}/MPa	E/MPa	C/MPa	C_0/MPa
1	2.15	2.05	163.8	0.43	0.39
2	2.5	2.22	80.6	0.43	0.35
3	3.5	3.55	64.2	0.58	0.46
4	3.81	3.89	49.2	0.57	0.41

① 当锚杆数量大于等于 2 根时，锚固体出现峰前软化特征。当锚杆数量为 2 根时，锚固体初期弹性模量为 264.9 MPa，当轴向承载能力达到 1.58～1.62 MPa 时，锚固体弹性模量降低为 80.6 MPa；当锚杆数量为 3 根时，锚固体弹性模量在其竖向承载能力为 1.22～1.26 MPa 左右即发生改变，由 287.2 MPa 降低为 64.2 MPa；当锚杆数量为 4 根时，锚固体弹性模量在竖向承载能力为 1.03～1.12 MPa 时发生改变，由 237.7 MPa 减小为 49.2 MPa。锚固体这种弹性模量由大到小的变化过程同小试样三轴试验中围压超过 0.3 MPa 时表现出来的峰前软化特性相吻合。锚固体这种峰前特性表明：破裂围岩在锚固力较高的

情况下所承受的围压较高,整体脆性特征减小,塑性特征增强,弹性模量转折点会较早出现。

② 锚固体峰值强度随锚杆密度的增加而增大,但两个峰值升高的幅度与锚杆密度之间的关系具有分段特征。图 3-15 是锚杆密度与锚固体峰值强度之间的关系,施加单根以及 2 根锚杆的锚固体强度为 2.15~2.5 MPa,第 2 峰值强度均低于第 1 峰值强度。当锚杆数量大于等于 3 根时锚固体强度在 3.5~3.81 MPa 之间,第 2 峰值强度均高于第 1 峰值强度。由图 3-15 同样可以看出,在锚固体施加 2 根锚杆时,锚固体力学特性曲线仍表现为双峰值特征,当锚固体施加锚杆数量大于等于 3 根后,锚固体力学特性曲线则表现出弹塑性特征,说明在锚杆密度较高的条件下,锚固体有塑性强化的可能。

③ 锚杆密度越大,锚杆对锚固体强度的贡献越大,但破裂岩体强度仍是构成锚固体强度的基础。图 3-16 是锚杆密度与岩体-锚固体黏聚力比之间的关系图。随着锚杆密度的增加,破裂岩体黏聚力在锚固体表观黏聚力整体中所占的比例逐步降低,锚固体施加单根锚杆时 $K_c = 90.28\%$,锚杆数增加至 2~3 根时,K_c 降至 70.93%,说明随着锚杆密度的增加,锚杆支护对锚固体强度的贡献越来越大,但破裂岩体强度在锚固体整体强度中仍占据主导地位。

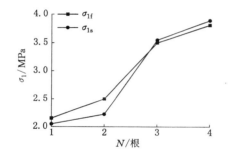

图 3-15 锚杆密度对峰值强度的影响

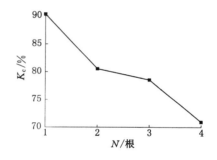

图 3-16 锚杆密度对岩体-锚固体黏聚力比的影响

(2) 对锚固体破裂特征的影响

① 锚固体弹性模量随锚杆密度的增加而降低。图 3-17 为锚杆密度与锚固体弹性模量的关系。当锚固体仅施加单根锚杆时,锚固体弹性模量相对较高,为 163.8 MPa;当锚固体施加锚杆数量大于等于 2 根时,锚固体弹性模量迅速降低,表明随着锚杆锚固力以及预紧力的增加,锚固体更加均质化,在高围压下整体表现出偏塑性的变形特征。

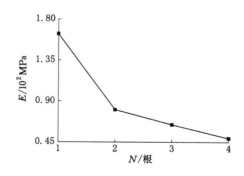

图 3-17 锚杆密度对锚固体弹性模量的影响

② 锚固体压缩破坏后的破碎程度随着锚杆密度的增加而增加,当锚杆超过 3 根后锚固体破裂出现塑性强化特征。

在岩体初始破裂程度为Ⅲ、水平围压 σ_2 为 0.24 MPa、锚杆预紧力为 7.5 kN 的情况下,不同锚杆密度对锚固体破裂形态的影响如图 3-18 所示。

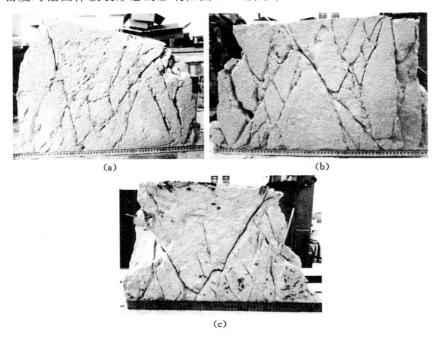

图 3-18　不同锚杆密度条件下锚固体破裂特征
(a) Ⅲ-7.5-2;(b) Ⅲ-7.5-3;(c) Ⅲ-7.5-4

同样条件下锚杆数量为 1 根时,锚固体破坏特征如图 3-18(c)所示。当锚固体锚杆数量增加至 2 根以上后,锚固体裂隙出现交叉,如图 3-18(a)、(b)所示,锚固体被两组倾向不同的裂隙面交叉切割,形成了截面为菱形的棱柱体,棱柱长轴与 σ_2 方向平行。

试验结束利用风管将锚固体裂隙间的粉末吹开后发现,当锚杆数量为 4 根时,锚固体中的裂隙很大程度上已经挤密压实,这表明当锚杆数量增加到一定程度后,对锚固体施加的总的锚杆预紧力以及在锚固体变形破坏过程中被动产生的约束反力形成了高围压环境,锚固体中的块体在这种高围压条件下停止滑移,发生塑性变形,锚固体强度不再发生跌落,而是呈现理想塑性特征。

3.1.1.5　锚固条件对锚固体承载特性影响规律

锚固条件对锚固体强度特征的影响主要集中在以下 3 个方面:

(1) 对变形特征的影响

由以上研究可知,当锚固岩体初始破裂程度达到一定程度后(≥Ⅲ),锚杆预紧力若不为 0 kN,单根锚杆锚固条件下锚固体弹性模量相差不大,稳定在 155.3~173.3 MPa,锚杆密度增加后,锚固体出现峰前软化特征,弹性模量迅速降低。

(2) 对锚固体黏聚力的影响

在锚杆预紧力≥7.5 kN 的条件下,不论锚固岩体初始破裂程度以及锚杆密度是何种条件,锚固体黏聚力均高于完整块体黏聚力值,提高值最高可达 71%,且破裂岩体黏聚力在锚固体黏聚力的比重皆在 70% 以上,说明锚杆能够充分调动破裂岩体强度。破裂岩体强度是构成锚固体强度的基础,锚杆预紧力是破裂岩体强度得以充分发挥的先决条件。

(3) 对锚固体力学特性曲线的影响

本次试验中锚固体力学特性曲线共有 3 种类型:单峰值型(锚杆预紧力为 0 kN 时)、理想弹塑性型(锚杆数量≥3 根时)以及双峰值型(其他)。锚固体在锚杆预紧力作用下破裂块体相互挤压、嵌固、摩擦形成整体强度,当外部压力超过这个强度时,破裂块体发生再破坏以及沿裂隙的滑移,锚固体整体强度失效,出现第一个峰值。随着锚固体竖向变形的继续增加,锚杆在托盘的约束下对破裂岩体产生挤压作用,同时锚杆承受的拉力迅速增加,锚固体强度再一次得到增强。当达到锚杆强度极限时,锚固体强度再次达到峰值极限强度,力学特性曲线出现第二个峰值。

3.1.2 破裂围岩组合拱(梁)稳定性分析

将围岩锚固结构受到挤压后应力重叠区形成的压缩带视为均质结构,则锚固结构压缩区可简化为梁的形式,如图 3-19 所示。

由于破裂围岩锚固结构靠锚杆锚固反力产生的横向挤压作用形成承载梁,抗拉强度较小,在承担上覆载荷作用时两端上部受到张拉作用而先于其他位置张开,组合梁转动导致其中间上部受到较大水平挤压力作用,下部则受到张拉开裂,锚固体间形成了三铰拱式平衡结构。

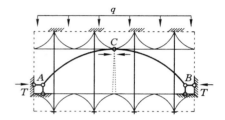

图 3-19 锚固结构的拱式平衡受力分析

对于这种锚固体组成的拱式平衡结构的失稳方式主要有两种,一是当上覆围岩载荷在咬合点处形成的剪切力超过了水平挤压力带来的摩擦力,造成组合梁滑脱失稳;二是由于锚固拱结构回转,在铰接点处的挤压力 T 超过了接触面极限强度,使之发生塑性破坏而使组合梁回转加剧,最终导致变形失稳。

3.1.2.1 组合梁切落失稳

由三铰拱平衡条件可知:

$$T = ql^2/8h \tag{3-6}$$

式中　T——使组合梁平衡的水平推力;

　　　l——组合梁失稳时的跨度;

　　　h——组合梁厚度。

根据三铰拱的结构特点,上覆载荷在支座位置形成的剪切力最大,为 $ql/2$,如果支座处组合梁提供的摩擦力大于或等于这个剪切力,则组合梁将保持稳定,反之将发生切落失稳。结合 Mohr-Coulomb 屈服准则,沿巷道轴向单位长度上组合梁发生切落时的极限状态是:

$$Ch + T\tan\varphi = ql/2 \tag{3-7}$$

式中　C——组合梁黏聚力;

　　　q——上覆岩层载荷集度。

将式(3-6)代入上式可得:

$$q\left(\frac{l}{h}\right)^2\tan\varphi - 4q\,\frac{l}{h} + 8C = 0 \qquad (3\text{-}8)$$

则一长高比条件下，组合梁切落失稳时的极限承载能力为：

$$q = \frac{8C}{4\,\dfrac{l}{h} - \left(\dfrac{l}{h}\right)^2\tan\varphi} \qquad (3\text{-}9)$$

3.1.2.2　组合梁回转变形失稳

图 3-20 为组合梁回转后的简化模型，其中，$ABCD$ 和 $A'B'C'D'$ 分别表示回转变形前后组合梁的状态，虚线表示的 ODD' 和 $EB'H$ 为组合梁回转变形后由于应力集中进入塑性状态的部分，O 点位于组合梁 1/2 厚度处，为坐标原点。

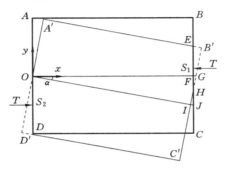

图 3-20　组合梁回转失稳分析

由图 3-20 可知：

$$FG = OG - OF = \frac{OI}{\cos\alpha} - OF = \frac{1-\cos\alpha}{\cos\alpha}l' \qquad (3\text{-}10)$$

式中，l' 为组合梁 x 方向上的跨度的 1/2。

同理有：

$$IJ = \frac{1-\cos\alpha}{\cos\alpha}l' \qquad (3\text{-}11)$$

由于 $\angle FGH = \angle JHI = \alpha$，则

$$HI = \frac{IJ}{\tan\alpha} = \frac{1-\cos\alpha}{\sin\alpha}l' \qquad (3\text{-}12)$$

$$B'H = B'I - HI = \frac{h}{2} - \frac{1-\cos\alpha}{\sin\alpha}l' \qquad (3\text{-}13)$$

$$EH = \frac{B'H}{\cos\alpha} = \frac{h\sin\alpha - 2l'(1-\cos\alpha)}{\sin 2\alpha} \qquad (3\text{-}14)$$

水平挤压力 T 作用点取接触位置 1/2 处，即 S_1 点处：

$$FS_1 = \frac{EH}{2} - FH = \frac{h\sin\alpha - 2l'(1+2\cos\alpha)(1-\cos\alpha)}{2\sin 2\alpha} \qquad (3\text{-}15)$$

$$OS_2 = \frac{h}{4} \qquad (3\text{-}16)$$

故根据 $\sum M = 0$ 有：

$$T(OS_2 + FS_1) = ql'^2/2 \qquad (3\text{-}17)$$

将式(3-15)及式(3-16)代入上式可得：

$$T = \frac{ql'^2 \sin 2\alpha}{h \sin \alpha (1 + \cos \alpha) + 2l'(2\cos \alpha + 1)(\cos \alpha - 1)} \tag{3-18}$$

沿巷道轴向取单位长度,则接触位置的挤压应力 σ_p 为：

$$\sigma_p = \frac{T}{EH} = \frac{ql'^2 \sin^2 2\alpha}{\left[h \sin \alpha (1 + \cos \alpha) + 2l'(2\cos \alpha + 1)(\cos \alpha - 1) \right] \left[h \sin \alpha - 2l'(1 - \cos \alpha) \right]} \tag{3-19}$$

上式分子、分母均除去 l'^2 得：

$$\sigma_p = \frac{q \sin^2 2\alpha}{\left[\frac{h}{l'} \sin \alpha (1 + \cos \alpha) + 2(2\cos \alpha + 1)(\cos \alpha - 1) \right]\left[\frac{h}{l'} \sin \alpha + 2(\cos \alpha - 1) \right]} \tag{3-20}$$

当 $\sigma_p = \sigma^*$ 时(σ^* 为组合梁抗压强度),铰接点处即进入塑性屈服状态,将上式中 l' 替换为巷道跨度,可以得到组合梁回转失稳时的极限承载能力表达式为：

$$q = \frac{\sigma^* \left[\frac{2h}{l} \sin \alpha (1 + \cos \alpha) + 2(2\cos \alpha + 1)(\cos \alpha - 1) \right]\left[\frac{2h}{l} \sin \alpha + 2(\cos \alpha - 1) \right]}{\sin^2 2\alpha} \tag{3-21}$$

3.1.3 组合拱承载能力滑移线场理论研究

3.1.3.1 两向等压条件下圆形巷道围岩剪切滑移线场理论分析

滑移线就是破裂面的迹线。滑移线法就是按照滑移线理论和边界条件,在岩土受力体中构造相应的滑移线网,然后利用滑移线的性质和边界条件,确定塑性区应力场的分布,最后求出极限荷载。

利用特征线解法求出有重 φC 型岩土材料沿 α 和 β 线的滑移线的平均应力 p_m 以及边界主应力与 y 轴夹角 θ 的差分方程：

$$\left. \begin{aligned} \text{沿 } \alpha \text{ 线}: \mathrm{d}p_m - 2(p_m + \sigma_c)\tan \varphi \mathrm{d}\theta = \frac{\gamma \sin (\theta + \mu)\mathrm{d}y}{\cos \varphi \cos (\theta - \mu)} \\ \text{沿 } \beta \text{ 线}: \mathrm{d}p_m + 2(p_m + \sigma_c)\tan \varphi \mathrm{d}\theta = -\frac{\gamma \sin (\theta - \mu)\mathrm{d}y}{\cos \varphi \cos (\theta + \mu)} \end{aligned} \right\} \tag{3-22}$$

式中,γ 为岩土材料容重,$\sigma_c = C\cot \varphi$,为黏聚内应力,C 为黏聚力,μ 为两条滑移线方向与边界主应力作用方向之间的夹角。为简化计算,假设围岩 $\gamma = 0$,式(3-22)可以简化为：

$$\left. \begin{aligned} \text{沿 } \alpha \text{ 线}: \mathrm{d}p_m - 2(p_m + \sigma_c)\tan \varphi \mathrm{d}\theta = 0 \\ \text{沿 } \beta \text{ 线}: \mathrm{d}p_m + 2(p_m + \sigma_c)\tan \varphi \mathrm{d}\theta = 0 \end{aligned} \right\} \tag{3-23}$$

直接对式(3-23)积分可得：

$$\left. \begin{aligned} \text{沿 } \alpha \text{ 线}: p_m = C_\alpha \mathrm{e}^{2\theta\tan \varphi} - \sigma_c \\ \text{沿 } \beta \text{ 线}: p_m = C_\beta \mathrm{e}^{-2\theta\tan \varphi} - \sigma_c \end{aligned} \right\} \tag{3-24}$$

式中,C_α,C_β 为积分常数。

设边界面法线与 y 轴夹角为 ξ,由于塑性区边界面上的应力必须满足屈服条件,因此根据 Mohr-Coulomb 屈服准则有：

$$\left.\begin{array}{l}\sigma_n = p_m + R\cos 2(\xi - \theta) \\ \tau_n = R\sin 2(\xi - \theta)\end{array}\right\} \tag{3-25}$$

当边界条件已知时,由式(3-25)可得:

$$\left.\begin{array}{l}p_m = \sigma_n - R\cos 2(\xi - \theta) \\ \theta = (-1)^n \dfrac{\pi n}{2} + \xi - \dfrac{1}{2}\arcsin \dfrac{\tau_n}{R}\end{array}\right\} \tag{3-26}$$

取具有无限边界的地下圆形巷道为理论分析模型,围岩为典型的 $\varphi\text{-}C$ 型材料,破坏区滑移线场为两族仅有旋转方向不同、其他参数都相同且极点在巷道中心的斜交同心对数螺旋线构成。

如图 3-21 所示,p_0 为组合拱提供的支护阻力,q_0 为原始地应力,虚线为圆形巷道围岩发生剪切滑移破坏的弹塑性交界面,σ_p 为弹塑性交界面处径向应力,在交界面处有 $\sigma_p = q_0$。

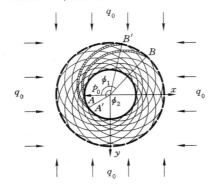

图 3-21　圆形巷道剪切滑移线场应力边界条件

由式(3-26)可知,在 A 点有:

$$p_m = p_0 - R\cos 2(\xi_1 - \theta_1) \tag{3-27}$$

其中 ξ_1 和 θ_1 分别为 A 点处边界法线以及 p_0 与 y 轴的夹角,此处 $\xi_1 - \theta_1 = -\pi/2$,则将 $R = (p_m + \sigma_c)\sin\varphi$ 代入式(3-27)得:

$$p_m = \frac{p_0 + \sigma_c\sin\varphi}{1 - \sin\varphi} \tag{3-28}$$

将式(3-28)代入式(3-24)可得:

$$C_{\alpha A} = \frac{p_0 + \sigma_c}{1 - \sin\varphi}e^{-2\theta_1\tan\varphi} \tag{3-29}$$

同理可得:

$$C_{\alpha B} = \frac{q_0 + \sigma_c}{1 - \sin\varphi}e^{-2\theta_2\tan\varphi} \tag{3-30}$$

由剪切滑移线性质可知 A 点和 B 点处于同一条 α 线上,$C_{\beta A} = C_{\beta B}$。

联立式(3-29)和式(3-30)可得:

$$q_0 = (p_0 + \sigma_c)e^{2(\theta_2 - \theta_1)\tan\varphi} - \sigma_c \tag{3-31}$$

式(3-31)即为一定支护阻力条件下圆形巷道围岩剪切滑移线场极限载荷,其中 $\theta_2 - \theta_1 = \phi$,$\phi$ 为同一条剪切滑移线终点和起点处边界主应力与 y 轴夹角差值,是表征巷道围岩变形破裂特征的参数。通过实际测量得到由同心对数螺旋线的性质可知,与以 AB 为端点的 β 线相

邻的以 $A'B'$ 为端点的 β 线的 $\phi_2 = \phi_1$，那么对于圆形巷道而言，不同方向的极限荷载为同一个值。

由式（3-31）可知：

$$p_0 = (q_0 + \sigma_c)\mathrm{e}^{2(\theta_1 - \theta_2)\tan\varphi} - \sigma_c \tag{3-32}$$

那么，如果在原始地应力、围岩强度以及破裂特征参数已知的情况下，可以利用式（3-32）求得最经济支护阻力。

3.1.3.2 巷道围岩极限载荷影响因素分析

（1）黏聚力对围岩极限载荷的影响

假设巷道支护阻力 p_0 为 0.1 MPa，$\theta_2 - \theta_1 = 120°$，图 3-22 即为黏聚力分别为 0.1 MPa、0.3 MPa、0.5 MPa、1.0 MPa，内摩擦角从 30° 增加到 40° 时，围岩极限承载能力的变化规律。

由图 3-22 可知，其他条件相同时，黏聚力越大，围岩极限承载能力越高。当内摩擦角为 30° 时，黏聚力分别为 0.1 MPa、0.3 MPa、0.5 MPa、1.0 MPa 时对应的围岩极限载荷分别为 2.89 MPa、6.43 MPa、9.97 MPa 和 18.82 MPa，随着内摩擦角的增加，黏聚力越大，围岩极限载荷增加的幅度也越大。

（2）支护阻力对围岩极限载荷的影响

假设巷道围岩黏聚力 C 为 0.3 MPa，破坏特征参数 $\theta_2 - \theta_1 = 120°$，图 3-23 即为支护阻力分别为 0.1 MPa、0.3 MPa、0.5 MPa、1.0 MPa，内摩擦角从 30° 增加到 40° 时巷道极限载荷的变化规律。

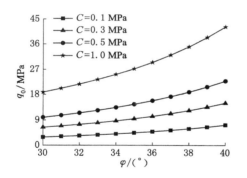 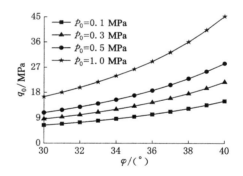

图 3-22　黏聚力对巷道围岩极限载荷的影响　　　图 3-23　支护阻力对巷道围岩极限载荷的影响

由图 3-23 可以看出，在其他条件相同的条件下，支护阻力越高，围岩极限承载能力越高，随着内摩擦角的增加，支护阻力越大，巷道极限载荷增加的幅度也越大。谢文兵等指出巷道合理支护阻力范围为 0.2~0.4 MPa。由式（3-32）可知，如果巷道围岩黏聚力取 0.3 MPa，$\theta_2 - \theta_1 = 120°$，内摩擦角取 35°，按照岩层密度为 2.5×10^3 kg/m³ 的自重载荷加载，则当支护阻力取 0.2 MPa 时，能维持巷道稳定的地层临界深度为 464 m，而当巷道支护阻力取 0.4 MPa 时，能维持巷道稳定的地层临界深度为 617 m。由此可见，充分发挥现有支护手段的支护阻力对巷道围岩稳定性控制具有极为重要的意义。

（3）内摩擦角对围岩极限载荷的影响

由前述内容可知，在相同黏聚力和支护阻力的情况下，内摩擦角越大，围岩的极限承载能力越高，且黏聚力或支护阻力水平越高，随着内摩擦角的增加，围岩极限承载能力增加幅度也越大。如当支护阻力、黏聚力都为 0.3 MPa，$\theta_2 - \theta_1 = 120°$，内摩擦角为 30°时，围岩承载能力为 8.67 MPa；内摩擦角为 40°时，围岩极限承载能力为 21.7 MPa。当内摩擦角从 30°增加到 35°时，围岩极限承载能力增加量为 4.56 MPa；当内摩擦角从 35°增加到 40°时，增加量为 8.47 MPa。由此可知，随着内摩擦角的增加，围岩极限载荷呈非线性增加的趋势。CWFS(Cohesion Weakening and Frictional Strengthening)弹脆塑性本构模型指出，在围岩破坏过程中黏聚力对于岩体强度的作用逐渐减弱，而摩擦作用对岩体强度的影响是逐渐强化的，这与本次研究的结果是一致的，说明内摩擦角对巷道围岩承载力的影响要明显大于黏聚力或支护阻力对巷道围岩承载力的影响。因此，实际工程应用中应注意通过注浆等措施提高围岩的内摩擦角和黏聚力，进而达到提高围岩支承强度的目的。

3.1.4　组合拱(梁)形成的基本条件及失效形式判别

3.1.4.1　锚杆控制范围研究

由于组合拱(梁)承载结构的形成基础是锚杆的挤压约束作用，因此，锚杆控制范围的大小以及控制范围内岩体受到约束力的高低直接决定了组合拱(梁)承载结构的厚度和强度大小，进而决定了组合拱的稳定性和承载能力。

锚杆控制范围是进行组合拱(梁)支护设计的基础。传统组合拱承载理论对锚杆控制范围形态及其内部岩体受力进行了简化，假设锚杆控制范围在空间上为锥形，控制角为 45°，认为锚杆控制范围内岩体受到均匀压力的作用，这不可避免会在工程设计中带来一定的偏差。本次拟通过锚固体破坏后锚杆托盘附近岩体变形破裂形态以及锚固体在不同受压阶段的内部应力分布对锚杆控制范围形态及演化规律进行研究。

(1) 锚杆压缩区形态及演化规律研究

① 自由面处锚杆托盘控制范围外的岩体发生劈裂破坏与内部岩体的三向受力状态不同，锚杆压缩区外部岩体由于没有锚杆的约束作用，在 σ_1 和 σ_2 的作用下发生破坏并迅速沿锚杆轴向碎胀扩容，最终在锚杆托盘压缩区以及外部自由岩体之间产生宏观裂隙面。由图 3-24 可以看出，该位置形成的裂隙面较为粗糙，剥落块体呈片状，符合劈裂破坏特征。

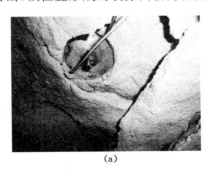 

|(a)|(b)|

图 3-24　托盘附近岩体破裂特征

(a) 裂隙；(b) 剥落块体

② 托盘控制范围内的岩体受到锚杆提供的围压约束强度增加，最终在空间上形成喇叭形压缩承载区。基于光弹性试验的结果，传统组合拱理论认为锚杆在岩体中形成压缩区形态是锥形，一般工程计算都将锚杆控制角统一取 45°，托盘压缩区影响范围为锚杆长度的一

半。有数值模拟计算得到锚杆压缩区形态则显示为杯形、梨形或者心形,本次试验最终得到的锚杆控制区形态在空间上是变化的,并非传统组合拱理论认为的理想锥形(图 3-25)。

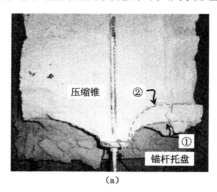

(a)　　　　　　　　　　　　(b)

图 3-25　锚固体压缩区形态
(a) 锚固体俯视图(剖面);(b) 锚固体侧视图

如图 3-25 所示,锚杆压缩区在围岩表面附近为锥形,随着距离围岩自由面深度的增加,锚杆控制角渐渐过渡为 180°,破裂面渐渐与围岩外表面平行,其最终形态为喇叭形,与 Vervuurt 以及 Hashimoto 等人锚杆拉拔试验得到的结果相同,这说明锚杆托盘提供的托锚力影响范围随着距离围岩表面深度的增加逐渐趋于均匀。

以锚杆托盘中心为原点,沿锚杆轴向向内为 y 方向,垂直于锚杆轴向水平向右为 x 方向建立坐标系,将锚固体压缩区喇叭形轮廓进行回归分析,可以得到图 3-25(a)中锚杆右侧 2 条锚固体压缩区特征曲线:

$$①:y = -0.077e^{-31.65(x-r_0)} + 0.075 \tag{3-33}$$

$$②:y = -0.138e^{-38.54(x-r_0)} + 0.126 \tag{3-34}$$

扩展到一般的情况,则有:

$$y = Ae^{B(x-r_0)} + C \tag{3-35}$$

其中,A、B 为待系数,C 为破裂面距离锚杆托盘的最大垂直距离,r_0 为锚杆托盘半径,本次试验为 0.035 m。

若假设锚杆两侧压缩区轮廓对称,则可由式(3-35)求得锚杆长度为 l_m、间排距为 l_0 时锚固结构内部压缩区厚度:

$$h = l_m - 2Ae^{B(l_0/2-r_0)} - 2C \tag{3-36}$$

③ 在锚固体受压过程中锚杆控制角由大变小,试验发现与传统组合拱理论的假设条件不同,在实际锚固体压缩变形过程中,锚杆控制角不止在空间上不为恒值,其在时间上也不是固定不变的。从表面上看,初次形成的裂隙面在外部大致呈圆锥形,锚杆控制角一般均为钝角[图 3-26(a)],随着锚固体横向变形的增加,锚杆托盘对岩体形成的支护反力超过锚杆压缩区岩体强度,压缩区岩体产生再破坏形成新的分界面[图 3-26(b)],锚杆控制角变小,其内部形态如图 3-25(a)所示。

若继续对锚固体持续加载,锚杆控制区内岩体会发生层层脱落,如图 3-27(a)所示,锚杆控制角会继续变小,托盘控制范围外岩体发生张剪破坏,呈现弧形片状(条状)剥落,如图 3-27(b)所示。

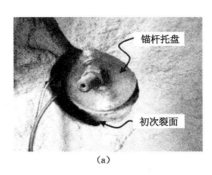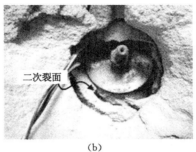

图 3-26　锚杆压缩区形态演化
(a) 初次形成压缩区；(b) 二次形成压缩区

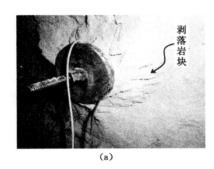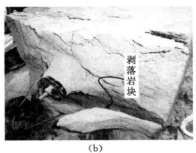

图 3-27　锚杆托盘控制区内外剥落的岩块
(a) 控制区内；(b) 控制区外

④ 锚杆压缩区内岩体再破坏特征受初始破裂程度影响严重。在岩体施加锚杆轴向受压过程中，如果锚杆压缩区内岩体初始破裂程度较小，在锚杆托盘以及侧面挡板提供的围压环境中受力均匀，强度比较高，能够较好地将锚杆托盘施加的支护反力传递向岩体深部而保持自身的完整性，锚杆压缩区范围以外的岩体由于没有约束作用，发生块状或条状剥落，如图 3-27(b) 所示。

后期锚固体继续受压，锚杆压缩范围外岩体发生持续的剥落，形成新的滑移面 [图 3-28(a)]，锚杆压缩范围内岩体仍能保持为完整块体。如果锚杆压缩区内岩体初期比较破碎，将会导致锚杆托盘与岩体之间不能完整接触，在锚杆与岩体接触位置以及岩体内部均易造成应力集中现象，内部应力也会出现传递不连续的情况。另外，由于岩体破碎，托盘压力作用范围大大缩小，仅局限于托盘附近极小范围内，在后期锚固体受压发生水平方向膨胀变形过程中，托盘直接作用范围内的破裂岩体会产生高度应力集中而率先发生塑性破坏，无法有效传递锚杆托盘支护反力，同时发生体积膨胀，自身整体强度进一步降低。

试验结束后锚杆托盘控制区内的破裂岩体成为破碎散体，碎块已被压酥，稍微震动或施加一荷载即变成粉末。工程现场如果巷道围岩破碎或者炸帮较为严重，应及时通过注浆以及挂钢筋网的方式将破碎岩体形成整体，增加锚杆压缩区范围以及作用范围内岩体的强度和应力传递能力，避免出现应力集中而过早破坏。

⑤ 锚杆压缩区之间存在叠加效应，锚杆间排距越小，这种叠加效应越明显。图 3-29 展

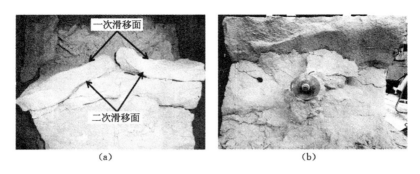

图 3-28　岩体破碎程度对锚固体压缩区破裂形态的影响
(a) 完整岩体；(b) 破碎岩体

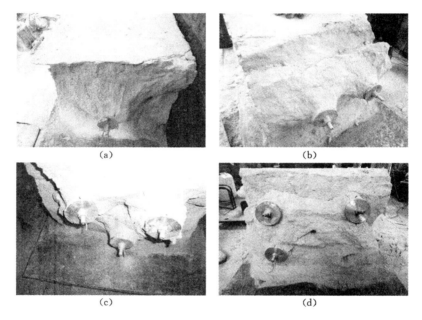

图 3-29　锚杆之间压缩区叠加效应
(a) 1 根；(b) 2 根；(c) 3 根；(d) 4 根

示了不同锚杆密度条件下锚杆之间压缩区破裂特征。

由图 3-29 可以看出，单根锚杆压缩区为口朝向围岩深部的喇叭形。当锚杆间排距足够小时，锚杆之间的压缩区将出现叠加，随着锚杆数量的增加，锚杆托盘控制范围外岩体破裂范围减小，锚杆间围岩完整性升高。由此可知，如果现场围岩比较破碎，适当减小锚杆间排距可以达到增加压缩拱厚度、减小锚杆控制区外自由岩体体积的目的。

(2) 锚固体内应力分布及演化规律研究

为了得到锚固体在锚杆预紧以及受压破坏过程中内部应力大小及在空间上的分布和演化规律，在不同锚固条件锚固体模型试验的基础上，进行了锚固体受压过程中内部应力演化规律试验。锚固体内部埋设的应力监测矩阵具体布置情况见物理模拟部分。

试验时首先安装锚杆，施加围压及锚杆预紧力，然后竖向加载直至峰后。试验过程中不间断对锚固体内部预埋应变块体进行应力监测及数据采集,考察锚杆压缩区范围以及锚固体内部应力在锚杆预紧以及受载变形直至破坏过程中实际分布及演化规律。

将物理模型试验测得的不同加载阶段内部应力值反映在锚固体三维立体空间中(图 3-30～图 3-32)。图中 y 轴为锚杆轴向,z 轴为竖向载荷施加方向,原点位于锚固体中心位置。

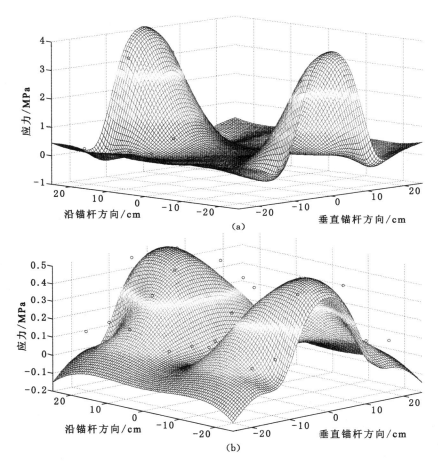

图 3-30 锚杆预紧结束后锚固体内部应力分布
(a)锚杆方向应力;(b)轴压方向应力

① 锚固体内部应力分布呈马鞍形,应力峰值出现在锚杆托盘附近。由图 3-30～图3-32可以发现,从锚杆预紧直至锚固体竖向受压破坏,锚固体内部应力分布均呈马鞍形,即沿锚杆轴向,应力值托盘位置最高,锚杆中间位置最低;沿锚杆横向,锚杆位置最高,靠近锚固体边界位置最低,内部应力最低值应位于相邻 2 根锚杆中部、1/2 锚杆长度处。

② 锚杆预紧力在锚固体内部影响范围较小,锚固体内部应力平均水平与锚固体受压阶段密切相关,锚杆预紧时,σ_y 峰值出现在锚杆托盘位置附近,约为 3.02 MPa,沿锚杆轴向迅速降低,在距离托盘 1/4 锚杆长度处 σ_y 降低为 0.4 MPa,在原点位置接近 0 MPa。在垂直于锚杆轴向的断面上,由于 σ_z 受 σ_y 的挤压产生,在锚固体内部的分布形态与之相同:由锚杆中心向两侧逐渐降低,在锚固体边界位置均接近 0 MPa。

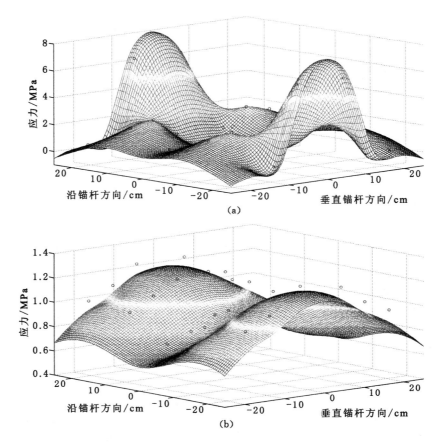

图 3-31　锚固体峰值强度时内部应力分布

（a）锚杆方向应力；（b）竖直轴压方向应力

　　图 3-31 为锚固体承受的竖向载荷达到峰值时内部应力的分布情况。从图中可以看出，锚固体内部竖向和沿锚杆轴向应力分布仍为马鞍形，受锚杆托盘控制范围外岩体剥落的影响，锚固体内部 σ_y 最小值位于靠近锚固体边界的锚固体自由面处，为 0.24 MPa。相邻 2 根锚杆中部、1/2 锚杆长度处 σ_y 已经由初期的 0 MPa 上升至 0.5 MPa，表明随着锚固体承担载荷的增加，在水平方向位移及锚杆托盘的限制作用下，其内部应力水平随之升高，分布形态更加均匀。由于锚杆对围岩的约束力沿锚杆轴向以及横向上衰减较快，因此式（3-36）中的锚杆间排距 l_0 并非无限大，参考 T. A. Lang 等人的研究，式（3-36）满足的前提条件为 $l_0 \leqslant l_m/2$。

　　由此可知，当锚固体不承担竖向应力时，锚杆仅通过预紧对锚固体内部应力影响程度极为有限，在锚固体竖向受载后，沿锚杆轴向方向发生膨胀变形，锚杆通过托盘被动产生支护反力，锚固体内部应力水平才逐渐升高。

　　需要指出的是，虽然锚杆预紧力不是锚固体内部应力水平升高的充分条件，但适当提高锚杆预紧力可以缩短锚杆产生支护反力的反应时间，使锚固体内部应力在较短时间内上升至较高水平，对锚固体承载性能的提高是有益的。

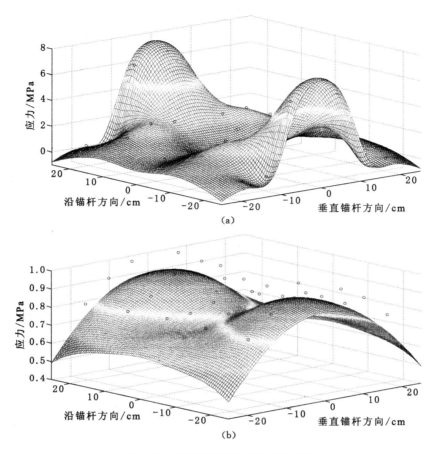

图 3-32 锚固体峰值后内部应力分布

（a）锚杆方向应力；（b）竖直轴压方向应力

3.1.4.2 组合拱（梁）承载失效判别条件

作为一种支护结构，围岩组合拱（梁）承载失效主要有强度破坏和结构失稳两种形式，工程应用中应根据实际情况分别对这两种失效形式进行验算，最终确定围岩支护参数。

（1）组合梁结构失稳

与强度破坏不同，组合梁结构失稳是结构问题，失稳前变形一般较小，类似岩石的脆性破坏，失效过程迅速，具有突发性，因此其破坏性较大，在矿井灾害中一般以巷道冒顶、帮部失稳等形式出现。

当围岩锚固岩体强度参数一定时，由式（3-9）可知，组合梁切落失稳时的极限承载能力与其长高比有关，可以得到组合梁不发生切落失稳的条件：

$$\frac{l}{h} \geqslant \frac{2q + 2\sqrt{q^2 - 2qc\tan\varphi}}{q\tan\varphi} \tag{3-37}$$

不等式两侧分别取倒数有：

$$\frac{h}{l} \leqslant \frac{q\tan\varphi}{2q + 2\sqrt{q^2 - 2qc\tan\varphi}} \tag{3-38}$$

由上式可知，组合梁高长比越小，则组合梁发生切落失稳破坏的概率越小。

在巷道跨度一定的条件下,组合梁的厚度与锚杆长度和间排距有关,将式(3-36)代入式(3-38)可得:

$$\frac{l_\mathrm{m} - 2Ae^{B(l_0/2-r_0)} - 2C}{l} \leqslant \frac{q\tan\varphi}{2q + 2\sqrt{q^2 - 2qc\tan\varphi}} \tag{3-39}$$

经过化简后可得:

$$l_\mathrm{m} \leqslant \frac{ql\tan\varphi}{2q + 2\sqrt{q^2 - 2qc\tan\varphi}} + 2Ae^{B(l_0/2-r_0)} + 2C \tag{3-40}$$

上式说明,在上覆岩层载荷、锚固结构黏聚力、内摩擦角以及巷道跨度均为定值时,锚杆长度越小,组合梁发生滑落失稳破坏的概率越小。

同理,由式(3-21)可以得到在一定的上覆岩层载荷、锚固岩体强度条件下,偏转角度为 α 的组合梁避免因回转变形失稳的条件是:

$$\frac{h}{l} \geqslant \frac{\sqrt{(1-\cos\alpha)^2(3\cos\alpha+2)^2 - (1+\cos\alpha)\left[4(2\cos\alpha+1)(1-\cos\alpha)^2 - \dfrac{q\sin^2 2\alpha}{\sigma^*}\right]}}{2\sin\alpha(1+\cos\alpha)} + \frac{(3\cos\alpha+2)(1-\cos\alpha)}{2\sin\alpha(1+\cos\alpha)} \tag{3-41}$$

上式说明,高厚比越大,组合梁抵抗回转变形失稳的能力越强。

将式(3-36)代入式(3-41),整理可得:

$$l_\mathrm{m} \geqslant \left\{\frac{\sqrt{(1-\cos\alpha)^2(3\cos\alpha+2)^2 - (1+\cos\alpha)\left[4(2\cos\alpha+1)(1-\cos\alpha)^2 - \dfrac{q\sin^2 2\alpha}{\sigma^*}\right]}}{\sin\alpha(1+\cos\alpha)} + \frac{(3\cos\alpha+2)(1-\cos\alpha)}{\sin\alpha(1+\cos\alpha)}\right\}l' + 2Ae^{B(l_0/2-r_0)} + 2C \tag{3-42}$$

由式(3-38)和式(3-41)可知,在上覆岩层载荷及锚固岩体力学参数一定的情况下,组合梁高长比不同,其发生失稳破坏的形式也不同。一般来说,高长比越大,组合梁失稳破坏形式越接近于切落失稳,反之则越接近于回转失稳。

当锚固岩体内摩擦角为 35°,黏聚力为 0.1 MPa,抗压强度为 3.8MPa,极限回转角为 3°时,上覆岩层载荷与组合梁满足极限平衡状态,高长比之间的关系见图 3-33。

由图 3-33 可以看出,当组合梁高长比与上覆岩层载荷处于Ⅰ区时,组合梁高长比小于发生切落失稳时的极限高长比,大于发生回转失稳时的极限高长比,说明组合梁发生回转失稳和切落失稳的可能性都不大;当组合梁高长比与上覆岩层载荷处于Ⅱ区时,组合梁高长比同时大于发生切落失稳和回转失稳极限高长比,说明组合梁发生切落失稳的概率高于回转失稳的概率;当组合梁高长比与上覆岩层载荷处于Ⅲ区时,组合梁高长比大于发生切落失稳时的高长比,小于发生回转失稳时的极限高长比,说明组合梁发生回转失稳和切落失稳的概率都比较高;当组合梁高长比与上覆岩层载荷处于Ⅳ区时,组合梁高长比同时小于发生切落失稳和回转失稳极限高长比,说明组合梁发生回转失稳的概率高于切落失稳的概率。

(2)组合拱强度破坏

若现有支护条件下锚固岩体不发生结构失稳,则组合拱的失效形式为强度破坏。与结构失稳不同,强度破坏是应力问题,一般从巷道围岩某一局部开始,往往具有明显的征兆,发展过程较为缓慢,属于塑性破坏过程。

如前所述,浅部破裂围岩施加锚杆后形成的组合拱类似砌碹,可以为外部围岩提供支护阻力(图 3-34)。

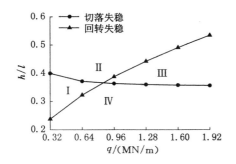

图 3-33　组合梁失稳形式判别

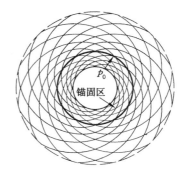

图 3-34　组合拱与外部围岩的关系

若将围岩组合拱视为一种经过"强化"后的围岩,则将式(3-31)中围岩力学参数替换为组合拱宏观力学参数,则可以得到围岩组合拱极限承载能力公式:

$$q_0' = (p_0' + \sigma_c')e^{2(\theta_2' - \theta_1')\tan\varphi'} - \sigma_c' \tag{3-43}$$

$\sigma_c' = C'\cot\varphi'$ 为组合拱内围岩广义黏聚内应力,$\theta_2' - \theta_1'$ 为围岩经过锚固后的变形破裂特征参数,p_0' 为 U 型棚、混凝土砌碹等支护结构为组合拱提供的支护阻力。

若使组合拱外部围岩保持稳定,则有:

$$q_0' \geqslant p_0 \tag{3-44}$$

将式(3-32)和(3-43)代入上式可得:

$$(p_0' + \sigma_c')e^{2(\theta_2' - \theta_1')\tan\varphi'} - \sigma_c' \geqslant (q_0 + \sigma_c)e^{2(\theta_1 - \theta_2)\tan\varphi} - \sigma_c \tag{3-45}$$

式(3-45)即为组合拱在外部围岩压力作用下不发生强度破坏的判别条件。由式(3-45)可对组合拱厚度及 U 型棚、混凝土砌碹等支护结构为组合拱提供的支护阻力进行计算和验证。

3.1.4.3　组合拱(梁)形成的基本条件

锚杆通过托盘和内锚固点产生的预紧和支护反力的挤压作用在岩体中产生了一定范围的影响区,只要距离适当,两根锚杆之间的岩体均能受到二者的影响,形成广泛意义上的组合拱(梁)。但由锚固体物理模拟试验中得到的锚杆压缩区形态以及内部应力分布情况可知,锚杆通过托盘以及内部锚固点产生的预紧力和支护反力在岩体中急剧衰减,其影响范围是有限的。组合拱(梁)虽然具有结构强度和整体性,但其终究是要为巷道支护服务,因此必须具有实现特定功能的承载能力,在这个前提下讨论组合拱(梁)形成基本条件才具有意义。

在自重条件下破裂围岩组合拱(梁)保持自身结构稳定是破裂围岩形成有效锚固结构的最基本要求。

当组合拱(梁)仅受自重载荷时,将式(3-38)和式(3-41)中的上覆岩层载荷集度 q 替换为锚固结构自重载荷集度 q',则可以得到组合拱(梁)承载结构形成的最低要求,即组合拱(梁)承载结构形成的基本条件:

$$q' \leqslant \min\left\{ \frac{\sigma^*[2h/l \cdot \sin\alpha(1+\cos\alpha) + 2(2\cos\alpha+1)(\cos\alpha-1)][2h/l \cdot \sin\alpha + 2(\cos\alpha-1)]}{\sin^2 2\alpha}, \right.$$
$$\left. \frac{8c}{4l/h - (l/h)^2\tan\varphi} \right\} \tag{3-46}$$

式中组合拱（梁）力学参数、厚度均与锚杆预紧力及间排距相关。

3.2 巷道应力-强度二元平衡控制机理

围岩锚固结构强度与巷道开挖卸荷产生的巷周重分布集中应力是巷道稳定这一关键科学问题的一对主要矛盾，二者相互作用，相互协调，最终决定了巷道的稳定状态。

巷道破裂围岩组合拱承载能力与围岩强度、初始破裂程度、地应力、锚固条件等诸多因素有关，为典型的多因素交织非线性问题，利用目前的力学理论很难进行准确把握。物理模型试验虽然可以直观地反映围岩变形、破裂过程，也可以对巷道周边个别位置的应力变化情况进行监测，但如果考虑影响因素较多，试验条件要求苛刻，则会出现试验数量多、试验过程复杂、试验条件难以实现、需要耗费大量人力物力等诸多问题。本节将第3.1.1节得到的破裂围岩锚固体承载特征模型嵌入深部巷道破裂围岩组合拱承载结构数值计算模型中，对巷道破裂围岩组合拱承载特性进行更为细致、全面的研究。

3.2.1 计算模型及边界条件

本次数值计算模型水平方向沿巷道径向、轴向以及垂直方向上的尺寸为50 m×1 m×50 m，巷道直径7 m，共划分单元格110 080个（图3-35）。计算模型的边界条件为上下左右4面等压均匀加载，前后面法向施加位移约束。由于模型几何以及边界条件的施加均对称，在巷道高度中部右侧水平由围岩浅部向深部布置一条包含27个测点的应力和位移测线，前24个测点间距0.5 m，后3个测点间距2.5 m。

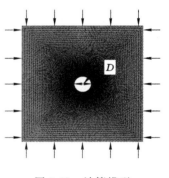

图3-35 计算模型

3.2.2 计算方案

（1）为了考察无支护条件下围岩变形破裂情况，同时为破裂围岩组合拱承载性能计算提供初始破裂条件，首先对无支护条件下的计算模型进行了6次逐级加载，预制6种不同破坏程度和不同破坏范围围岩计算模型。

分别调用无支护条件下未加载、第1次加载、第3次加载以及第5次加载结束后的计算结果，对拟锚固范围内围岩按照第3.1.1节物理模型试验得到的4种不同初始破裂程度条件下锚固体强度特性重新赋值并继续逐级加载，考察围岩初始破裂程度对组合拱承载性能的影响。

（2）调用无支护条件下第3次加载结束后的计算结果，对拟锚固范围内围岩按照第3.1.1节物理模型试验得到锚固体强度特性，分别对锚杆密度为1根/m² 时、4种不同预紧力（0 kN、25 kN、75 kN、120 kN），以及锚杆预紧力为75 kN，4种不同锚杆密度（1根/m²、2根/m²、3根/m²、4根/m²）条件下的组合拱承载结构范围内围岩重新赋值并继续逐级加载直至组合拱失效，考察预紧力及锚杆密度对组合拱承载性能的影响。

（3）调用无支护条件下第3次加载结束后的计算结果，按照第3.1.1节物理模型试验得到的围岩初始破裂程度为Ⅱ级、单根锚杆、第3级预紧力条件下锚固体强度变化情况对4种不同厚度（1.5 m、2 m、2.5 m、3 m）围岩进行重新赋值并继续逐级加载直至组合拱失效,考察组合拱厚度对其承载性能的影响。

3.2.3 锚固结构力学特性对重分布集中应力平衡状态的影响规律

3.2.3.1 岩体初始破裂程度的影响

围岩未破坏前切向应力由浅到深依次降低,破坏后浅部围岩切向应力低于相邻深部围岩,二者时步-切向应力曲线则会出现交叉,据此判断不同时刻、不同位置围岩承载以及破坏情况。同理,破裂围岩经过锚固后形成的锚固组合承载结构在后期围岩压力超过其承载能力后发生变形失稳,失去对深部围岩的支护阻力,直接降低了对深部围岩的围压,与组合拱相邻的外部一点处径向应力必然会出现迅速降低,可以作为判别破裂围岩组合拱失稳的判据。距离巷道中心 0.93D 处为锚固圈外第一个围岩应力测点,本次计算取该点处径向应力降低时的峰值作为组合拱的极限承载能力。图 3-36 为不同初始破裂程度围岩组合拱失效前后应力分布情况。

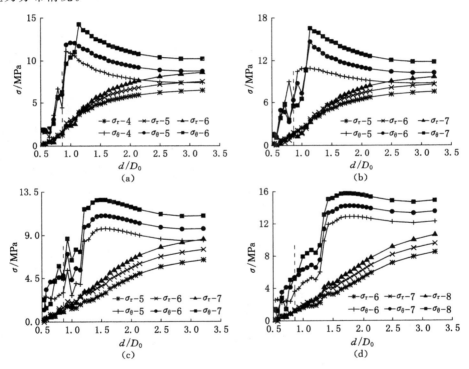

图 3-36　不同围岩初始破裂程度组合拱失效前后应力分布
(a) Ⅰ级;(b) Ⅱ级;(c) Ⅲ级;(d) Ⅳ级

巷道围岩不同破裂程度主要体现在围岩本身破碎程度不同以及围岩破裂范围不同导致内部主承载区位置不同,围岩破裂范围小,内部主承载区靠近围岩浅部;反之,如果浅部围岩破坏范围较大,就会导致主承载区逐渐向围岩深部转移。图中 3 对 σ_θ 和 σ_r 曲线分别代表测点处围岩径向应力降低前 2 次及降低后围岩应力分布情况。图中虚线为组合拱外边界位置。切向应力与径向应力在不同围岩深度的分布曲线与弹塑性理论得到的曲线形态大致相同:随着围岩深度的增加,切向应力不断增大并在某个深度达到峰值,并向围岩深部缓慢下降,直至达到原岩应力;径向应力随围岩深度的增加不断增加直至达到原岩应力水平。

（1）围岩初始破裂程度越低,组合拱承载性能越高

由图3-36(a)可以看出,当围岩初始破裂程度为Ⅰ级(完整围岩)时,第6次加载后测点σ_r即发生突然降低,由第5次时的2.67 MPa降低至2.39 MPa,σ_θ随之一起降低,由11.86 MPa降低至9.66 MPa,那么,围岩初始破裂程度为Ⅰ级时组合拱极限承载能力为2.67 MPa。同样地,由图3-36(b)、(c)、(d)可以得到围岩初始破裂程度为Ⅱ级、Ⅲ级以及Ⅳ级时组合拱极限承载能力(图3-37)。

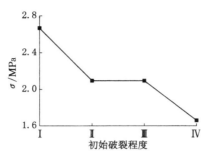

图3-37　围岩初始破裂程度对组合拱承载能力的影响

由图3-37可以看出,其他锚固条件相同的情况下组合拱的承载能力随着围岩初始破裂程度的增加而递减,表明初始破裂程度低的围岩中裂隙分布较少,岩块强度得到了较好的保留,锚杆的施加调动了围岩整体强度,形成的组合拱具有较高的承载能力。

（2）围岩初始破裂程度越低,组合拱失效后外部主承载区应力峰值越高,分布范围越集中

当围岩初始破裂程度为Ⅰ级时,组合拱失效后承载区峰值切向应力为14.26 MPa,是深部原岩应力的1.39倍,超过峰值切向应力90%的应力范围宽度约为0.86D。相应地,当围岩初始破裂程度为Ⅲ级时,组合拱失效后承载区峰值切向应力为12.64 MPa,是深部原岩应力的1.15倍,超过峰值切向应力90%的应力范围宽度约为0.93D。对于初始破裂程度为Ⅳ级的围岩,组合拱失效后承载区峰值应力为15.76 MPa,超过峰值切向应力90%的应力范围宽度已高达1.78D。

（3）围岩初始破裂程度越大,围岩主承载区位置越接近围岩深部,受组合拱失稳造成的影响越小

由图3-36(a)可知,当锚固对象为完整围岩、组合拱未失稳时,主承载区峰值应力为11.86～12.08 MPa,位置为0.93D～D。随着第6次加载后,组合拱失稳,主承载区峰值应力升高至14.26 MPa,位置转移至1.14D处。

当围岩初始破裂程度为Ⅱ级,或者超过Ⅱ级后,主承载区应力峰值的位置未受到组合拱失效的影响,仅大小发生了变化。如当围岩初始破裂程度为Ⅱ级时,主承载区应力峰值位置在组合拱失效前后均为1.14D,切向应力由14.64 MPa变为16.57 MPa。围岩初始破裂程度为Ⅲ级时,主承载区应力峰值位置在组合拱失效前后均为1.43D,切向应力由10.9 MPa变为12.64 MPa。同样地,围岩初始破裂程度为Ⅳ级时主承载区切向应力峰值由14.12 MPa变为15.71 MPa,位置也未发生变化,为1.64D,表明巷道围岩初始破裂程度较高时,

其内部主承载区已经转移至围岩深部,深部围岩主承载区受到浅部围岩组合拱失效影响较小。

(4) 围岩越完整,组合拱失稳对其边界围岩造成的影响越大

组合拱失效后,边界处围岩 σ_r 会迅速降低,σ_θ 的变化一般会出现两种情况(图 3-38):

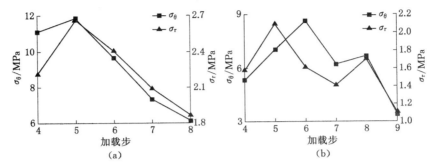

图 3-38　组合拱失效后测点 σ_θ 与 σ_r 变化情况

(a) 第一种;(b) 第二种

第一种情况,σ_θ 与 σ_r 同步降低。如破裂程度为 I 级时的组合拱计算模型,经过第 6 次加载后,σ_r 由 2.67 MPa 降低至 2.39 MPa,同时 σ_θ 也由 11.86 MPa 降低至 9.66 MPa。这种情况说明,在围岩完整性较好时,主承载区应力峰值接近围岩浅部,测点处围岩破坏前应力差高达 9.19 MPa,这种情况下组合拱一旦失稳,边界处围岩在应力差作用下随即发生屈服破坏。

第二种情况,σ_θ 并不立即随 σ_r 的降低而降低,而是滞后一段时间。如破裂程度为 Ⅲ 级时的组合拱计算模型,经过第 6 次加载后,σ_r 由 2.09 MPa 降低至 1.61 MPa,σ_θ 由 7.04 MPa 上升至 8.66 MPa,第 7 次加载后二者才一起下降。破裂程度为 Ⅳ 级时的计算结果规律与之相同。这种情况表明,在围岩破裂程度较高时,主承载区在锚固施加以前已经迁移至较深位置,测点处围岩与之距离较远,应力水平较低。当组合拱失效后,在测点处形成的应力差尚不足以使测点处围岩破坏,因此 σ_θ 并未立即随 σ_r 的降低而降低。

(5) 组合拱失效并非主承载区向围岩深部转移的充分条件

组合拱破坏后与其接触的围岩径向应力第一时间便发生降低,但并未降至 0 MPa,围岩仍可以通过自身强度继续发挥承载能力,为外部主承载区提供支护阻力。假如此时此处围岩强度+主承载区强度与巷道围岩应力达成平衡,那么巷道将保持稳定,这与现场很多巷道破坏后自行稳定的现象吻合。而如果围岩应力进一步增加,那么此处围岩将发生破坏,σ_θ 下降。此时主承载区也并非立即向深部迁移,而是首先调动自身强度承担不断增加的应力差。如果主承载区强度与巷道围岩应力达到平衡,则巷道保持稳定;若不能保持平衡,则主承载区围岩才开始向围岩深部迁移。

3.2.3.2　预紧力的影响

图 3-39 为将围岩初始破裂程度为 Ⅲ 级、单根锚杆、不同预紧力作用下得到的巷道组合拱失效前后应力分布情况,锚杆预紧力为 75 kN 的情况见图 3-36(c)。

(1) 组合拱承载能力随锚杆预紧力的增加而增加,达到一定程度后趋于稳定

图 3-40 为不同预紧力条件下组合拱失效时的极限承载力变化规律。

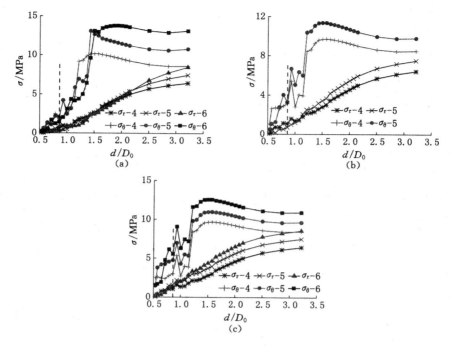

图 3-39　不同锚杆预紧力锚固结构失效前后应力分布
（a）预紧力为 0 kN；（b）预紧力为 25 kN；（c）预紧力为 120 kN

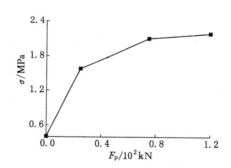

图 3-40　锚杆预紧力对组合拱承载能力的影响

由图 3-40 可以看出，随预紧力的增加，组合拱的极限承载能力逐渐升高，当预紧力超过 75 kN 后，组合拱极限承载能力增加较为平缓，基本稳定在 2.09～2.18 MPa 之间，说明实际工程应用中选取适当锚杆预紧力就能够保证组合拱的承载能力，而非一味强调高预紧力。

（2）预紧力越低，组合拱内部切向应力水平越低

图 3-41 为不同预紧力条件下第 4～6 次加载围岩应力分布情况，图中 0# 表示无支护情况，P1#～P4# 表示预紧力为 0～120 kN 的情况。

由图 3-41 可以看出，初次加载后，锚杆预紧力大于等于 25 kN 条件下组合拱内部切向应力已经达到 2.37～2.69 MPa，第 5 次加载后预紧力为 25 kN 的组合拱失效，但预紧力为 75 kN 和 120 kN 的组合拱内部切向应力仍能达到 3.8～4.76 MPa。对于锚杆预紧力为 0 kN 以及无支护情况，组合拱范围内围岩切向应力在第 5 次加载后就未超过 1.36 MPa，一直

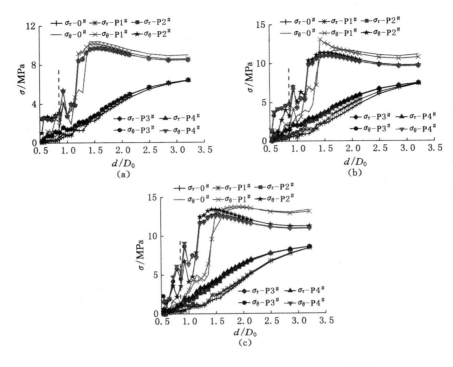

图 3-41 不同预紧力条件下第 4～6 次加载围岩应力分布
(a) 第 4 次；(b) 第 5 次；(c) 第 6 次

处于低应力状态。

(3) 锚杆预紧力越低,主承载区承担应力峰值越高,向围岩深部迁移越快

围岩组合拱承载结构为深部主承载区围岩提供支护反力的大小与自身强度直接相关。由前文分析可知,预紧力越高,组合拱承载能力越强,在不断增加的围岩应力作用下其内部能够达到较高的应力水平也越高,能够为外部主承载区提供较高的围压,能够承担较高的应力差而不致破坏。当低锚杆预紧力的组合拱不能向外部提供有效围压时,仅靠自身强度的主承载区很快要承担较高的峰值应力,在不断增加的围岩应力作用下将迅速失稳,而向围岩深部迁移。第 4 次加载时,5 种情况下主承载区切向应力峰值中心至巷道中心的距离均为 1.43D,峰值大小不同,无支护时围岩主承载区切向应力水平最高为 10.42 MPa,预紧力为 0 kN 时次之,为 10.14 MPa,预紧力 25～120 kN 时应力最低,为 9.69 MPa,说明预紧力越低,组合拱承载能力越低,主承载区要承担更多的载荷。第 5 次加载时,预紧力为 0 kN 的组合拱外主承载区峰值应力为 13.08 MPa,距离巷道中心 1.43D;预紧力为 25 kN 条件下围岩主承载区峰值应力为 11.33 MPa;预紧力为 75～120 kN 条件下围岩主承载区峰值应力为 10.97 MPa,距离巷道中心均为 1.43D;无支护围岩主承载区迁移至距离巷道中心 1.86D 处,峰值应力也增加至 11.68 MPa。第 6 次加载后,预紧力 75～120 kN 的组合拱外主承载区峰值应力为 12.57 MPa,比预紧力为 25 kN 条件下主承载区峰值应力(13.4 MPa)稍低,但峰值位置均仍停留在 1.43D。无支护以及预紧力为 0 kN 条件下围岩主承载区峰值应力为 13.76 MPa,位置迁移至距离巷道中心 1.93D 处。

3.2.3.3 锚杆密度的影响

由物理模型试验可知,密度为 3 根/m² 及 4 根/m² 的锚固体在所有试块试验中强度最高,且应力应变曲线接近弹塑性,因此,本次计算将这种应力应变关系代入计算模型后得到的组合拱承载能力高于其他锚固条件(图 3-42)。

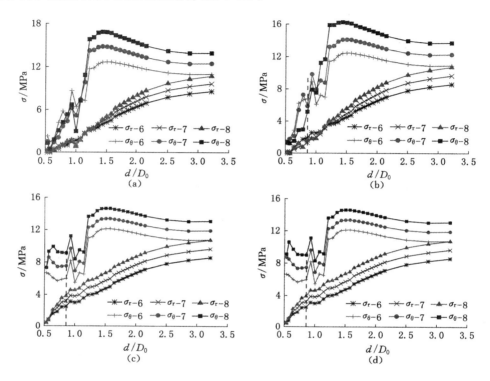

图 3-42 不同锚杆密度组合拱失效前后应力分布

(a) 1 根/m²;(b) 2 根/m²;(c) 3 根/m²;(d) 4 根/m²

锚杆密度为 1 根/m² 及 2 根/m² 的围岩组合拱分别在加载至第 6 次和第 7 次时失效,密度为 3 根/m² 及 4 根/m² 的组合拱在加载至第 12 次时仍未失效,为方便考察锚杆密度对组合拱承载能力的影响,统一取 6～8 次加载时组合拱内部及外部应力分布曲线进行讨论。

(1)随着锚杆密度的增加,组合拱承载能力增加

按照锚固体物理模型试验曲线反演得到的力学参数计算知,锚杆密度为 1 根/m² 和 2 根/m² 时,组合拱承载能力分别为 2.09 MPa 和 2.56 MPa,锚杆密度为 3 根/m² 和 4 根/m² 时的组合拱提供的承载力大于 4.57 MPa 和 4.65 MPa,当然这种支护密度在现场施工中应用相对较少,但这说明围岩含钢率越大,组合拱的承载能力越高。

(2)锚杆密度越大,外部主承载区应力水平低

与预紧力对组合拱内外围岩应力分布的影响类似,锚杆密度越大,组合拱内部应力水平越高,这直接降低了主承载区的负担。在第 7 次加载后,锚杆密度为 1～4 根/m² 时内部切向应力平均值分别为 1.29 MPa、1.83 MPa、2.95 MPa 以及 2.96 MPa,承载区应力峰值依次为 5.3 MPa、5.2 MPa、4.9 MPa、4.9 MPa。在第 8 次加载后,4 种锚杆密度对应的内部切向应力平均值分别为 1.32 MPa、1.19 MPa、3.17 MPa、3.58 MPa,主承载区应力峰值依次

为 6.1 MPa、5.97 MPa、5.39 MPa、5.37 MPa。

（3）高密度锚杆支护条件下每次加载的应力分布曲线形态基本未变，整体上升

当锚杆密度大于等于 3 根/m² 后，组合拱内外应力分布曲线仅量值随外部载荷的增加而增加，形态并未改变，说明这种条件下形成的组合拱在围岩应力调整过程中内部以及外部围岩仅在第 8 次加载时除巷道内壁外其他位置均未发生破坏。

3.2.3.4　组合拱厚度的影响

为研究厚度对组合拱承载特性的影响，分别对 1 根/m²，围岩初始破裂程度为 Ⅱ 级条件下，预紧力为 75 kN，组合拱厚度为 $0.21D_0$、$0.29D_0$、$0.36D_0$ 和 $0.43D_0$ 的 4 种情况进行分别计算。图 3-43 为不同厚度组合拱失效前后围岩内部应力分布情况。

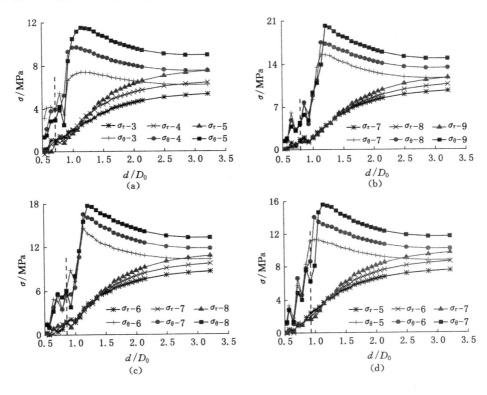

图 3-43　不同厚度组合拱失效前后应力分布

(a) $h=1.5$ m；(b) $h=2$ m；(c) $h=2.5$ m；(d) $h=3$ m

（1）组合拱厚度越大，承载能力越高，外部主应力承载区峰值越低

将图 3-43 中不同厚度组合拱失效时的极限承载能力汇总，结果如图 3-44 所示。

从图 3-44 可以看出，组合拱厚度与其承载能力基本呈正相关关系。厚度为 2～2.5 m 的破裂围岩组合拱承载能力能够达到 2.09～2.12 MPa，高于普通 U 型棚支护能够提供的 0.1～0.5 MPa。

另外，4 种不同厚度的组合拱失效后外部主承载区的位置及峰值切向应力的大小均发生了改变。厚度为 1.5 m 的组合拱失稳后外部主承载区切向应力峰值为 11.52 MPa，距离巷道中心 $1.14D_0$；对应的，后 3 种厚度的组合拱失稳后主承载区切向应力峰值分别为

20.19 MPa、17.73 MPa、15.59 MPa，位置分别距离巷道中心$1.21D_0$、$1.21D_0$、$1.14D_0$。同锚杆预紧力以及锚杆密度的作用类似，组合拱厚度的增加带来的强度效应为主承载区分担了有效的载荷。

（2）组合拱厚度越大，主承载区切向应力峰值位置越接近围岩浅部

图3-45为组合拱厚度与主承载区应力峰值位置关系。当组合拱厚度为3 m时，破坏前主承载区峰值位置位于D_0处，即组合拱边界处，当组合拱失效后仍位于该位置，直至进一步加载才移动至$1.14D_0$位置。

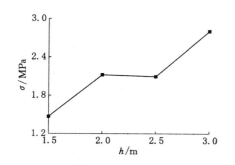

图3-44　厚度对组合拱承载能力的影响

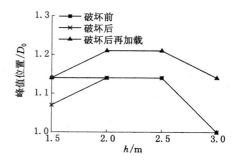

图3-45　组合拱厚度与主承载区应力峰值位置关系

组合拱厚度为2～2.5 m时，围岩主承载区位置在组合拱失效前后位置一致，破坏前以及破坏后均位于$1.14D_0$位置，进一步加载才移动至$1.21D_0$处。同锚杆预紧力以及密度的效果相同，锚固区厚度越大，能够向深部围岩提供的承载能力越高，则越能减轻主承载区负担，减轻对深部围岩的扰动。

（3）组合拱厚度越大其保持稳定的时间越短

组合拱厚度与失稳时间的关系如图3-46所示。

当组合拱厚度较小、承载力较低，在边界载荷加载至第5次（2.8 MPa）时即达到极限承载能力。当组合拱厚度超过$0.29D_0$后，组合拱承载时间并未随厚度的增加而增加，出现了逐渐减小的规律，这说明组合拱厚度越大，虽然承载能力增加，但允许变形的能力越差。

3.2.4　控制机理

由以上研究知，巷道开挖后巷周围岩在重分布集中应力作用下发生变形破坏，应力峰值不断向围岩深部迁移，寻找新的承载主力岩体。承载主力岩体受到其外部岩体及锚固结构支护阻力带来的围压效应，三向抗压强度增加，承担巷道切向重分布集中应力。当围岩锚固结构提供的支护阻力能够达到承载主力岩体最小围压要求时，即：

$$f(F,D,L,\sigma_R,\sigma_p,\sigma_a) \geqslant \sigma_{min} \qquad (3\text{-}47)$$

式中，F为煤岩体破裂程度；D为锚杆支护密度；L为锚杆长度；σ_R为煤岩体强度；σ_p为锚杆预紧力；σ_a为锚杆锚固力；σ_{min}为承载主力岩体最小围压要求。

此时，巷道切向重分布集中应力峰值位置距离巷道表面距离为d_1（图3-47）。在这个位置附近的承载主力岩体不发生有害变形，重分布峰值应力不会做功，从而也不发生迁移，巷道处于稳定态。反之，若锚固结构提供的支护阻力达不到承载主力岩体最小围压要求时，重分布峰值应力则会对承载主力岩体和锚固结构做功，二者发生变形破坏耗能，峰值应力向围

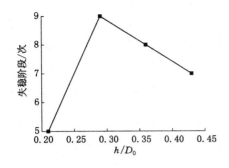

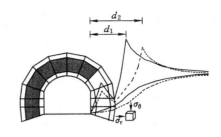

图 3-46　组合拱失效时间与厚度的关系　　　图 3-47　应力强度二元平衡控制机理示意图

岩深部迁移(图 3-47 虚线部分),巷道切向重分布集中应力峰值位置距离巷道表面距离为 d_2,此时对锚固结构的承载强度要求下降,巷道围岩进入新一轮动态调整。式(3-47)即为锚固条件下巷道围岩稳定性判据,这在 3.2.3 节得到了验证。

通过 3.2.3 节数值计算可知,对于已知原岩应力、岩体强度的巷道而言,开挖后围岩重分布集中应力峰值大小可以通过数值模拟、理论分析以及现场实测的方法获知。若要保持巷道稳定,即重分布集中应力峰值不发生迁移,必然可以根据式(3-47)求得锚固结构需要提供的最小支护阻力值,进而根据锚固体承载特性试验获得的规律确定锚杆长度、密度、锚固力等具体支护参数值,并最终确定初步的支护方案。

如果在现有围岩以及采动压力条件下,根据式(3-47)求得锚固结构需要提供的最小支护阻力值大于目前通过施加锚杆、锚索所能提供的支护阻力,那么,需要采取人为卸压措施强制集中峰值应力发生改变,如采用邻近工作面超前基本顶注水弱化降低本工作面巷道围岩峰值应力集中系数,使用卸压钻孔将围岩峰值应力强制迁移至围岩深部等。在调整后的峰值应力大小和位置满足人为干预可能时,即可通过式(3-47)确定最终的初步支护参数。

3.3　石炭系特厚煤层火成岩侵入大断面巷道破坏机理与控制

3.3.1　火成岩侵入范围及影响的测试研究

不同火成岩侵入形态下,顶板破坏类型均表现出各自特征。局部火成岩侵入时,顶板局部煤层受火成岩侵入影响较大,局部煤层松软破碎,而围岩的破坏均从围岩较弱的部位开始,顶板主要以局部冒落为主,如图 3-48(a)所示。以虎龙沟矿 5505^{-1} 巷为例,7 种冒顶事故中有 4 次均为局部冒落。

单层火成岩侵入时,根据侵入层自身厚度及其影响范围不同,顶板上部存在一个软弱夹层或软弱层,将原本完整煤体水平分离,侵入层距顶板表面较近时,掘巷后浅层完整煤体很容易与上部岩体分离而垮落,这也是导致塔山煤矿 5214 巷道中超挖现象严重的主要原因;随着侵入层的上移,顶板浅部岩层承载能力上升,但顶板上部容易出现离层,采动压力影响后,从下往上的逐层垮落破坏随之发生,破坏模式如图 3-48(b)所示。

多层火成岩侵入时，在高温高压的作用下，侵入体破坏作用巨大，相邻两侵入层之间煤体基本上全部被硅化，整个顶板煤层松散破碎，呈现出软岩甚至极软岩的特性，顶板容易发生包括支护体在内的大面积突发冒落，如图3-48(c)所示，引发巨大的灾难，该类事故发生频率较小，但在塔山煤矿大巷的掘进中也偶有发生。

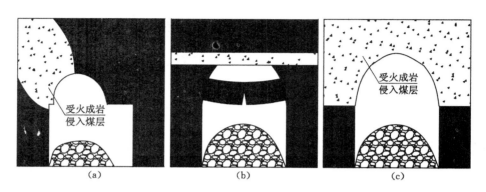

图 3-48　火成岩侵入顶板主要破坏类型
（a）局部冒落；（b）逐层垮落；（c）整体冒落

3.3.2　火成岩侵入特厚煤层底煤巷顶板破坏规律数值模拟研究

3.3.2.1　模型的建立

为了研究的全面性，本次从巷道断面形式、围岩结构、应力水平及支护方式四个方面进行系统研究。

（1）断面形式

选取最为常见的矩形和直墙半圆拱形两种断面形式，前者尺寸与5214巷相同，宽5.5 m，高3.5 m，以断面面积、巷宽相同为原则，后者直墙高1.34 m，如图3-49所示。

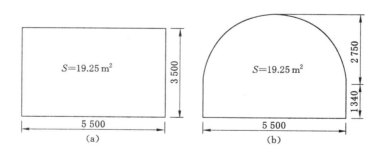

图 3-49　巷道断面形式
（a）矩形断面；（b）直墙半圆拱形断面

（2）围岩结构

煤层受到多层火成岩侵入时，在不同层次高温的影响下，往往整层顶板松软破碎、硅化易脆，该种围岩为极端少有情况，通常可以将该类围岩看作软岩或极软岩对待，并且在围岩稳定性控制方面已经取得了较多成果，故本次不再做详细研究，主要研究火成岩局部侵入和单层侵入两种形态。

　　根据地质报告,对火成岩侵入范围进行一定程度的简化,局部火成岩侵入范围与巷道顶板交界宽度为 1.375 m,即顶板宽度的 1/4,两条边线分别为巷道对角线的延伸线和与竖向呈 30°角的斜线,如图 3-50 所示。

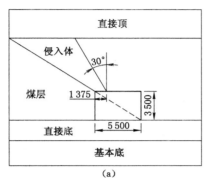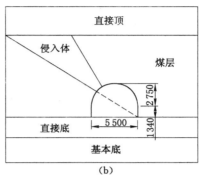

图 3-50　局部火成岩侵入巷道横断面图
(a) 矩形断面;(b) 直墙半圆拱形断面

　　单层侵入时,受火成岩侵入影响煤层厚度(用字母"d"表示)为 0.25 m、0.5 m、0.75 m 和 1.0 m 四种,距巷道顶板距离(用字母"l"表示)分别为 1.0 m、2.0 m、3.0 m、4.0 m 和 5.0 m 五种,如图 3-51 所示。

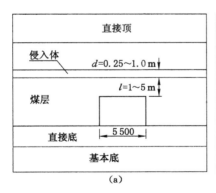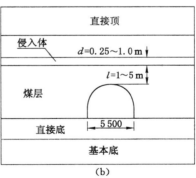

图 3-51　火成岩单层侵入巷道横断面图
(a) 矩形断面;(b) 直墙半圆拱形断面

（3）应力水平

　　受 8212 面的回采侧向支承压力和 8214 面回采超前支承压力的影响,5214 巷垂直应力增幅明显,根据矿方提供的矿压监测结果,最大动压系数(k_z)达到 1.6,因此,本次取 k_z 为 1.0、1.2、1.4 和 1.6 四个特征值进行研究,对应的模型上部施加垂直应力(σ_z)量值分别为 10.8 MPa、12.96 MPa、15.12 MPa 和 17.28 MPa,见表 3-4。

表 3-4   围岩应力环境研究内容

应力环境		水平应力/MPa			
		6.0	8.0	10.0	12.0
垂直应力/MPa	10.8	环境 1	环境 2	环境 3	环境 4
	12.96	环境 5	环境 6	环境 7	环境 8
	15.12	环境 9	环境 10	环境 11	环境 12
	17.28	环境 13	环境 14	环境 15	环境 16

地应力测试结果表明,塔山矿最大水平应力为垂直应力的 1.11 倍,5214 巷道走向几乎与最大水平主应力方向垂直,这种巷道布置方式与相关规范不符,出现的几率较少,因此,为了扩大研究成果的应用范围,取 6.0 MPa、8.0 MPa、10.0 MPa 和 12.0 MPa 四种水平应力(σ_x)量值,研究水平应力对特厚煤层火成岩侵入顶板破坏规律的影响,见表 3-4。考虑到后期的数据分析,以 6.0 MPa 为基准,其余特征量值与之相比,进行归一化处理,比值用字母 k_x 表示,则 k_x 为 1.0、1.333、1.667 和 2.0。

(4)支护方式

在支护形式方面,主要研究同煤集团常用的锚网支护、锚网＋架棚和锚网＋注浆三种方案,详细内容见表 3-5,分析不同支护形式下火成岩侵入特厚煤层底煤巷冒落破坏规律及控制效果,对现有支护技术进行改进和完善。

表 3-5   支护方案及参数

支护形式	详细参数
无支护	无
锚网支护	顶板锚索:SKL-22 mm×8 300 mm;间排距:2 000 mm×1 600 mm
	锚杆:MSGLW-22 mm×2 000 mm;间排距:900 mm×800 mm
	金属网:6 mm 菱形网
锚网＋架棚	在"锚网支护"的基础上,架设工字型钢棚,排距:1 000 mm
锚网＋注浆	在"锚网支护"的基础上,对火成岩侵入影响煤体注马丽散浆液

3.3.2.2 局部火成岩侵入顶板破坏规律模拟研究

考虑到应力水平、断面形式等的变化,共建立 32 个 FLAC^{3D} 模型,以 $\sigma_x = 10$ MPa、$\sigma_z = 10.8$ MPa 的矩形巷道为基本模型,分析无支护时不同应力环境、断面形式下局部火成岩侵入的特厚煤层底煤巷顶板的破坏规律,详细内容见表 3-6。

表 3-6   局部火成岩侵入顶板破坏过程研究内容

编号	影响因素分析	围岩应力/MPa		断面形式
		水平应力	垂直应力	
1	无	12.0	10.8	矩形
2	水平应力	6.0~12.0	10.8	
3	垂直应力	12.0	10.8~17.28	
4	双向应力	6.0~12.0	10.8~17.28	
5	断面形式	2~4 工况对比分析		直墙半圆拱形

（1）水平应力对顶板破坏规律影响分析

在基本模型其他参数不变的条件下，不同水平应力围岩塑性区分布如图 3-52 所示。各类破坏模式所占面积及其比例与水平应力间的关系如图 3-53 所示。

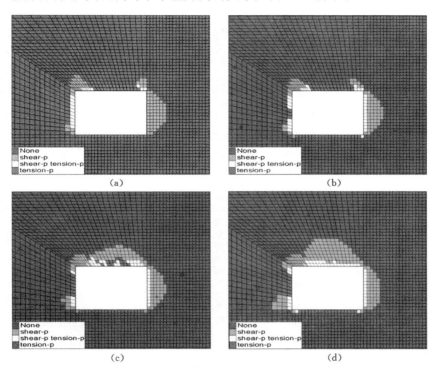

图 3-52　水平应力变化时局部侵入矩形巷道塑性区分布图

(a) $\sigma_x = 6.0$ MPa；(b) $\sigma_x = 8.0$ MPa；(c) $\sigma_x = 10.0$ MPa；(d) $\sigma_x = 12.0$ MPa

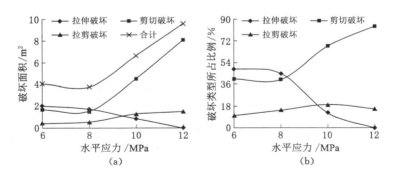

图 3-53　矩形巷道顶板破坏面积与水平应力的关系

（a）各类破坏面积；（b）破坏类型比例

由图 3-52 和图 3-53 可知：

① 水平应力影响破坏面积的发展方向。$\sigma_x = 6$ MPa 时，巷道开挖后，由于火成岩侵入范围内煤体强度较小，该部分首先发生破坏，随着水平应力的增加，顶板破坏面积向未受火成岩影响的煤体发展。

② 破坏面积随水平应力增加而先降后升。水平应力由 6 MPa 增加到 8 MPa,顶板破坏面积总和降低了 0.32 m²,降低率为 7.79%,随着应力的增加,破坏面积逐步增加,尤其是水平应力达到 12 MPa 时,顶板总破坏面积达到 9.63 m²,为 6 MPa 时的 2.35 倍。

究其原因,主要是由于围岩任何一点均处在三维应力环境中,根据摩尔-库仑、D-P 等强度理论,任何单元体的破坏均受三向应力的控制,当三向应力均衡发展时,围岩承载能力最大,而当某一方向应力较小时,增加该方向应力直至超过其他两向应力,单元体的承载能力也将逐渐增加,之后发生突然破坏。

③ 水平应力影响顶板破坏模式。$\sigma_x = 6$ MPa 时,顶板拉伸、剪切和拉剪破坏的面积分别为 2.01 m²、1.67 m² 和 0.43 m²,分别占到总破坏面积的 48.92%、40.66% 和 10.42%,顶板以拉伸破坏为主;$\sigma_x = 8$ MPa 时,拉伸和剪切破坏面积均有少量的降低,分别占到总破坏面积的 45.21% 和 40.12%,拉剪破坏面积略有增加;之后随着水平应力的增加,拉伸破坏面积迅速减少,到 $\sigma_x = 10$ MPa 时拉伸破坏所占比例降低到 12.61%,$\sigma_x = 12$ MPa 时巷道顶板不再出现拉伸破坏,主要破坏模式转化为剪切破坏。

（2）垂直应力对顶板破坏规律影响分析

在基本模型其他参数不变的条件下,不同垂直应力下围岩塑性区分布如图 3-54 所示。顶板破坏面积与垂直应力的关系如图 3-55 所示。

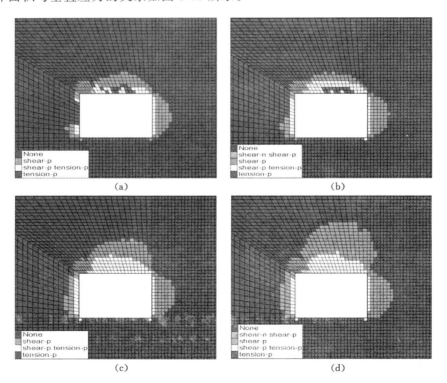

图 3-54　垂直应力变化时局部侵入矩形巷道塑性区分布图
(a) $\sigma_z = 10.8$ MPa;(b) $\sigma_z = 12.96$ MPa;(c) $\sigma_z = 15.12$ MPa;(d) $\sigma_z = 17.28$ MPa

分析图 3-54 和图 3-55 可知:

① 垂直应力增加过程中,顶板破坏面积主要在完整煤体中扩展。垂直应力上升过程

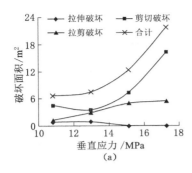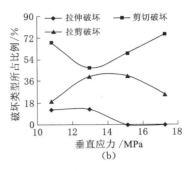

图 3-55 矩形巷道顶板破坏面积与垂直应力的关系

(a) 各类破坏面积；(b) 破坏类型比例

中,受火成岩侵入部位顶板破坏面积基本保持不变,破坏面积主要在完整煤体中发展,造成这一现象的主要原因是两部分煤体的自身特性,火成岩侵入后,煤体硅化疏松,受到外力作用后,该部分煤体自身"让压"能力较强。

② 顶板总破坏面积与垂直应力呈三次函数关系。$\sigma_z = 10.8$ MPa 时,巷道开挖后,顶板首先从火成岩侵入部位开始,破坏范围较大,之后,随着垂直应力的增加,未受火成岩侵入影响部位煤体破坏面积逐渐增加,由图 3-55(a)可知,顶板破坏面积总和(用字母"S"表示)与垂直应力呈三次函数关系,$S = 0.008\sigma_z^3 + 0.126\ 6\sigma_z^2 - 6.026\ 8\sigma_z - 46.938$,其相关系数 $R^2 = 1$。

③ 顶板以剪切破坏为主,垂直应力的变化并没有引起顶板破坏模式的转变。在 $\sigma_z = 10.8$ MPa 时,巷道顶板拉伸、剪切和拉剪所占总破坏面积的百分比分别为 12.61%、67.97% 和 19.42%,顶板以剪切破坏为主；随着垂直应力的增加,剪切破坏所占比例先降低后增加,在整个应力变化过程中,上述量值一直较拉剪和拉伸大,剪切破坏一直占据着主导地位,垂直应力的变化并没有引起顶板破坏模式的转变。

(3) 断面形式对顶板破坏规律影响分析

在基本模型其他参数不变的条件下,直墙拱形巷道围岩塑性区分布如图 3-56 所示。

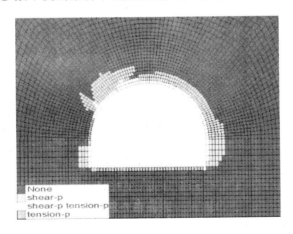

图 3-56 $\sigma_x = 10$ MPa、$\sigma_z = 10.8$ MPa 时直墙拱形巷道破坏分布图

对比分析图 3-52(c)和图 3-56 可知：

相同应力环境中，直墙拱形巷道破坏面积主要发生在受火成岩侵入影响的煤体中。图 3-56 中，火成岩侵入部位煤体破坏深度达到 1.67 m，未受侵入影响的顶板破坏厚度仅 0.68 m；相同情况下，矩形巷道的破坏深度分别为 1.0 m 和 1.75 m。

提取各应力环境中围岩破坏面积轮廓线，并将其绘制到同一图中，水平或垂直应力作用下，矩形和直墙拱形巷道破坏面积发展规律如图 3-57 和图 3-58 所示

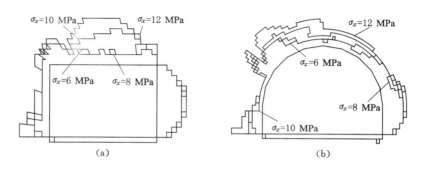

图 3-57　水平应力作用下局部火成岩侵入不同断面巷道顶板破坏规律
（a）矩形巷道；（b）直墙拱形巷道

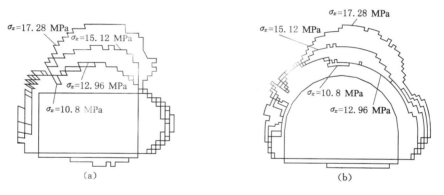

图 3-58　垂直应力作用下局部火成岩侵入不同断面巷道顶板破坏规律
（a）矩形巷道；（b）直墙拱形巷道

由图 3-57 和图 3-58 可知：

① 水平应力作用下，矩形和直墙拱形巷道顶板破坏规律相反。垂直应力不变时，$\sigma_x \leqslant$ 8 MPa 时，巷道开挖后，矩形和直墙拱形顶板破坏面积中受火成岩侵入影响部分煤体破坏较大，随着水平应力的升高，前者硅化煤破坏范围基本保持不变，完整煤体破坏速度加快，后者的破坏仍然发生在火成岩侵入体中，$\sigma_x = 12$ MPa 时，二者最大破坏深度分别为 2.25 m 和 2.0 m，直墙拱形巷道破坏范围较小。

② 垂直应力作用下，矩形和直墙拱形巷道顶板破坏面积扩展规律一致。$\sigma_x = 10$ MPa 时，随着垂直应力的增加，两种断面形式巷道顶板破坏面积均在未受火成岩侵入影响的完整煤体中扩展，$\sigma_z = 17.28$ MPa 时，破坏深度最大，分别为 4.0 m 和 3.1 m，与矩形巷道相比，直墙拱形巷道破坏深度降低 22.5%。

（4）双向应力对顶板破坏规律影响分析

实际工程中,应力不可能只在一个方向上变化,本节主要研究在水平应力和垂直应力共同作用下,巷道顶板的破坏规律。双向应力作用下,矩形巷道顶板破坏面积见表3-7,利用Matlab软件绘制顶板破坏面积及其所占百分比与水平、垂直应力之间的三维曲面,如图3-59所示。

表 3-7 不同应力环境下局部火成岩侵入矩形巷道顶板破坏面积统计结果

水平应力/MPa	垂直应力/MPa	破坏面积/m²				水平应力/MPa	垂直应力/MPa	破坏面积/m²			
		拉伸	剪切	拉剪	合计			拉伸	剪切	拉剪	合计
6.0	10.8	2.01	1.67	0.43	4.10	10.0	10.8	0.84	4.53	1.29	6.66
	12.96	3.94	3.47	0.99	8.40		12.96	0.97	3.52	2.97	7.45
	15.12	0.27	6.68	7.23	14.17		15.12	0.00	7.31	5.00	12.32
	17.28	0.00	19.85	9.06	28.90		17.28	0.00	16.27	5.47	21.74
8.0	10.8	1.71	1.52	0.56	3.78	12.0	10.8	0.00	8.12	1.51	9.63
	12.96	3.34	1.77	1.20	6.31		12.96	0.00	6.39	3.14	9.53
	15.12	0.00	4.83	6.34	11.17		15.12	0.00	10.48	4.47	14.95
	17.28	0.00	13.56	6.89	20.44		17.28	0.00	23.33	5.33	28.66

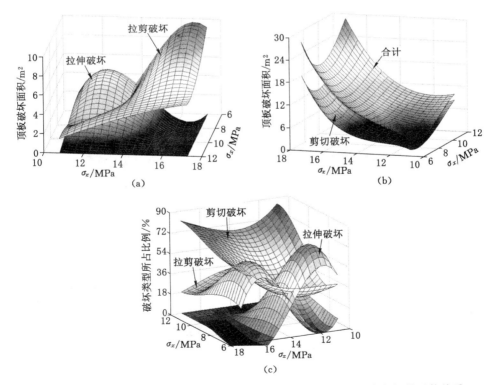

图 3-59 局部侵入矩形巷道顶板破坏面积及其百分比与双向应力之间的函数关系

(a) 拉伸和拉剪破坏;(b) 剪切和合计破坏;(c) 破坏类型所占百分比

由图 3-59 可知：

① 低应力环境中拉伸破坏发展较为明显。在水平和垂直应力作用下，顶板拉伸破坏面积呈波浪形变化，随水平应力的增加，拉伸破坏面积逐步减小，并且垂直应力越大，这种减小的幅度越明显，当 $\sigma_x = 12$ MPa 时，无论垂直应力为多大，拉伸破坏面积均降为 0 m²。同时，垂直应力增加时，拉伸破坏面积先增加后降低，在 $\sigma_x = 6$ MPa、$\sigma_z = 12.96$ MPa 时达到最大，为 3.94 m²。总体而言，当水平应力和垂直应力均较小时，拉伸破坏面积才得以明显体现。

② 拉剪破坏面积与垂直应力间的变化关系基本不受水平应力影响，但与水平应力之间的关系却受垂直应力影响较大。当垂直应力不超过 12.96 MPa 时，拉剪破坏面积随水平应力的增加而增大，随着垂直应力的增加，上述规律则恰好相反。同时，拉剪破坏面积与垂直应力的变化关系并不受水平应力的影响，无论后者量值多大，前者均表现出一定的增加性，只是增加幅度随水平应力的上升而降低。

③ 双向应力变化时，破坏类型所占百分比变化剧烈，不同应力环境中顶板破坏模式多变。$\sigma_x < 10$ MPa、$\sigma_z < 12.96$ MPa 时，拉伸破坏占据主导位置，最大比例达到 48.92%，之后，随着水平或垂直应力的增加，拉伸破坏所占比例迅速降低，而剪切和拉剪破坏所占比例迅速增加，但后者在垂直应力超过 15.12 MPa 后，沿双向应力增加方向开始降低；双向应力均达到最大时，围岩只发生剪切和拉剪破坏，分别占 81.42% 和 18.58%。

对于直墙半圆拱形巷道，双向应力作用下，顶板各类破坏面积及其所占比例的变化规律如图 3-60 所示。

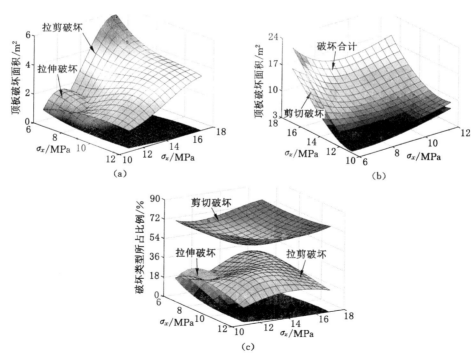

图 3-60　直墙半圆拱形巷道顶板破坏范围及百分比与围岩应力之间的函数关系
（a）拉伸和拉剪破坏；（b）剪切和合计破坏；（c）顶板破坏类型所占比例

由图 3-60 可知:

(1) 直墙拱形巷道顶板拉伸破坏面积与双向应力的变化关系同矩形巷道。随着水平应力的增加,拉伸破坏面积逐渐降低,而随着垂直应力的增加,上述量值先上升后下降,在 $\sigma_x = 6.0$ MPa、$\sigma_z = 12.96$ MPa 时,拉伸破坏面积达到最大,为 1.62 m²,仅占相同应力下矩形巷道拉伸破坏面积的 46.56%,整个过程与矩形巷道类似。

(2) 断面形式的变化改变了顶板的破坏模式。从各类破坏形式所占百分比来看,无论应力环境怎么变化,在直墙半圆拱形巷道中,剪切破坏都占据着主导地位,其所占比例均在 60% 以上,拉伸和拉剪破坏所占百分比变化较为平缓且量值较小,并未出现明显的破坏模式突变现象。

(3) 复杂应力环境中,直墙拱形巷道对顶板稳定性的控制能力更强。将相同应力环境下图 3-59(b) 和图 3-60(b) 中巷道合计破坏面积相比,得到图 3-61。

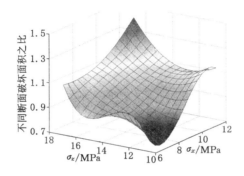

图 3-61 不同断面巷道顶板破坏面积比值

由图 3-61 可知,$\sigma_x \leqslant 10.0$ MPa、$\sigma_z \leqslant 12.96$ MPa 时,相同应力环境中,矩形巷道顶板破坏面积与直墙半圆拱形破坏面积的比值均小于 1.0,说明前者的破坏程度小于后者,造成这一现象的主要原因是:围岩应力较小时,顶板破坏范围主要发生在浅部岩层,而相同巷道跨度直墙半圆拱形顶板是矩形巷道顶板尺寸的 1.57 倍。随着水平或垂直应力的增加,上述比值迅速上升,$\sigma_x = 12.0$ MPa、$\sigma_z = 17.28$ MPa 时达到最大,为 1.46,矩形巷道破坏面积为直墙半圆拱形巷道的 1.46 倍,可见,在复杂应力环境中,开掘直墙半圆拱形巷道将大大降低其顶板稳定性控制的难度。

3.3.2.3 单层火成岩侵入顶板破坏过程模拟研究

根据设计,特厚煤层巷道顶板受到单层火成岩侵入时,考虑到应力水平、火成岩侵入层厚度、侵入位置及断面形式等的变化,共建立 640 个 FLAC³ᴰ 模型,研究无支护时顶板破坏规律。选取 $d = 0.5$ m、$l = 3.0$ m、$\sigma_x = 12$ MPa、$\sigma_z = 10.8$ MPa 为基本模型进行分析。考虑到该类工况较多,且塔山矿火成岩侵入形式以单层侵入为主,根据常用锚杆的控制范围,在分析应力对顶板破坏规律影响时,对 $d = 0.25$ m、$l = 1.0$ m 工况进行详细分析,见表 3-8。

表 3-8 单层火成岩侵入顶板破坏过程研究内容

编号	影响因素分析	围岩应力/MPa		围岩结构		断面形式
		水平应力	垂直应力	侵入层厚度/m	距顶板距离/m	
1	无	12.0	10.8	0.5	3.0	矩形
2	水平应力	6.0~12.0	10.8	0.25	1.0	
3		6.0~12.0	10.8	0.5	3.0	
4	垂直应力	12.0	10.8~17.28	0.25	1.0	
5		12.0	10.8~17.28	0.5	3.0	
6	双向应力	6.0~12.0	10.8~17.28	0.25	1.0	
7		6.0~12.0	10.8~17.28	0.5	3.0	
8	侵入层厚度	12.0	10.8	0.25~1.0	3.0	
9	距顶板距离	12.0	10.8	0.5	1.0~5.0	
10	围岩结构	12.0	10.8	0.25~1.0	1.0~5.0	
11	断面形式	2~10 工况对比分析				直墙半圆拱形

1. 水平应力对顶板破坏规律影响分析

(1) $d=0.25$ m、$l=1.0$ m 时水平应力与顶板破坏面积的关系

在基本模型其他参数不变的条件下,不同水平应力围岩塑性区分布如图 3-62 所示。

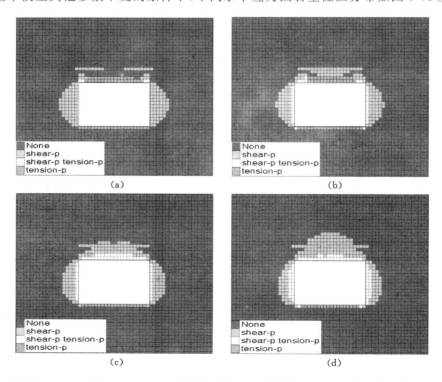

(a) (b)

(c) (d)

图 3-62 $d=0.25$ m、$l=1.0$ m 时不同水平应力下单层侵入矩形巷道塑性区分布图

(a) $\sigma_x=6$ MPa;(b) $\sigma_x=8$ MPa;(c) $\sigma_x=10$ MPa;(d) $\sigma_x=12$ MPa

由图 3-62 可知：

① 顶板破坏面积从表面和侵入层同时开始，相向扩展。$\sigma_x = 6$ MPa 时，巷道开挖后，顶板浅部 0.5 m 深度发生拉伸破坏，同时，火成岩侵入层发生剪切破坏；$\sigma_x = 8$ MPa 时，侵入层破坏水平方向向巷道中心线扩展，垂直方向向顶板表面发展；$\sigma_x = 10$ MPa 时，破坏贯通，顶板破坏面积向更深层发展，最终呈现塌落拱的破坏形态。

② 顶板破坏模式受水平应力的控制。$\sigma_x = 6$ MPa 时，拉伸、剪切和拉剪破坏面积分别为 2.09 m^2、1.75 m^2 和 0.25 m^2，分别占总破坏面积的 51.15%、42.75% 和 6.11%，以拉伸破坏为主；随着水平应力的增加，拉伸破坏面积逐渐减小，拉剪面积先缓慢增加，$\sigma_x \geqslant 10$ MPa 时，拉伸破坏消失，顶板以剪切破坏为主，最终，所占百分比达到 82.1%。

（2）$d = 0.50$ m、$l = 3.0$ m 时水平应力与顶板破坏面积的关系

在基本模型其他参数不变的条件下，不同水平应力围岩塑性区分布如图 3-63 所示，不同侵入层厚度及位置时顶板破坏面积与水平应力的关系如图 3-64 所示。

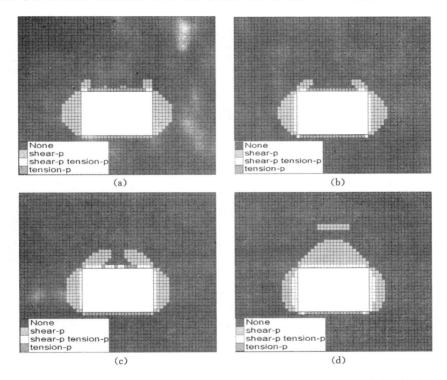

图 3-63　$d = 0.50$ m、$l = 3.0$ m 时不同水平应力下单层侵入矩形巷道塑性区分布图
(a) $\sigma_x = 6$ MPa；(b) $\sigma_x = 8$ MPa；(c) $\sigma_x = 10$ MPa；(d) $\sigma_x = 12$ MPa

由图 3-64 可知：

① $l = 3.0$ m 时，顶板破坏逐渐呈现"梯形"，高水平应力下存在潜在冒落层。当火成岩侵入位置距顶板 3.0 m 时，浅部顶板已具有相当厚度的稳定煤层，巷道开挖后，顶角应力集中，率先发生破坏，如图 3-64(a)所示，破坏高度为 1.0 m；随着水平应力的增大，顶角塑性破坏逐渐向顶板中部发展并合拢，$\sigma_x = 12$ MPa 时，顶板呈"梯形"破坏，破坏高度为 2.25 m，同时，侵入层破坏，给顶板的整体垮落埋下了重要隐患。

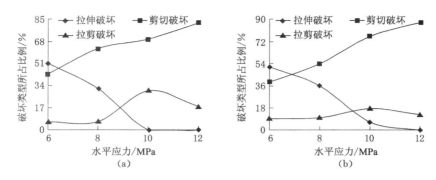

图 3-64　不同侵入层厚度及位置时顶板破坏面积与水平应力的关系
(a) $d=0.25$ m、$l=1.0$ m；(b) $d=0.50$ m、$l=3.0$ m

② 侵入层厚度及位置变化时,其顶板破坏面积所占百分比的变化规律一致。在图 3-64 中,$d=0.50$ m、$l=3.0$ m,水平应力较小时,顶板以拉伸和剪切破坏为主,所占比例分别为 51.19% 和 39.29%,水平应力增大后,拉伸破坏面积逐渐降低,拉剪破坏面积有所增加,但其幅度远小于剪切破坏的变化。总的来看,改变火成岩侵入厚度及位置后,在水平应力作用下,顶板各破坏类型的变化规律基本一致,仅在量值上有所差别。

2. 垂直应力对顶板破坏规律影响分析

(1) $d=0.25$ m、$l=1.0$ m 时垂直应力与顶板破坏面积的关系

在基本模型其他参数不变的条件下,不同垂直应力围岩塑性区分布如图 3-65 所示。

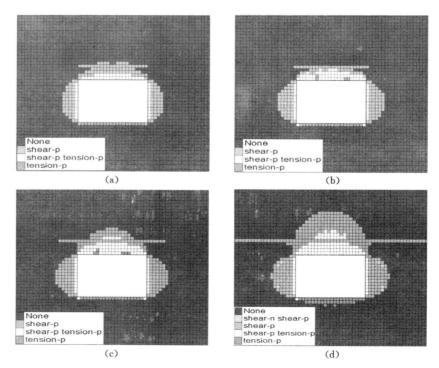

图 3-65　$d=0.25$ m、$l=1.0$ m 时不同垂直应力下单层侵入矩形巷道塑性区分布图
(a) $\sigma_z=10.8$ MPa；(b) $\sigma_z=12.96$ MPa；(c) $\sigma_z=15.12$ MPa；(d) $\sigma_z=17.28$ MPa

破坏面积与垂直应力的关系如图 3-66 所示。

由图 3-65 和图 3-66 可知：

① 垂直应力作用下巷道主要发生拉剪和剪切破坏。在图 3-65 中，随着垂直应力的增加，顶板出现拉伸破坏，但破坏面积均在 0.38 m^2 以下，99％以上的破坏面积均为拉剪和剪切破坏，其中，四个应力阶段中，前者所占比例分别为 30.19％、54.41％、43.79％ 和 20.93％，呈开口向下的抛物线形，后者变化规律与之相反。

② 垂直应力对顶板破坏高度的影响程度明显高于水平应力。统计图 3-62 和图 3-65 中顶板的破坏高度，绘制与应力系数之间的关系，得到图 3-67，可见随着水平应力的增加，顶板破坏高度呈二次函数增加，而垂直应力系数与破坏高度呈三次函数关系，尤其是当应力系数大于 1.2 后，对顶板破坏高度的影响程度明显高于水平应力。

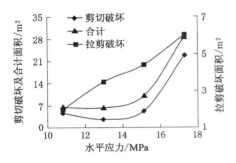

图 3-66　顶板破坏面积与垂直应力的关系

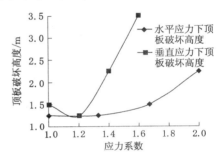

图 3-67　顶板破坏高度与应力系数的关系

（2）$d = 0.50$ m、$l = 3.0$ m 时垂直应力与顶板破坏面积的关系

$d = 0.50$ m、$l = 3.0$ m 时，基本模型其他参数不变，垂直应力下围岩塑性区分布如图 3-68 所示。

由图 3-68 可知：

① 垂直应力作用下，顶板的破坏厚度则由下向上发展，最终呈"矩形"。相同工况下顶板破坏面积随水平应力的增加呈 45°角倾斜向上发展，但随着垂直应力的增加，顶中破坏厚度分别为 0.25 m、0.75 m、1.50 m 和 2.5 m。$\sigma_z = 10.8$ MPa 时，顶中保留了梯形的未破坏区，垂直应力升高后，未破坏区从下往上逐层破坏；$\sigma_z = 15.12$ MPa 时，顶中全部破坏，整体破坏形态呈"矩形"，随着垂直应力的进一步升高，矩形破坏高度呈二次函数增加。

② 垂直应力作用下，火成岩侵入范围内煤体更易破坏，且易突发大范围的冒顶事故。由于火成岩侵入范围距离顶板表面较远，在周围完整煤体的保护下，能抵抗较低强度的应力环境而不发生破坏，但垂直应力达到 12.96 MPa 时，侵入层厚度方向上全部破坏，在水平方向上，破坏宽度为 2.5 m；垂直应力为 15.12 MPa 时，上述宽度达到 8.5 m，随着应力的增加，火成岩侵入范围内煤体的破坏宽度进一步加大，达到数十米，而侵入层附近完整煤体却保持完整，给顶板稳定性的评判带来了很大的不确定性，一旦下部破坏与之贯通，则很容易出现大范围的突然垮落。

3．双向应力对顶板破坏规律影响分析

（1）$d = 0.25$ m、$l = 1.0$ m 时双向应力与顶板破坏面积的关系

如图 3-69 所示为 $d = 0.25$、$l = 1.0$ m 时单层侵入顶板破坏类型面积及其所占比例变化

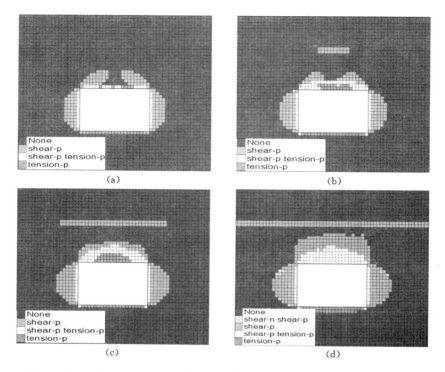

图 3-68 $d=0.50$ m、$l=3.0$ m 时不同垂直应力下单层侵入矩形巷道塑性区分布图
(a) $\sigma_z=10.8$ MPa；(b) $\sigma_z=12.96$ MPa；(c) $\sigma_z=15.12$ MPa；(d) $\sigma_z=17.28$ MPa

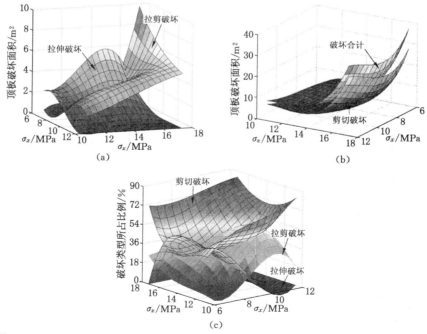

图 3-69 $d=0.25$ m、$l=1.0$ m 时单层侵入顶板破坏类型面积及其所占比例变化规律
(a) 拉伸破坏和拉剪破坏；(b) 剪切破坏和破坏合计；(c) 破坏类型所占百分比

规律。

由图 3-69 可知：

① 水平和垂直应力变化过程中，剪切破坏与顶板总破坏面积变化规律类似，拉伸和剪切破坏的增减不影响上述规律。利用 Matlab 对图 3-69(b) 进行拟合，可得式(3-48)和式(3-49)：

$$S_{sum} = \frac{18.97 - 1.291\sigma_x + 0.084\,18\sigma_x^2 - 18.76\sigma_z + 7.20\sigma_z^2}{1 + 0.007\,75\sigma_x - 0.608\,5\sigma_z} \quad (R^2 = 0.990\,3) \quad (3\text{-}48)$$

$$S_{shear} = \frac{24.55 - 1.16\sigma_x + 0.080\,47\sigma_x^2 - 30.97\sigma_z + 12.06\sigma_z^2}{1 + 0.009\,554\sigma_x - 0.618\,8\sigma_z} \quad (R^2 = 0.989\,8) \quad (3\text{-}49)$$

式中　S_{sum}——顶板破坏面积总和，m^2；

　　　S_{shear}——顶板剪切破坏面积，m^2。

可见，除了系数稍有区别外，二者形式完全相同，进一步验证了上述分析的正确性。

② 剪切破坏占据主导地位，拉剪破坏次之，当围岩应力较小时，拉伸和剪切破坏所占比例相当。剪切破坏面积所占百分比与水平、垂直应力之间的曲面图形呈"簸箕"形，比值随着水平应力的增加而逐渐增加，最大值达到 84.21，随垂直应力的增加先降低后增大，且随水平应力的增加，上述增减波动幅度由 35.28% 降低到 14.61%；拉剪破坏所占比例随双向应力的变化规律与剪切破坏相反；拉伸破坏所占百分比与其破坏面积的变化规律相似，当 $\sigma_x = 6.0$ MPa、$\sigma_z = 15.12$ MPa 时达到最大，为 53.54%。

(2) $d = 0.50$ m、$l = 3.0$ m 时双向应力与顶板破坏面积的关系

在水平应力和垂直应力共同作用下，火成岩侵入厚度为 0.5 m，距顶板表面 3.0 m 的矩形巷道顶板破坏面积及各破坏类型所占比例的变化规律如图 3-70 所示。

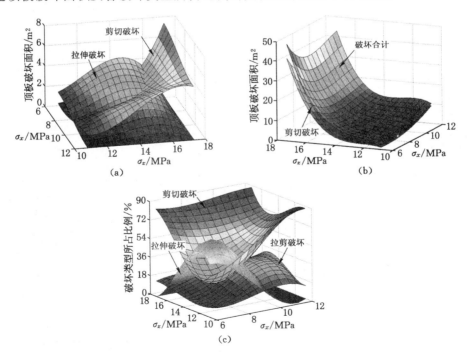

图 3-70　$d = 0.5$ m、$l = 3.0$ m 时双向应力作用下单层侵入顶板破坏面积及其所占比例变化规律

(a) 拉伸破坏和拉剪破坏；(b) 剪切破坏和破坏总和；(c) 拉伸、剪切和拉剪破坏所占百分比

对比图 3-69 和图 3-70 可知：

① 特厚煤层巷道受单层火成岩侵入影响后其顶板破坏面积随双向应力的变化规律基本一致。火成岩侵入厚度为 0.5 m 时，拉伸破坏面积随水平应力的增加而降低，而随垂直应力的增加呈现先增后减的态势，且波动幅度随水平应力的升高而减弱，当 $\sigma_x = 12.0$ MPa 或 $\sigma_z = 17.28$ MPa 时，拉伸破坏面积消失，顶板以剪切破坏为主，拉剪破坏为辅，与上述研究相同；剪切破坏变化规律与破坏总面积保持同步，拉伸和拉剪破坏增减波动有限，基本不影响剪切破坏的增长规律。

② 侵入层远离巷道顶板时，顶板的主要破坏模式受水平、垂直应力影响更加明显。在图 3-70(c) 中，剪切破坏占据明显的主导地位，尤其是在较大应力条件下，87.77% 破坏面积均为剪切破坏，只有当 $\sigma_x \leqslant 10.0$ MPa 且 $\sigma_z \leqslant 12.96$ MPa 时，拉伸破坏所占比例方能超过剪切破坏，成为巷道顶板主要的破坏形式。与图 3-69(c) 相比，顶板的拉伸、拉剪或剪切破坏模式更容易区分。

4. 侵入层厚度对顶板破坏规律影响分析

在基本模型其他参数不变的条件下，侵入层厚度分别为 0.25 m、0.5 m、0.75 m 和 1.00 m 时，围岩塑性区分布如图 3-71 所示，破坏面积统计结果见表 3-9。

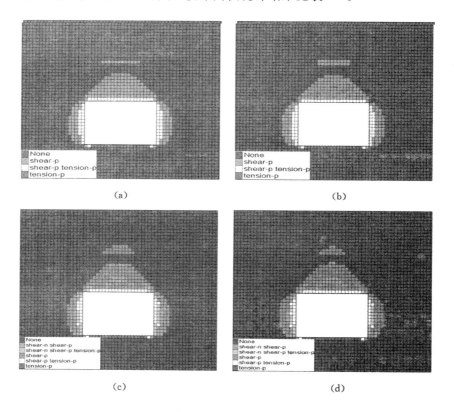

图 3-71　矩形巷道不同侵入层厚度顶板破坏塑性区分布图

(a) $d = 0.25$ m；(b) $d = 0.50$ m；(c) $d = 0.75$ m；(d) $d = 1.00$ m

表 3-9 矩形巷道不同侵入层厚度顶板破坏类型统计结果

侵入层厚度/m	破坏面积/m²				破坏类型所占百分比/%		
	拉伸	剪切	拉剪	合计	拉伸	剪切	拉剪
0.25	0.00	8.25	1.25	9.50	0.00	86.84	13.16
0.50	0.00	8.75	1.25	10.00	0.00	87.50	12.50
0.75	0.00	9.03	1.25	10.28	0.00	87.84	12.16
1.00	0.00	8.69	1.25	9.94	0.00	87.42	12.58

由图 3-71 可知：

(1) 侵入层厚度的变化对其下部煤体破坏面积影响较小。随着侵入层厚度的增加,其自身的破坏厚度也在上升,但其破坏宽度在一直变窄,$d=0.25$ m 时,破坏宽度为 3.0 m,当 $d=1.0$ m 时,侵入层破坏宽度减小到 2.0 m,破坏范围愈发集中;同时,可以发现侵入层下部煤体破坏形状一直保持为"梯形",斜边与巷道顶板呈 45°角,上边宽 1.25 m,破坏深度为 2.25 m,侵入层厚度的变化对其下部煤体破坏面积影响较小。

(2) 侵入层厚度的变化对顶板破坏面积的影响十分有限。在表 3-9 中,巷道顶板拉剪破坏的面积始终保持不变,均为 1.25 m²,占破坏总面积的百分比在 12% 左右,剪切破坏面积随侵入层厚度的增加先增大后减小,但总体变化幅度不大,最大波动量为 0.78 m²;总破坏面积的变化规律与剪切破坏面积相同。

(3) 巷道支护设计时,应重视锚索的支护效果。当火成岩侵入层距顶板 3 m 时,其厚度的变化对 3 m 内煤体的破坏范围基本没有影响,即锚杆支护范围内煤体的破坏情况不受火成岩侵入体的影响,但是,整个支护体上方存在剪切破坏带,容易造成支护体的整体破坏,因此,应该增加锚索支护来控制顶板锚固。

5. 侵入层位置对顶板破坏规律影响分析

在基本模型其他参数不变的条件下,不同侵入层位置对应的围岩塑性区分布如图 3-72 所示,其中,当 $l=3.0$ m,顶板破坏形态见图 3-72(b),破坏面积统计结果见表 3-10。

表 3-10 矩形巷道不同侵入层厚度顶板破坏类型统计结果

侵入层距顶板距离/m	破坏面积/m²				破坏类型所占百分比/%		
	拉伸	剪切	拉剪	合计	拉伸	剪切	拉剪
1.0	0.00	10.63	1.25	11.88	0.00	89.47	10.53
2.0	0.00	11.91	1.25	13.16	0.00	90.50	9.50
3.0	0.00	8.69	1.25	9.94	0.00	87.42	12.58
4.0	0.00	7.38	1.25	8.63	0.00	85.51	14.49
5.0	0.00	7.13	1.25	8.38	0.00	85.07	14.93

分析图 3-72 和表 3-10 可知：

(1) 顶板破坏面积形状随侵入层的上移而由"倒梯形"转变为"正梯形"。$l=1.0$ m 时,巷道开挖后,顶板呈倒梯形破坏,下表面以拉剪破坏为主,其他部分则为剪切破坏,梯形斜边

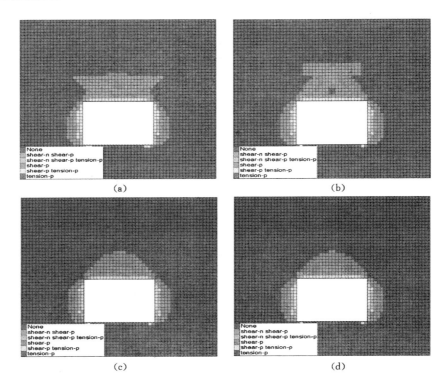

图 3-72　矩形巷道不同侵入层位置顶板破坏塑性区分布图

(a) $l=1.0$ m；(b) $l=2.0$ m；(c) $l=4.0$ m；(d) $l=5.0$ m

与巷道顶板夹角为 135°，巷道破坏高度为 2.25 m；随着侵入层的上移，当 $l=2.0$ m 时，火成岩侵入范围内煤体呈矩形破坏，且面积减小 0.75 m²，火成岩侵入层下部煤体呈现出斜边倾角为 45°的正梯形，破坏高度达到 3.0 m；继续提高侵入层距顶板的距离，火成岩侵入体破坏范围与完整煤体分离；当 $l\geqslant4.0$ m 时，其自身不再发生破坏。

（2）一定范围内火成岩的侵入加剧了顶板的破坏。在表 3-10 中，随着侵入层的上移，顶板破坏面积先增加后减小，在 2.0 m 附近达到最大，可见，一定范围内火成岩的侵入加剧了顶板的破坏。

（3）侵入层位置的变化对顶板破坏模式影响不大。$l=1.0\sim5.0$ m 变化过程中，顶板未发生拉伸破坏，剪切破坏所占百分比随侵入层的上移而先增后降，但始终在 85.07%～90.50%间变化，波动极小。

6．侵入层结构对顶板破坏规律影响分析

本节 4、5 中分别对侵入层厚度、侵入层位置两个因素进行了单独分析，当两者同时变化时，在基本模型其他参数不变的条件下，利用 Matlab 绘制三维曲面，得到图 3-73。

由图 3-73 可知：

（1）顶板破坏面积随侵入层上移而先增加后降低，且侵入层厚度越大，上述增幅越明显。在图 3-73(a)中，无论侵入层厚度怎么变化，顶板破坏面积与侵入层位置均表现出上述规律，在 $l=2.0$ m 时达到最大，且随着侵入层厚度的增加，上述变化越剧烈，当 $l\geqslant4.0$ m 后，顶板破坏面积变化不大，用 $S_{d,l}$ 表示该种工况下顶板的总破坏面积，利用 Matlab 对顶板

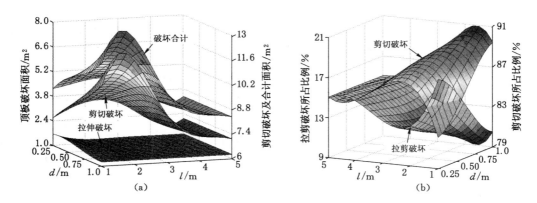

图 3-73　矩形巷道顶板破坏面积与侵入层厚度及位置的关系

(a) 各类型破坏面积；(b) 破坏类型所占百分比

破坏面积与侵入层厚度及位置关系函数进行拟合,可得到式(3-50)。

$$S_{d,l} = \frac{5.978 - 10.73d + 2.996d^2 + 5.136l - 1.52l^2 + 0.15l^3}{1 - 1.45d + 0.51d^2 + 0.12l} \quad (R^2 = 0.961\,3)$$

(3-50)

（2）顶板剪切破坏所占百分比随着侵入层的上移先上升后下降,随着侵入层厚度的增加而一直增大,拉剪破坏所占比例的变化趋势则刚好与之相反。重设次坐标轴起点后,二者的变化曲面关于 15% 水平面对称,凸显了剪切破坏在顶板破坏面积中的主导地位。

7. 断面形式对顶板破坏规律影响分析

（1）水平应力作用下断面形式与顶板破坏面积的关系

在基本模型其他参数不变的条件下,水平应力变化时,不同巷道断面形式破坏过程如图 3-74($d=0.25$ m、$l=1.0$ m)和图 3-75($d=0.50$ m、$l=3.0$ m)所示。

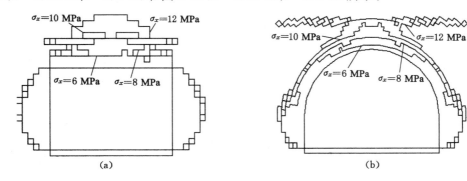

图 3-74　$d=0.25$ m、$l=1.0$ m 时水平应力作用下单层火成岩侵入不同断面巷道顶板破坏规律

(a) 矩形巷道；(b) 直墙拱形巷道

由图 3-74 和图 3-75 可知：

① 直墙半圆拱形巷道破坏面积主要发生在拱顶中线左右各 36° 范围内。在图 3-74(b)中,$\sigma_x = 6$ MPa 时,直墙拱拱肩破坏深度较拱顶大 0.3 m,随着水平应力的增加,拱顶中线左右各 36° 范围内煤体破坏厚度开始增加,拱肩基本保持不变；$\sigma_x = 10$ MPa 时,侵入层局部单元体发生破坏；$\sigma_x = 12$ MPa 时,火成岩侵入煤体发生连续破坏,与矩形巷道相比,该破坏

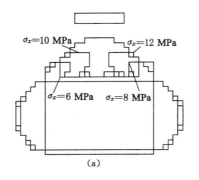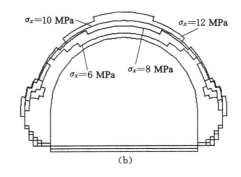

图 3-75 $d=0.50$ m、$l=3.0$ m 时水平应力作用下单层火成岩侵入不同断面巷道顶板破坏规律

(a) 矩形巷道;(b) 直墙拱形巷道

面积并未引起侵入层上部煤体的破坏,而是多沿水平方向扩展,最终,矩形巷道最大破坏深度达 2.5 m,而直墙半圆拱形巷道破坏厚度为 1.3 m,较前者降低 48%。

② 受单层火成岩侵入影响的特厚煤层中,直墙半圆拱形巷道在维护顶板稳定性方面具有较大优势。该优势不仅体现在上述破坏深度方面,随着侵入层的上移,相同应力环境下,直墙拱形巷道上部侵入体率先处于稳定状态,如图 3-75 所示,$d=0.50$ m、$l=3.0$ m 时,侵入体破坏前的极限水平应力方面,直墙拱形巷道较矩形巷道大 2 MPa。

(2)垂直应力作用下断面形式与顶板破坏面积的关系

在基本模型其他参数不变的条件下,垂直应力变化时,不同巷道断面形式破坏过程如图 3-76($d=0.25$ m、$l=1.0$ m)和图 3-77($d=0.50$ m、$l=3.0$ m)所示。

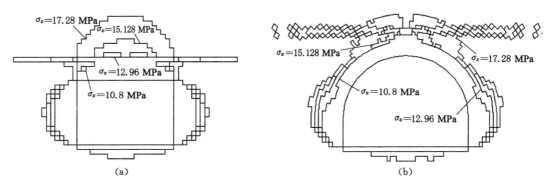

图 3-76 $d=0.25$ m、$l=1.0$ m 时垂直应力作用下单层火成岩侵入不同断面巷道顶板破坏规律

(a) 矩形巷道;(b) 直墙拱形巷道

由图 3-76 和图 3-77 可知:

① 对于直墙拱形巷道,火成岩侵入层的存在有助于其抵抗顶板垂直应力。在图 3-76(a)中,无动压影响时,侵入层煤体破坏范围已和下部完整煤体的破坏发生贯通,随着垂直应力的增加,侵入层破坏厚度不变,其上部完整煤体破坏较多,$\sigma_z=17.28$ MPa 时,顶板破坏深度达到 3.5 m;而在图 3-76(b)所示直墙拱形巷道中,由于侵入层煤体自身破坏后带动周围完整煤体发生整层破坏,使破坏面积沿侵入层平均分布,卸载了顶板上部荷载,垂直应力达到 17.28 MPa 时,直墙拱形巷道顶板破坏深度仅为 1.86 m,仍然在锚杆支护的控制

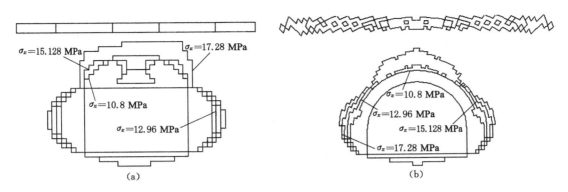

图 3-77　$d=0.50$ m、$l=3.0$ m 时垂直应力作用下单层火成岩侵入不同断面巷道顶板破坏规律
(a) 矩形巷道；(b) 直墙拱形巷道

范围内。

② 随着侵入层的上移，垂直应力作用下，直墙拱形巷道破坏范围主要集中在顶中和两个拱脚，破坏分布相对比较均匀。侵入层距顶板距离为 3 m 时，在 1.6 倍动压影响下，侵入层与下部完整煤体均发生部分破坏，但二者之间均存在一定厚度的稳定煤体，矩形和直墙拱形巷道中上述煤体厚度分别为 0.5 m 和 1.0 m，如图 3-77 所示。矩形巷道完整煤体破坏全部发生在巷道的正上方，呈矩形，厚度为 2.5 m；直墙拱形巷道径向破坏厚度在 0.95～1.8 m 之间，分布较为均匀，在拱顶和两拱脚稍大。

(3) 侵入层厚度及位置共同作用下断面形式与顶板破坏面积的关系

在基本模型其他参数不变的条件下，利用 Matlab 绘制直墙拱形巷道顶板破坏面积与 d、l 的三维曲面，如图 3-78 所示。

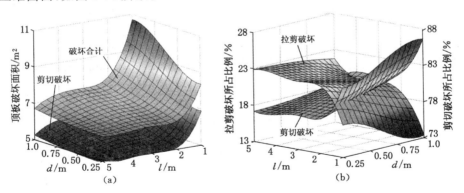

图 3-78　直墙半圆拱形巷道破坏面积与 d、l 的三维曲面图
(a) 破坏类型面积；(b) 破坏类型所占比例

对比图 3-73 和图 3-78 可知：

① 与矩形巷道类似，直墙半圆拱形巷道顶板拉剪破坏变化规律与总破坏面积变化规律保持一致，但不同的是前者随侵入层的上移，破坏面积先增加后降低，并且侵入层厚度越大，这种增加趋势越明显，而对于直墙半圆拱形巷道，顶板破坏面积随侵入层的上移呈四次函数（$R^2=1$）降低，随侵入层厚度的增加呈线性增加，前者的降低幅度明显高于后者的增幅，侵

入层的位置对顶板破坏的影响程度较其厚度大。

② 随侵入层厚度及位置的变化,直墙拱形巷道剪切破坏与总破坏面积的比值一直保持在 77% 以上,占据着顶板破坏模式的主导地位,与矩形巷道类似,说明在顶板破坏模式方面,断面形式对其影响不大。

3.3.3 火成岩侵入顶板稳定性控制技术研究

前一节主要研究了无支护情况下矩形和直墙半圆拱形巷道在不同火成岩侵入范围、不同应力环境中的顶板破坏规律,获得了不同影响因素对各类破坏面积的影响程度。本章在上述主要研究的基础上,分析常用锚网、锚网+架棚和锚网+注浆支护的作用效果及不足,提出"均压非等强"、"动态设计"等技术,并对其作用机理及效果进行研究。考虑到在实际生产中,工作面巷道多以矩形巷道为主,故本章以该种断面巷道为主要研究对象,共建立局部火成岩侵入支护模型 48 个,单层侵入支护模型 960 个。

3.3.3.1 支护模型的建立

利用 FLAC^{3D} 自带的结构单元来模拟巷道的各种支护材料,其中,cable 单元模拟锚杆和锚索,beam 单元模拟 11$^{#}$ 工字钢,shell 单元模拟金属网,zone 单元体尺寸及网格划分与前面完全相同,支护情况如图 3-79 所示。

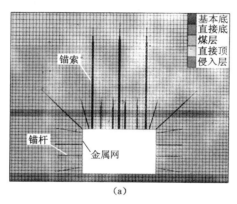
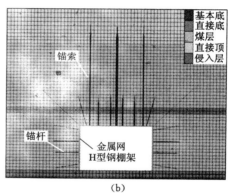

图 3-79　FLAC^{3D} 支护模型

(a) 锚网支护;(b) 锚网+架棚支护

根据强化理论,锚杆支护后,锚固体黏聚力和内摩擦角等抗剪强度参数得到了不同程度的提高,大量学者也做了类似的研究,获得了众多的研究成果,在图 3-79(a) 支护方案下,岩体抗剪强度提高系数取 1.1,因此,在 FLAC^{3D} 模型中,锚杆支护后,利用 fish 函数将锚杆锚固范围内围岩抗剪强度提高 10%。

3.3.3.2 局部火成岩侵入顶板控制技术研究

1. 常规"锚网支护"对局部火成岩侵入顶板稳定性控制分析

常规"锚网支护"后,顶板拉伸、剪切、拉剪及总破坏面积随水平、垂直应力的变化如图 3-80(a)、(b)所示,各类破坏类型所占百分比的变化规律如图 3-80(c)所示。为了评价"锚网支护"的效果,与无支护相比,用支护后顶板总破坏面积的降低率来表征支护的效果,其与双向应力之间的变化规律如图 3-80(d)所示。

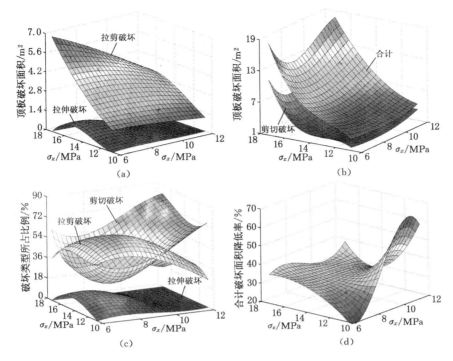

图 3-80　常规"锚网支护"对局部火成岩侵入顶板稳定性控制效果

(a) 拉伸和拉剪破坏面积；(b) 剪切和合计破坏面积；

(c) 各破坏类型所占百分比；(d) 合计破坏面积降低率

对比分析图 3-69 和图 3-80，可得到以下结论：

(1) 巷道支护后，拉伸破坏与双向应力之间的变化规律没有太大改变，但其破坏面积得到了有效控制。无论支护与否，拉伸破坏面积均表现出随垂直应力上升而先增大后减小、随水平应力增加而逐渐降低的规律，但在破坏面积方面，支护前最大拉伸破坏面积为 3.944 m^2，而支护后，上述量值降低到 1.0 m^2 以下，相同应力环境下拉伸破坏的降低率都在 80% 以上。产生上述效果的原因主要有 2 种：① 锚杆(索)的减跨作用一定程度上降低了顶板的宽度，其挠曲变形量减小，围岩表面拉应力降低；② 金属网的施加承受了顶板表面的拉应力，同时为其提供了垂直表面的第三主应力。

(2) 支护前后，拉剪破坏面积与水平应力之间的变化规律基本相反。由图 3-69(a) 可知，局部火成岩侵入巷道无支护时顶板拉剪破坏面积随水平应力的增加而增加，但随着垂直应力的上升，上述增加趋势逐渐降低；$\sigma_z > 12.96$ MPa，开始随水平应力的增加而减小；在图 3-80(a) 中，锚网支护后，顶板拉剪破坏随水平应力的增加而呈线性降低，与支护前恰好相反；$\sigma_z > 14.0$ MPa 时，上述降幅迅速增加，二者呈三次函数关系，降幅较支护前明显加大。

(3) 支护前后剪切破坏面积与水平应力的变化关系没有太大变化，但随垂直应力的发展趋势改变较为明显。对比图 3-69(b) 和图 3-80(b)，锚网支护后，顶板剪切破坏面积随水平应力的增加而呈现出先降低后升高的趋势，垂直应力较大时，上述波动趋势更加明显；而随垂直应力的增加，顶板剪切破坏面积表现为逐渐扩大的二次函数关系，并受水平应力环境影响较小。而在支护前，剪切破坏面积与垂直应力之间的关系受水平应力影响较大，当围岩水平应力较高时,剪切破坏面积在上升的过程中出现一定程度的下降。

(4) 除应力环境外,支护形式也能引起顶板破坏模式的转变。由图 3-69(c)可知,水平应力小于 10 MPa、垂直应力小于 12.96 MPa 时,未支护巷道顶板以拉伸破坏为主,随着水平和垂直应力的增加,剪切破坏逐渐占据主导。而在图 3-80(c)中,巷道支护后,拉伸破坏所占比例很小,一直在 13% 以下,支护前低应力环境下的拉伸破坏为主在支护后变成了拉剪破坏为主,并且应力范围得到进一步扩大。

(5) 常规"锚网支护"并不能很好地控制局部受火成岩侵入影响的顶板的稳定性。可以发现,垂直应力为 10.8 MPa 时,随水平应力的增加,锚网支护后顶板破坏面积降低率迅速升高,最大值达到 57.3%,但垂直应力增加后,上述量值呈二次函数下降,$\sigma_z \geqslant 12.96$ MPa 时,锚网支护对顶板破坏面积的控制比例均在 40% 以下,最大破坏面积仍能达到 18.55 m²,常规"锚网支护"并不能很好地控制局部受火成岩侵入影响的顶板的稳定性,究其原因,主要有以下两点:

① 应力分布的不均匀性加剧了顶板破坏

由于受火成岩侵入后的煤岩体松软破碎,巷道开挖前,在周围坚硬煤岩体的保护下,该部分应力较小,巷道开挖后,松软的侵入层煤体变形较大,进而卸载了应力重分布过程中再次作用到其上部的应力,顶板应力释放主要发生在右侧完整煤体,以 $\sigma_x = 12.0$ MPa、$\sigma_z = 15.12$ MPa 为例,利用 tecplot 绘制围岩垂直应力分布的剖面图,如图 3-81(a)所示,受火成岩侵入影响煤体内部垂直应力仅为未侵入部分的 37.5% 左右。

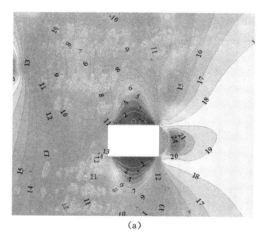 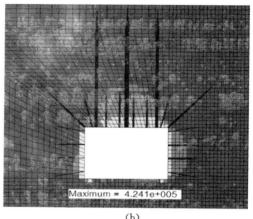

(a)   (b)

图 3-81 $\sigma_x = 12.0$ MPa、$\sigma_z = 15.12$ MPa 时"锚网支护"应力及破坏区分布
(a) 垂直应力分布(单位:MPa);(b) 塑性破坏分布(单位:N)

② 常规"锚网支护"的对称设计不符合局部火成岩侵入顶板的稳定控制要求

根据以上分析可知,局部受到火成岩侵入影响的底煤巷顶板由于岩性分布的不对称性,导致了破坏面积发展的局部劣化,尤其是垂直应力较大时,顶板完整煤体破坏深度及面积都远大于硅化破碎的火成岩侵入煤体,同样以 $\sigma_x = 12.0$ MPa、$\sigma_z = 15.12$ MPa 为例,如图 3-81(b)所示,火成岩侵入影响范围外顶板破坏深度达到 3.0 m,是侵入层影响范围内破坏深度的 4 倍,破坏面积存在明显的不对称性,此时,若仍然按经验进行锚杆对称支护布置,不

但达不到预想顶板稳定性的控制效果，反而会造成支护材料的浪费。

2. 常规"锚网＋架棚支护"对局部火成岩侵入顶板稳定性控制分析

常规"锚网＋架棚支护"后，顶板拉伸、剪切、拉剪及总破坏面积随水平、垂直应力的变化如图 3-82(a)、(b)所示，各类破坏类型所占百分比的变化规律如图 3-82(c)所示。同样利用支护后顶板总破坏面积的降低率来表征支护的效果，其与双向应力之间的变化规律如图 3-82(d)所示。

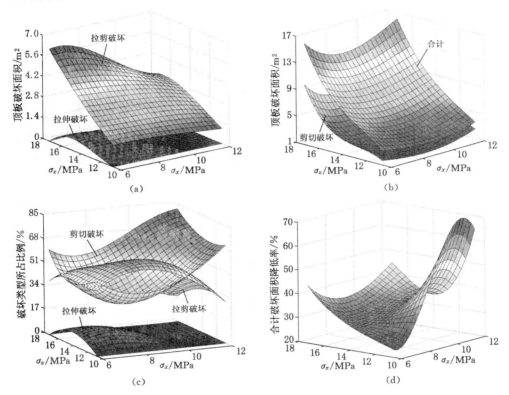

图 3-82　常规"锚网＋架棚支护"对局部火成岩侵入顶板稳定性控制效果
(a)拉伸和拉剪破坏面积；(b)剪切和合计破坏面积；(c)各破坏类型所占百分比；(d)合计破坏面积降低率

(1)"锚网＋架棚支护"对围岩稳定性控制作用的发挥中，锚网支护为主体，架棚支护为客体。对比图 3-80 和图 3-82，"锚网支护"和"锚网＋架棚支护"施工完成后，局部火成岩侵入顶板拉伸、剪切及拉剪破坏面积及所占百分比与双向应力之间的变化规律基本一致，"架棚"的添加并未对上述规律产生太大影响，只是在具体量值方面有些许差别；在控制效果方面，用工字钢棚的架设而对顶板破坏面积的降低率一直在 10% 以下，因此，可以说在"锚网＋架棚支护"对围岩稳定性控制作用的发挥中，锚网支护发挥着决定性的主体作用，而架棚主要为辅助的客体支护。

(2)架棚支护作用的发挥具有明显的滞后性。对比相同应力状态下"锚网"和"锚网＋架棚"两种支护形式的拉剪或合计破坏面积控制量值可以发现，应力水平较小时，两种支护方案对应的顶板破坏面积基本相当，当应力水平较大时，后者明显超过了前者。以 $\sigma_x = 6.0$ MPa 时的合计破坏面积来看，$\sigma_z = 10.8$ MPa 时，与无支护相比，"锚网支护"和"锚网＋架棚支护"后顶板破坏面积分别降低了 0.91 m² 和 0.97 m²；当 σ_z = 17.28 MPa 时，破坏面积分别降低了 10.35 m² 和 12.68 m²，后者为前者的 1.23 倍，出现这一现象的原因是架棚支护是一种被动支护，只有当围岩发生变形并与架棚产生挤压后，其支护效能方能得以显现，围岩应力较小时，顶板变形较小，架棚对围岩产生的反作用力对顶板稳定性控制效果有限，随着应力的增加，围岩变形加剧，架棚对顶板的控制效果随其反作用力的增加而突显。

（3）工字钢棚的架设使巷道顶板破坏形态得到改变，破坏面积仍然呈现不对称性。为了增加对比性，在此同样以 σ_x = 12.0 MPa、σ_z = 15.12 MPa 为例进行分析，"锚网＋架棚支护"后，围岩垂直应力和破坏范围分布如图 3-83 所示。

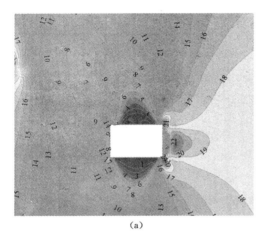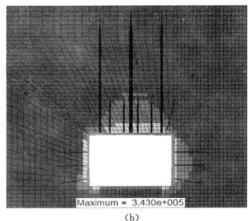

（a）　　　　　　　　　　　　　（b）

图 3-83　σ_x = 12.0 MPa、σ_z = 15.12 MPa 时"锚网＋架棚支护"应力及破坏区分布
（a）垂直应力分布（单位：MPa）；（b）塑性破坏分布（单位：N）

对比图 3-81 和图 3-83 可知，受火成岩侵入影响部位应力仍然较顶板其他部分低，应力的不均匀分布并未得到较好的改善；在破坏面积方面，未受火成岩侵入影响煤体的破坏厚度尚有 2.75 m，为松软硅化煤体的 5.5 倍，破坏形式并未得到根本的改变。

3. "均压非等强支护"对局部火成岩侵入顶板稳定性控制机理及效果分析

根据上述研究可以看出，由于应力分布的不均匀性和对称设计的适用性不足，常规的"锚网"或"锚网＋架棚"支护并不能使受火成岩局部侵入影响的底煤巷顶板稳定性得到良好的控制，破坏形式并未得到根本改变。

对于上述巷道顶板支护工作，应从改善围岩应力和合理支护强度设计两方面入手，因此，在此提出"均压非等强支护"理念，"均压"即是通过一定的技术使得原本非均匀分布的应力变得更加均匀，从而降低高应力环境中围岩破坏的可能性。研究可知，造成应力分布"非均匀性"的主要原因是火成岩侵入内外煤体力学性质的变化，在现有的支护技术中，超前注浆是改善围岩力学环境最为有效的手段，但由于浆液性能、施工技术等不确定性，使得受火成岩侵入影响的松软硅化煤完全达到侵入前的状态是不可能的，因此，尚需采用锚杆、锚索等进行支护设计，但考虑到顶板破坏的非对称性，常规锚杆、锚索等对称布置的等强支护设计已不适合火成岩局部侵入底煤巷顶板的稳定性控制，应根据破坏程度进行合理的支护强度设计，也即是"非等强支护"。在原支护的基础上，取消左侧顶角锚索，并将顶板右侧锚索向左平移 0.5 m,详细支护方案如图 3-84 所示。

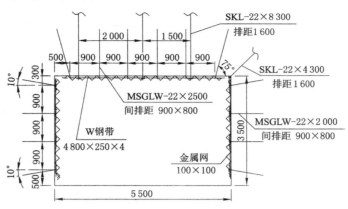

图 3-84　非等强支护方案设计

　　通过浆液的黏结、充填作用,注浆后围岩强度得到较大程度的提升,通过对注浆作用机理进行研究,对注浆后围岩参数的量值给出了估计,并用室内试验进行了验证,本次借用已有研究成果,结合实际工程背景,计算得到注浆后岩体弹性模量、抗拉强度、黏聚力和内摩擦角提高的比例分别为 50%、54%、57% 和 3%。在注浆范围方面,为了增加支护的安全系数,本次假定浆液扩展的范围仅限定在火成岩侵入影响的煤层。"均压非等强"支护后,顶板拉

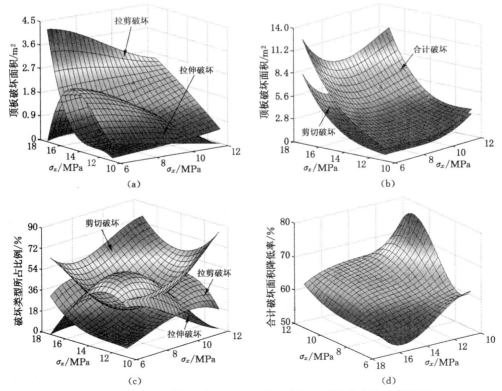

图 3-85　"均压非等强"支护对局部火成岩侵入顶板稳定性控制效果

(a) 拉伸和拉剪破坏面积;(b) 剪切和合计破坏面积;(c) 各破坏类型所占百分比;(d) 合计破坏面积降低率

伸、剪切、拉剪及总破坏面积随水平、垂直应力的变化如图 3-85(a)和图 3-85(b)所示,各类破坏类型所占百分比的变化规律如图 3-85(c)所示。顶板合计破坏面积的降低率与双向应力之间的变化规律如图 3-85(d)所示。

$\sigma_x = 12.0$ MPa、$\sigma_z = 15.12$ MPa 时,"均压非等强支护"后围岩应力分布如图 3-86 所示。

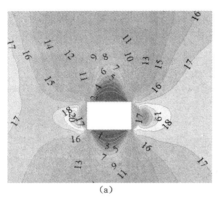
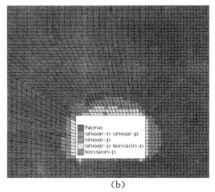

(a)　　　　　　　　　(b)

图 3-86　$\sigma_x = 12.0$ MPa、$\sigma_z = 15.12$ MPa 时"均压非等强支护"应力及破坏区分布
(a)垂直应力分布(单位:MPa);(b)塑性破坏分布

对比分析图 3-80、图 3-82 和图 3-85 可知:

(1)与常规支护相比,"均压非等强支护"对拉剪破坏面积变化规律的影响程度最大。"锚网"或"锚网+架棚"支护后,$\sigma_x \leqslant 10.0$ MPa 时,随垂直应力的增加,拉剪破坏面积呈线性增加,水平应力增加后,上述增幅逐渐下降,甚至呈开口向下的抛物线形;而"均压非等强"支护后,$\sigma_x \leqslant 10.0$ MPa 时,拉剪破坏面积随垂直应力的增加呈三次函数增加,且增速逐渐加大,随着水平应力的增加,上述规律逐渐向线性过渡。对于拉伸破坏、剪切破坏及合计破坏面积,不同支护形式下各面积随双向应力的变化规律保持一致,仅具体量值有所波动。

(2)"均压非等强"支护后,顶板总破坏面积得到有效控制。分析图 3-85(d)可知,"均压非等强"支护后,合计破坏面积降低率随水平和垂直应力的变化而呈现出的规律性并不明显,但其量值均在 60%左右,当 $\sigma_x = 6.0$ MPa、$\sigma_z = 15.12$ MPa 时达到最小值,为 52.69%;$\sigma_x = 10.0$ MPa、$\sigma_z = 10.8$ MPa 时达到最大,为 77.83%,可见,当围岩应力改变后,"均压非等强"支护的控制效果较为平稳,且与无支护相比,至少有 50%的破坏面积得到有效控制。

(3)在控制破坏面积的同时,"均压非等强"支护也改变了顶板的破坏形态。在图 3-86 中,由于化学浆液的注入增加了火成岩侵入范围内松软煤体的力学强度和抗变形能力,顶板支护稳定后,火成岩侵入范围内外对称位置垂直应力差值缩小到 1.0 MPa 左右,应力分布的不均匀性得到较好改善,同时,顶板破坏面积基本呈对称分布,火成岩影响范围内外顶板的破坏深度差值降低到 0.25 m,最大破坏深度为 1.5 m,未超过锚杆的有效控制范围,受火成岩局部侵入影响的特厚煤层底煤巷顶板的破坏形态得到本质的改变。

4. 局部火成岩侵入顶板不同支护下破坏因素的关联度分析

在以上研究中我们发现,水平应力和垂直应力均对局部火成岩侵入顶板的各类破坏面积有着一定的影响,为了评价这两种因素对各类破坏面的影响程度,利用灰色理论中的关联度对各因素进行评价,其计算结果如图 3-87 所示。

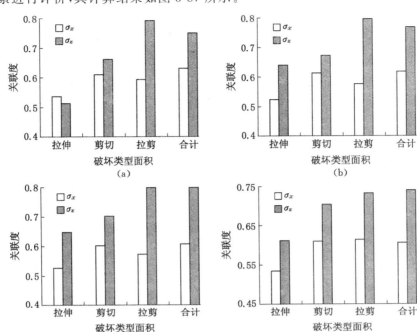

图 3-87 不同支护形式下顶板各破坏类型与应力水平关联度计算结果
(a) 无支护;(b) 锚网支护;(c) 锚网+架棚支护;(d) 均匀非等强支护

由图 3-87 可知:

(1) 灰色理论与增量分析法在分析影响因素重要性方面具有很好的一致性。无支护时,水平和垂直应力与顶板各种破坏类型面积之间的关联度计算结果见图 3-87(a),由图可知,对于顶板合计破坏面积,σ_x 和 σ_z 与之关联度量值分别为 0.633 和 0.750,后者为前者的 1.19 倍,垂直压力影响较大,这与增量分析法获得的结果相符。此外,通过灰色理论还获得了无支护时拉伸、剪切以及拉剪破坏面积影响因素的关联度量值,如图 3-87(a)所示,可见,在拉伸破坏方面,σ_x 对其影响较 σ_z 大,而在其他两种破坏类型方面,垂直应力影响较为突出。

(2) 支护后影响顶板拉伸破坏面积的主要因素由水平应力变成了垂直应力。对比分析图 3-87(a)～(d)可以发现,"锚网"、"锚网+架棚"和"均压非等强"三种支护形式下局部火成岩侵入顶板拉伸破坏面积与水平应力之间的关联度在 5.23～5.36 之间,而与垂直应力的关联度在 6.12～6.56 之间,后者明显大于前者,而在无支护时,上述两种关联度系数分别为 0.536 和 0.513,前者较大,可见支护后影响顶板拉伸破坏面积的主要因素由水平应力变成了垂直应力。

(3) 无论支护与否,剪切、拉剪以及合计破坏面积影响程度较大的始终是垂直应力。在图 3-87 中的四幅小图中,剪切破坏面积与 σ_x 和 σ_z 的关联度量值随支护形式的变化而存在差异,但就相同工况下,二者之间的大小关系始终保持不变,后者均为前者的 1.15～1.42 倍,而拉剪和合计破坏面积与 σ_x 和 σ_z 的关联度量值表现出与上述相同的规律,可见,无论支护与否,剪切、拉剪以及合计破坏面积影响程度较大的始终是垂直应力。

3.3.3.3 单层火成岩侵入顶板稳定性控制技术研究

对于受单层火成岩侵入的特厚煤层巷道,前节研究了不同围岩应力、不同侵入层厚度及位置等条件下无支护时顶板的破坏规律,本节在以上研究的基础上,利用 FLAC³ᴰ 模拟锚网支护、锚网＋注浆支护和锚网＋架棚支护对上述巷道顶板破坏的控制效果,分析各类工况下相关支护技术的作用机理,为巷道合理支护技术的提出奠定基础。

为了增加对比性,本节研究的围岩环境、巷道尺寸等与前文完全一致,即:水平应力 σ_x 为 6.0 MPa、8.0 MPa、10.0 MPa 和 12.0 MPa,垂直应力 σ_z 为 10.8 MPa、12.96 MPa、15.12 MPa 和 17.28 MPa,火成岩侵入层影响厚度 d 为 0.25 m、0.5 m、0.75 m 和 1.0 m,侵入层距顶板表面距离 l 为 1.0 m、2.0 m、3.0 m、4.0 m 和 5.0 m,建立锚网、锚网＋注浆和锚网＋架棚三种支护模型各 320 个,共 960 个数值模型。

1. 不同围岩应力中单层火成岩侵入顶板破坏控制效果分析

由于数据量巨大,在分析支护后单层火成岩侵入顶板在水平、垂直双向应力作用下的破坏规律时,火成岩侵入层厚度及位置选取与前文相同,即针对 $d=0.25$ m、$l=1.0$ m 和 $d=0.5$ m、$l=3.0$ m 进行详细分析,其中前一种围岩结构,侵入层位于锚杆的支护范围之内,而后一种结构侵入层位于锚杆支护区外。

2. $d=0.25$ m、$l=1.0$ m 时顶板破坏控制效果分析

(1) 锚网支护对单层火成岩侵入顶板破坏控制效果分析

锚网支护后,顶板拉伸、剪切、拉剪及总破坏面积随水平、垂直应力的变化如图 3-88(a)、(b)所示,各类破坏类型所占百分比的变化规律如图 3-88(c)所示。为了评价锚网支护的效果,以无支护

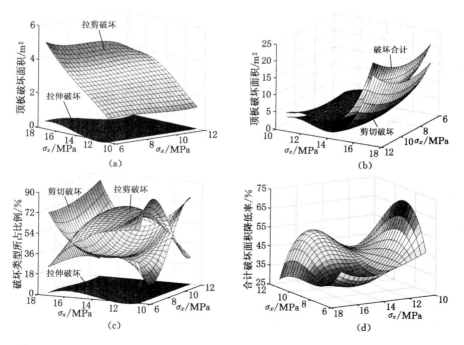

图 3-88　$d=0.25$ m、$l=1.0$ m 时锚网支护对单层火成岩侵入顶板稳定性控制效果

(a) 拉伸和拉剪破坏面积;(b) 剪切和合计破坏面积;(c) 各破坏类型所占百分比;(d) 合计破坏面积降低率

相比,用支护后顶板总破坏面积的降低率来表征支护的效果,其与双向应力之间的变化规律如图3-88(d)所示。

对比分析图3-69和图3-88可知:

① 锚网支护后顶板拉伸破坏面积得到了很好的控制。由图3-69(a)可知,无支护时顶板拉伸破坏面积最大值为 5.75 m^2,16 种应力组合中的 8 种组合应力下,巷道顶板发生拉伸破坏,锚网支护后,只有 3 种应力环境的顶板发生拉伸破坏,且最大破坏面积均在 0.5 m^2 以内,90% 以上的拉伸破坏得到了有效的控制;除此之外,在拉伸破坏面积与双向应力的规律方面,破坏面积随水平应力增加而降低、随垂直应力的增加拉伸破坏面积先增后降(在 $\sigma_x = 6.0$ MPa、$\sigma_z = 15.12$ MPa 时达到最大)。

② 支护的添加使拉剪破坏面积与双向应力之间的曲面关系更加平缓,在控制其面积发展的同时,降低了巷道顶板冒落的突发性。无支护时,随着垂直应力的增加,顶板拉剪破坏呈三次函数上升,σ_z 从 10.8 MPa 增加到 15.12 MPa 时,破坏面积由 0.25 m^2 增加到 1.47 m^2,增幅较慢,垂直应力再升高,拉剪破坏面积迅速上升,$\sigma_z = 17.28$ MPa 时,破坏面积达到 9.75 m^2,虽然水平应力的增加减缓了上述增幅,但仍然较为剧烈,巷道容易突然冒落。锚网支护后,顶板拉剪破坏面积与垂直应力几乎为线性关系,最大值为 5.12 m^2,降低了 47.5%,并且水平应力增加后,上述增幅一度出现了下降。

③ 支护前后顶板剪切和合计破坏面积与双向应力之间的关系保持较好的一致性,且支护的施加并没有影响上述面积与应力的变化规律。对比图 3-69(b)和图 3-88(b)发现,无论支护与否,剪切破坏和总破坏面积与双向应力之间的三维曲面均呈现出"网兜"形,两个曲面基本呈平行关系。水平应力和垂直应力对剪切和总破坏面积的影响规律相同,均为随水平应力的增加先降低后升高、随垂直应力的增加呈三次函数上升。

④ 锚网支护后,拉剪破坏所占百分比上升,顶板破坏模式几乎全以拉剪破坏为主。图 3-69(c)中,较小应力环境下,顶板拉伸、剪切和拉剪三种破坏形式共存,且所占比例相当,支护后,拉伸破坏得到了有效控制,所占百分比均在 8% 以下,主要以剪切和拉剪破坏为主,且后者一直较前者大,只有当 $\sigma_z > 16$ MPa 或 $\sigma_x > 10$ MPa 时,剪切破坏方占据主导地位,故在本次研究的应力环境中,单层火成岩侵入巷道顶板破坏模式几乎全以拉剪破坏为主。

⑤ 应力环境对锚网支护的控制效果影响较大。常规锚网支护后,顶板合计破坏面积降低率随双向应力的变化波动较大,最小值为 26.78%,最大值为 70.79%,在具体规律方面,表现为:顶板合计破坏面积降低率先增加后降低,垂直应力上升后,上述降低趋势转变为呈三次函数的降低趋势;随垂直应力的增加,顶板破坏面积一直降低,水平应力较大时,表现为降—增—降的波浪变化。

(2)锚网+架棚支护对单层火成岩侵入顶板破坏控制效果分析

型钢架棚的增设并没有改变顶板拉伸、剪切、拉剪及总破坏面积随水平、垂直应力的变化规律,因此,在此就不再详细叙述。锚网+架棚支护后,各类破坏类型所占百分比的变化规律如图 3-89(a)所示,顶板合计破坏面积的降低率与双向应力之间的变化规律如图 3-89(b)所示。

对比图 3-88 和图 3-89 可知:

① 架棚的增设提高了顶板抵抗拉剪破坏的能力,拉剪破坏所占百分比降低。工字钢棚的架设,增加了顶板的抗弯刚度,同时在型钢的阻挡下,顶板抵抗剪切破坏的能力得到提高,

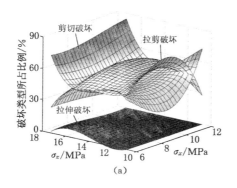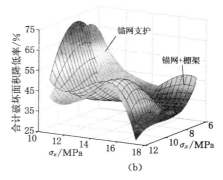

图 3-89　$d = 0.25$ m、$l = 1.0$ m 时锚网＋架棚支护对单层火成岩侵入顶板稳定性控制效果

(a) 各破坏类型所占百分比；(b) 合计破坏面积降低率

双向应力作用下,顶板拉剪破坏所占百分比降低,与锚网支护相比,锚网＋架棚支护拉剪破坏所占百分比最大值降低为 71.43%,降低了 13.19%,$\sigma_z < 16$ MPa 且 $\sigma_x < 10$ MPa 时,上述量值在 50% 左右,拉剪破坏和剪切破坏所占百分比基本相当。

② 一定应力环境中,架棚的架设阻碍了锚网支护作用的发挥,锚网＋架棚支护效果弱于锚网支护。对比图 3-88(d)和图 3-89(b)可以发现,当垂直应力小于 14 MPa、水平应力不超过 10 MPa 时,锚网支护对应的顶板破坏面积降低率较锚网＋架棚支护高 1.5%～7.9%,也即是架棚增设后整体效果没有未增设前好。

为了分析上述现象,以 $\sigma_x = 6.0$ MPa、$\sigma_z = 10.8$ MPa 围岩环境为对象,绘制两种支护形式下各构件的应力分布,如图 3-90 所示。由图可知,架棚支护增设后,锚杆、锚索支护体自身所有应力得到了不同程度的降低,尤其是顶角锚杆和锚索,甚至出现了应力为零的情况,造成这一现象主要原因是由于工字钢架棚的"分载作用",巷道开挖后,围岩变形不断向自由面方向发展,架棚支护阻挡了围岩浅部岩层变形的发展,承担了原本作用于锚杆、锚索上的围岩碎胀荷载,锚杆、锚索应变降低,自身受力也随之减小,锚网支护效果降低,使得 $\sigma_x < 10.0$ MPa、$\sigma_z < 14.0$ MPa 时,锚网＋架棚联合支护对顶板稳定性的控制方面弱于仅用锚网支护取得的效果。

③ 锚网或锚网＋架棚支护并不能彻底解决侵入层的率先破坏问题。研究结果表明,由于受火成岩侵入影响煤体自身软弱易碎,巷道开挖后,该层煤体往往率先发生破坏,给顶板的离层、突然垮落带来较大隐患,锚网或锚网＋架棚支护后,顶板煤体岩性并未得到有效改善,当侵入层位于锚杆范围内时,在锚杆预紧力的作用下,侵入层在两侧完整煤体的保护下处于稳定状态,当围岩应力增加后,火成岩侵入影响的煤体发生破坏,应力继续上升后,上述破坏与完整煤体的破坏相互贯通,如图 3-91 所示。以锚网支护为例,对侵入层煤体的破坏情况进行统计,得到表 3-11。

表 3-11　$d = 0.25$ m、$l = 1.0$ m 时锚网支护后侵入层破坏情况统计结果

水平应力/MPa 垂直应力/MPa	6.0	8.0	10.0	12.0
10.8	未破坏	未破坏	破坏	贯通

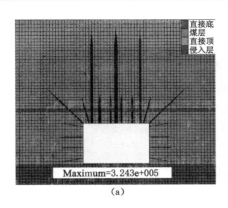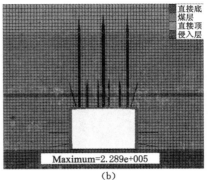

图 3-90 不同支护形式下支护构件受力分布图

(a) 锚网支护；(b) 锚网＋架棚支护

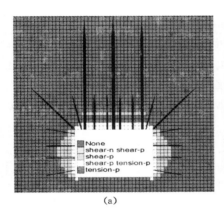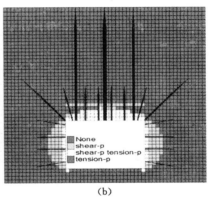

图 3-91 $d=0.25$ m、$l=1.0$ m 时受单层火成岩侵入影响煤层破坏过程

(a) $\sigma_x=10.0$ MPa、$\sigma_z=15.12$ MPa；(b) $\sigma_x=10.0$ MPa、$\sigma_z=17.28$ MPa

12.96	未破坏	未破坏	破坏	贯通
15.12	破坏	破坏	贯通	贯通
17.28	贯通	贯通	贯通	贯通

由表 3-11 可以看出，$\sigma_x \leqslant 8.0$ MPa 且 $\sigma_z \leqslant 12.96$ MPa 时，侵入层煤体处于稳定状态；$\sigma_x=10.0$ MPa 且 $\sigma_z \leqslant 12.96$ MPa 或 $\sigma_x \leqslant 8.0$ MPa 且 $\sigma_z=15.12$ MPa 时，受火成岩侵入影响的煤层较周围完整煤体先发生破坏；随着水平或垂直应力的继续增加，火成岩侵入影响内外煤体的破坏范围发生贯通，尽管在锚索的作用下，顶板仍处于稳定状态，但其潜在的破坏因素增多。

（3）锚网＋注浆支护对单层火成岩侵入顶板破坏控制效果分析

根据研究可知，注浆对改善火成岩侵入影响范围内煤体力学性质具有独特的优势，本节在上述研究的基础上，分析锚网＋注浆支护对单层火成岩侵入顶板稳定性的控制作用，拉伸、剪切及拉剪破坏所占百分比及顶板合计破坏面积降低率与水平、垂直应力之间的三维关系如图 3-92 所示。

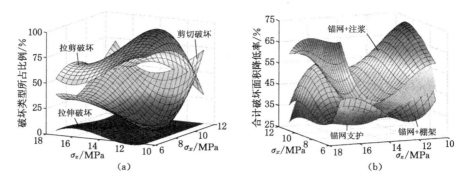

图 3-92 $d=0.25$ m、$l=1.0$ m 时锚网＋注浆支护对单层火成岩侵入顶板稳定性控制效果

(a) 各破坏类型所占百分比；(b) 合计破坏面积降低率

由图 3-92 可知：

① 锚网＋注浆支护后，顶板以拉剪破坏为主。化学浆液的注入不但改变了火成岩侵入影响范围内煤体的孔隙结构，使煤体宏观孔隙度降低，致密程度和机械强度增加，而且浆液将松软煤体胶结成整体，提高了其黏聚力和内摩擦角，增强了岩体抵抗破坏能力，因此，锚网＋注浆支护后，单层火成岩侵入顶板剪切破坏面积得到大范围控制，不同应力环境中，剪切破坏所占百分比最小值仅 4.76％，$\sigma_x < 12.0$ MPa 时，上述量值均在 50％以下，拉剪破坏占据主导地位。

② 三种支护方案中，锚网＋注浆支护对受单层火成岩侵入影响的特厚煤层巷道顶板稳定性控制效果最好。锚网、锚网＋注浆和锚网＋架棚对处于锚固区内火成岩侵入顶板进行加固后，在不同水平和垂直应力环境中，顶板最大破坏面积分别为 24.34 m²、13.63 m² 和 21.66 m²，与无支护时（33.25 m²）相比，分别降低了 26.80％、59.01％和 34.86％，锚网＋注浆支护效果最为明显。此外，由图 3-92(b) 可以看出，任何应力环境中，锚网＋注浆支护下巷道顶板总破坏面积的降低率均大于其他两种支护形式，尤其是当垂直应力较大时，上述降低率迅速上升，且受水平应力的影响较小，$\sigma_z = 17.28$ MPa、$\sigma_x = 6.0$ MPa 时，锚网、锚网＋注浆和锚网＋架棚支护对应的顶板破坏面积降低率分别为 43.50％、73.59％和 45.90％，可见，在受单层火成岩侵入影响的特厚煤层底煤巷顶板稳定性控制方面，锚网＋注浆支护效果最好。

3. $d=0.50$ m、$l=3.0$ m 时顶板破坏控制效果分析

(1) 锚网支护对单层火成岩侵入顶板破坏控制效果分析

侵入层位于锚杆支护外时，锚网支护后，顶板拉伸、剪切、拉剪及总破坏面积随水平、垂直应力的变化如图 3-93(a)、(b) 所示，各类破坏类型所占百分比的变化规律如图 3-93(c) 所示，顶板合计破坏面积的降低率与双向应力之间的变化规律如图 3-93(d) 所示。

对比图 3-70 和图 3-93 可知：

① 锚网支护后，火成岩侵入层位置对顶板各破坏类型及其百分比与双向应力变化规律的影响程度较弱。在图 3-93 中，锚网支护后顶板拉伸破坏面积控制在 0.56 m² 以下，与无支护相比降低了 86.3％。此外，对比图 3-88 和图 3-93 可以看出，锚网支护后，火成岩侵入层距顶板 3.0 m 和 1.0 m 时，顶板拉剪、剪切以及总破坏面积随水平、垂直应力的变化规律基

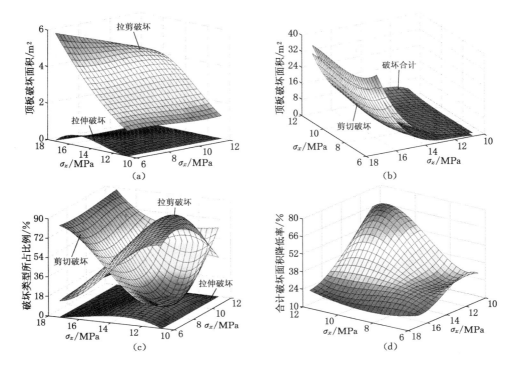

图 3-93　$d=0.5$ m、$l=3.0$ m 时锚网支护对单层火成岩侵入顶板稳定性控制效果

（a）拉伸和拉剪破坏面积；（b）剪切和合计破坏面积；（c）各破坏类型所占百分比；（d）合计破坏面积降低率

本保持一致,在具体数值上稍有差别,在此就不再详述。

②侵入层上移后,在两侧完整煤体的保护下,其自身承载能力提高。对不同应力环境下受火成岩侵入影响范围内煤体的破坏情况进行统计,得到表 3-12。

表 3-12　　　　　　$d=0.5$ m、$l=3.0$ m 时锚网支护后侵入层破坏情况统计结果

水平应力/MPa　垂直应力/MPa	6.0	8.0	10.0	12.0
10.8	未破坏	未破坏	未破坏	破坏
12.96	未破坏	未破坏	未破坏	破坏
15.12	破坏	破坏	破坏	破坏
17.28	破坏	破坏	破坏	破坏

由表 3-12 可知,$\sigma_x \leqslant 10.0$ MPa 且 $\sigma_z \leqslant 12.96$ MPa 时,受火成岩侵入影响的煤体均保持较好的稳定性,围岩应力增加后,该部分煤体较周围完整煤体先发生破坏,但其破坏范围有限,并未与围岩表面破坏范围贯通,在两侧完整煤体的保护下,其自身承载能力提高。

（2）锚网+架棚支护对单层火成岩侵入顶板破坏控制效果分析

锚网+架棚支护后,拉伸、剪切和拉剪破坏面积所占百分比及顶板合计破坏面积降低率随水平应力和垂直应力的变化关系如图 3-94 所示,分析可知:

①高水平应力下,锚网+架棚支护对单层火成岩侵入顶板的稳定性控制效果较锚网支

护好。在图 3-94(b)中,水平应力大于 10 MPa 后,锚网＋架棚支护对应顶板合计破坏面积的降低率量值较锚网支护大,最大差值达到 13.13%,而水平应力小于 10 MPa 时,二者量值基本一致,甚至一定应力范围内,后者超过了前者,进一步说明了架棚的架设阻碍了锚网支护作用的发挥。

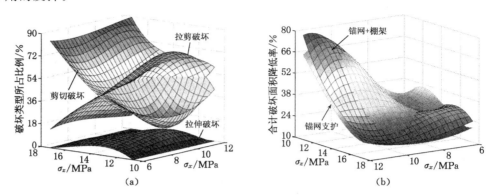

图 3-94　$d=0.5$ m,$l=3.0$ m 时锚网＋架棚支护对单层火成岩侵入顶板稳定性控制效果

(a) 各破坏类型所占百分比;(b) 合计破坏面积降低率

② 架棚的架设增加了顶板的整体承载能力,火成岩侵入层稳定性得以提高,但仍然存在率先破坏情况。与锚网支护相比,增设工字钢棚后,$\sigma_x = 6.0$ MPa 时,受火成岩侵入影响煤层保持稳定时的最大垂直应力达到 15.12 MPa,保持垂直应力为 10.8 MPa 不变时,其对水平应力的承载能力增加了 2.0 MPa,达到 12.0 MPa,见表 3-13,架棚的架设增加了顶板的整体承载能力,火成岩侵入层稳定性得以提高,但当应力超过上述范围后,硅化煤层仍然较周围完整煤体先发生破坏,使顶板产生潜在的危险层。

表 3-13　　$d=0.50$ m、$l=3.0$ m 时锚网＋架棚支护后侵入层破坏情况统计结果

垂直应力/MPa ＼ 水平应力/MPa	6.0	8.0	10.0	12.0
10.8	未破坏	未破坏	未破坏	未破坏
12.96	未破坏	未破坏	未破坏	破坏
15.12	未破坏	破坏	破坏	破坏
17.28	破坏	破坏	破坏	破坏

(3) 锚网＋注浆支护对单层火成岩侵入顶板破坏控制效果分析

锚网＋注浆支护后,拉伸、剪切和拉剪破坏面积所占百分比及顶板合计破坏面积降低率随水平应力和垂直应力的变化关系如图 3-95 所示。

对比分析图 3-93、图 3-94 和图 3-95 可知:

① 低应力水平中,三种支护形式巷道顶板以拉剪破坏为主,高应力环境中,剪切和拉剪破坏所占百分比受支护形式的影响较大。由图 3-93(c)、图 3-94(a)和图 3-95(a)可知,$\sigma_x <$ 10.0 MPa、$\sigma_z < 13.0$ MPa 时,锚网、锚网＋注浆和锚网＋架棚三种支护下,顶板均以拉剪破坏为主,最大破坏比例达到 83%,随着应力水平的增加,锚网和锚网＋架棚支护拉剪破坏面

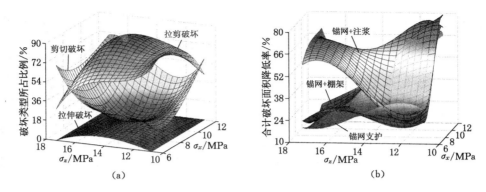

图 3-95 $d=0.5\,\text{m}$、$l=3.0\,\text{m}$ 时锚网＋注浆支护对单层火成岩侵入顶板稳定性控制效果
(a) 各破坏类型所占百分比；(b) 合计破坏面积降低率

积所占百分比呈直线迅速下降，由于锚网＋注浆支护对剪切破坏面积的控制效果较好，致使上述下降速度较慢，在整个应力变化过程中，拉剪破坏占据主导地位。

② 火成岩侵入层位置距顶板较远时，无采动影响时宜采用锚网支护为主，回采影响较大时宜采用锚网＋注浆支护。由图 3-95(b) 可知，三种支护形式对应的总破坏面积降低率随着水平应力的增加而增加，垂直应力升高后，上述增长趋势逐渐放缓；随垂直应力的增加，锚网支护和锚网＋架棚支护形式对顶板的控制效果逐渐降低，而锚网＋注浆支护后顶板总破坏面积的降低率，随垂直应力的增加而先降低后升高。总体来看，$\sigma_z < 12.96\,\text{MPa}$ 时，三种支护形式对顶板的控制效果相差不多，垂直应力越大，锚网＋注浆支护效果越能得到显现，$\sigma_z = 17.28\,\text{MPa}$ 时，锚网、锚网＋注浆和锚网＋架棚三种支护下，顶板破坏面积分别降低了 19.62%、59.36% 和 23.76%，考虑到施工成本，当火成岩侵入层位置距顶板较远时，无采动影响时宜采用锚网支护为主，回采影响较大时宜采用锚网＋注浆支护。

③ 锚网＋注浆支护后，火成岩侵入层破坏得到了良好控制。在化学浆液的充填、黏结作用下，松软、裂隙发育的火成岩侵入煤体的完整性、力学强度等得到了良好提高，其承载能力大幅度提升，在 $\sigma_x = 6.0 \sim 12.0\,\text{MPa}$、$\sigma_z = 10.8 \sim 17.28\,\text{MPa}$ 变化过程中，受火成岩侵入影响的煤体未发生破坏，以 $\sigma_x = 10.0\,\text{MPa}$、$\sigma_z = 15.12\,\text{MPa}$ 为例，锚网、锚网＋架棚和锚网＋注浆三种支护形式下顶板的破坏情况见图 3-96。从图中可以看出，采用前两种技术支护后，火成岩侵入影响的煤层破坏宽度分别为 7.5 m 和 6.5 m，锚网＋注浆支护后，上述破坏消失，火成岩侵入层稳定性得到了良好控制。

3.3.3.4 不同围岩结构中单层火成岩侵入顶板破坏控制效果分析

上节研究了不同围岩应力环境中，锚网、锚网＋注浆和锚网＋架棚支护对顶板稳定性的控制效果，本节将从火成岩侵入层厚度及其位置两个方面开展分析，研究上述三种支护形式在不同围岩结构下的作用效果。为了增加对比性和全面性，本节选择 $k_x = 2.0$、$k_z = 1.0$ 和 $k_x = 1.0$、$k_z = 1.4$ 两种应力环境进行分析，其中，后者为扩展分析。

1. 水平应力为主时顶板破坏控制效果分析

$k_x = 2.0$、$k_z = 1.0$ 时，顶板拉伸破坏面积消失，支护前后，剪切、拉剪和总破坏面积与侵入层厚度及其位置之间的三维曲面如图 3-97 和图 3-98 所示。

由图 3-97 和图 3-98 可知：

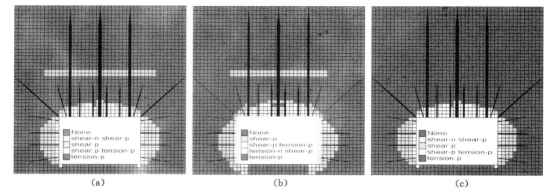

图 3-96　$\sigma_x=10.0\ \text{MPa}$、$\sigma_z=15.12\ \text{MPa}$ 时不同支护形式下围岩破坏分布图

(a) 锚网支护；(b) 锚网＋架棚支护；(c) 锚网＋注浆支护

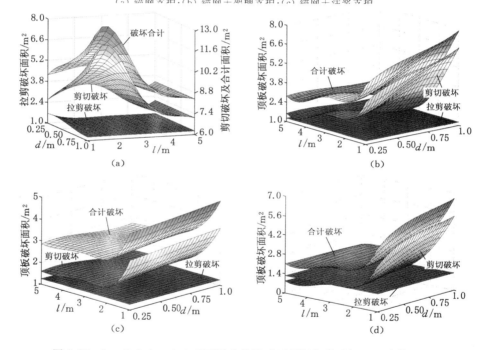

图 3-97　$k_x=2.0$、$k_z=1.0$ 时不同支护形式下顶板各类破坏面积计算结果

(a) 无支护；(b) 锚网支护；(c) 锚网＋注浆支护；(d) 锚网＋架棚支护

（1）巷道开挖后，围岩大部分的应力释放和再平衡在瞬间完成，使得巷道存在最小破坏范围，且该值不受支护形式的影响。在图 3-97 中，巷道支护前，顶板拉剪破坏面积随侵入层的厚度和距离的不断增加而减小，最终保持在 1.25 m^2，而在锚网等支护下，顶板拉剪破坏面积一直保持在 1.25 m^2，并不受支护形式和火成岩侵入层厚度及距离的影响，可见，在巷道开挖后，由于应力的瞬间释放和再平衡，使支护总表现出一定的滞后性，无论采用何种支护形式，围岩均存在一个最小破坏范围，而支护的最终目的则是控制这些破坏范围的进一步扩展。

（2）巷道支护后，侵入层对顶板破坏面积的加剧作用得到了很好的控制。巷道支护前，顶板破坏面积并不随侵入层的上移而降低，$l \leqslant 2\ \text{m}$ 时，其破坏面积反而有不同程度的增

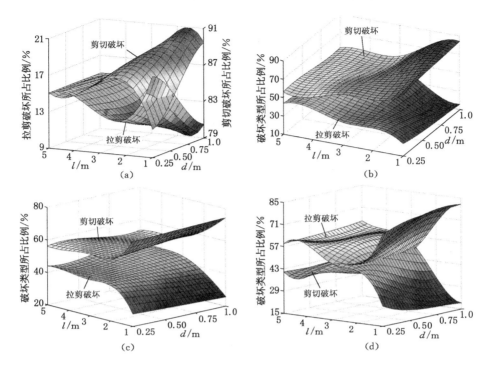

图 3-98 $k_x=2.0$、$k_z=1.0$ 时不同支护形式下顶板破坏类型所占百分比计算结果

(a) 无支护；(b) 锚网支护；(c) 锚网＋注浆支护；(d) 锚网＋架棚支护

加，且侵入层厚度越大，上述增幅越明显，侵入层的存在加剧了顶板的破坏，如图 3-97(a)所示；利用锚网对巷道进行支护后，由于锚索的存在，顶板破坏面积的上述增加过程消失，表现为随侵入层的上移而呈三次函数降低，$l > 2$ m 后，基本保持不变，如图 3-97(b)所示。此外，随着注浆或架棚等辅助支护技术的实施，上述变化更加平缓，如图 3-97(c)、(d)所示，侵入层对顶板破坏面积的加剧作用得到了很好控制。

（3）顶板破坏类型所占比例与侵入层厚度及位置的变化关系受支护形式影响较大。巷道支护后，拉剪破坏面积保持不变，但随侵入层厚度的增加和距顶板距离的减小，顶板总破坏面积逐渐增加，使得拉剪破坏所占百分比逐渐下降，同时，由于顶板只存在拉剪和剪切两种破坏类型，故后者所占比例与前者相反。在锚网支护和锚网＋注浆支护中，剪切破坏始终占据主导地位，所占比例最大量值分别为 84.13% 和 74.36%；锚网＋架棚支护后，顶板拉剪和剪切破坏所占地位随着侵入层的上移由剪切破坏转为拉剪破坏。

（4）侵入层厚度对支护形式的控制效果影响较其距离弱。求解不同支护形式下顶板破坏面积的降低率，利用 Matlab 绘制其与火成岩侵入位置及厚度之间的三维曲面关系，得图 3-99。由图可知，随着侵入层厚度的增加，锚网、锚网＋注浆和锚网＋架棚支护下顶板的破坏面积降低率均逐渐升高，但增加幅度不大，增幅在 3% 以下；但随侵入层上移，降低率迅速上升，$l = 2$ m 时，上述三种支护形式对应的最大破坏面积降低率分别为 62.94%、74.35% 和 72.94%，之后其量值出现小幅度下降。

（5）水平应力为主的巷道中，侵入层距顶板较近时，宜采用锚网＋注浆支护，较远时，宜采用锚网支护。在图 3-99 中，$l \leqslant 2$ m 时，合计破坏面积降低率最大值是锚网＋注浆支护，

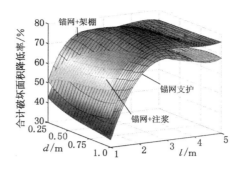

图 3-99 $k_x = 2.0$、$k_z = 1.0$ 时不同支护形式下顶板合计破坏面积降低率计算结果

锚网＋架棚次之,锚网支护效果最差,随着侵入层的上移,锚网＋注浆和锚网支护二者支护效果趋于相同,$l = 5$ m 时,合计破坏面积降低率约为 67.91%,锚网＋架棚支护效果最好,但上述围岩结构下,76.12% 的顶板破坏面积得到控制,仅比其他两种支护方式提高了 8.21%,考虑到经济性,在水平应力为主的巷道中,侵入层距顶板较近时,宜采用锚网＋注浆支护,较远时,宜采用锚网支护。

2. 垂直应力为主时顶板破坏控制效果分析

(1) $k_x = 1.0$、$k_z = 1.4$ 环境下,顶板存在了一定的拉伸破坏,各类破坏面积与火成岩侵入厚度及位置的变化关系如图 3-100 所示。

由图 3-100 可知:

① 以垂直应力为主的巷道中,顶板支护后其拉伸破坏面积得到了有效控制,且与火成岩侵入层厚度及位置表现出了良好的规律性。在图 3-100 中,锚网、锚网＋注浆和锚网＋架棚支护后,不同围岩结构顶板拉伸破坏面积均在 0.7 m² 以下,与无支护时的 4 m² 左右相比,降低了 82.5%,拉伸破坏得到了有效控制。此外,前两种支护下,由于侵入层自身松软硅化煤体的“让压”作用,使的拉伸破坏面积随侵入层的上移而增加,随侵入层厚度的增加而降低,而在型钢架棚的联合支护下,拉伸破坏面积发展规律不如前两种明显。

② 与无支护巷道相比,垂直应力较高时,支护体的增设使拉伸破坏转化为拉剪破坏,进而使后者的面积增加。对比分析图 3-100 中支护前后拉剪破坏面积可知,三种支护形式下巷道顶板拉剪破坏面积均高于支护前,为了研究其原因,以锚网支护为例,绘制支护前后巷道破坏的塑性区分布图($d = 1.0$ m、$l = 3.0$ m),见图 3-101。由图可知,支护前顶板中部主要发生拉伸破坏,破坏高度达 1.5 m,锚网支护后,在金属网等的作用下,顶板表面抗拉强度得到较大提高,原本发生拉伸破坏的岩体现在为拉剪破坏,破坏高度为 1.0 m,可见,支护结构在控制围岩破坏的过程中,将拉伸破坏转化为剪切破坏,尽管单一破坏类型范围增加,但顶板整体破坏范围得到了有效控制。

(2) 图 3-102 为不同支护形式下顶板剪切和合计破坏面积示意图。

分析图 3-102 可知:

① 垂直应力为主巷道中,火成岩侵入层位置对顶板破坏面积的加剧作用并未得到彻底控制,但其作用距离随支护结构的增设而改变。对比图 3-102(a)～(d)可以发现,无论支护无否,在侵入层厚度及位置变化过程中,剪切和总破坏面积具有良好的一致性,二者面积随侵入层厚度的增加而增大,但在与侵入层距离的关系上,支护方式对其影响较大。无支护、

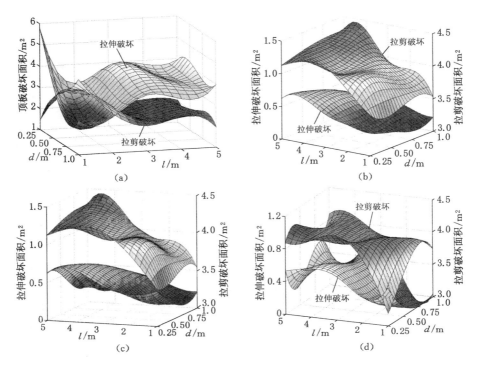

图 3-100　$k_x=1.0$、$k_z=1.4$ 时不同支护形式下顶板拉伸和拉剪破坏面积计算结果

(a) 无支护；(b) 锚网支护；(c) 锚网＋注浆支护；(d) 锚网＋架棚支护

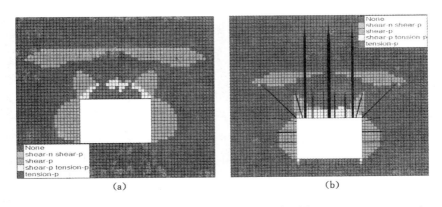

图 3-101　$k_x=1.0$、$k_z=1.4$ 时锚网支护前后破坏对比图（$d=1.0$ m、$l=3.0$ m）

(a) 无支护；(b) 锚网支护

锚网支护和锚网＋架棚支护时，顶板破坏面积随侵入层的上移而先增加后降低，侵入层位置对顶板破坏面积的加剧作用并未得到彻底控制，无支护时 $l=2$ m 顶板破坏面积达到最大，而支护后，$l=3$ m 时顶板破坏面积方达到最大。对于锚网＋注浆支护，上述加剧作用的规律性并不明显，最大破坏面积受侵入层厚度和位置的共同影响。

　　② 对侵入层厚度及位置不断变化的围岩结构，在顶板稳定性控制方面，锚网＋注浆支护具有更强的适应能力。从锚网、锚网＋注浆和锚网＋架棚支护后顶板的总破坏面积量值

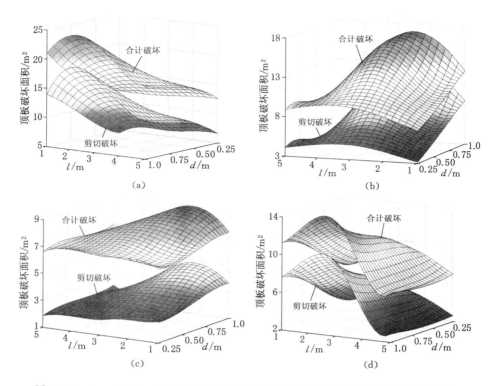

图 3-102 $k_x = 1.0$、$k_z = 1.4$ 时不同支护形式下顶板剪切和合计破坏面积计算结果
(a) 无支护；(b) 锚网支护；(c) 锚网＋注浆支护；(d) 锚网＋架棚支护

来看，随着侵入层位置及厚度的变化，三种支护下顶板的破坏面积分别为 $7.13 \sim 16.41$ m²、$6.47 \sim 8.91$ m² 和 $6.72 \sim 14.06$ m²，可见，无论是量值还是波动范围，锚网＋注浆支护最小，锚网＋架棚支护次之，锚网支护最大，因此，当火成岩侵入层准确范围及位置无法确定时，选择锚网＋注浆支护具有更强的适应能力，较大的安全性。

（3）由上述分析可知，在垂直应力为主的巷道中，顶板支护后拉伸破坏面积均在 0.7 m² 以下，在分析各破坏类型所占百分比时，可以将拉伸面积所占比例忽略不计，拉剪和剪切破坏所占百分比随侵入层厚度及位置的变化规律如图 3-103 所示，由图可知：

在剪切破坏的控制方面，注浆支护优于锚网支护。锚网支护后，随着侵入层厚度的增加，剪切破坏所占百分比呈二次函数增加，随侵入层的上移，其所占比例降低，但基本上整个过程中，剪切破坏均占据主要地位，最大值达到 74.52%；锚网＋架棚支护后，剪切破坏所占百分比变化规律与锚网支护相似，但 $l > 4$ m 后，拉剪破坏占据主导；而采用锚网＋注浆支护后，由于浆液的渗透较好地改善了侵入层煤体的岩性，提高了其抗剪能力，故在侵入层位置及厚度变化的过程中，剪切破坏所占比例几乎一直小于拉剪破坏。可见，在剪切破坏的控制方面，注浆支护优于锚网支护。

（4）与无支护相比，支护后顶板总破坏面积降低率与围岩结构之间的曲面关系如图 3-104所示，由图可知：

锚网＋注浆支护能较好地控制高垂直应力下单层火成岩侵入巷道顶板的稳定性，锚网支护和锚网＋架棚支护具有一定的适用条件。随着侵入层厚度的增加，三种支护形式下顶

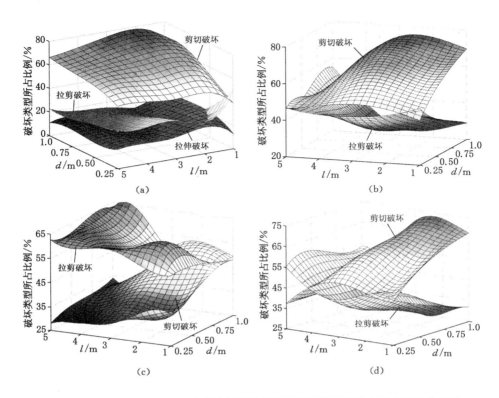

图 3-103　$k_x=1.0$、$k_z=1.4$ 时不同支护形式下顶板破坏类型所占百分比计算结果
(a) 无支护；(b) 锚网支护；(c) 锚网＋注浆支护；(d) 锚网＋架棚支护

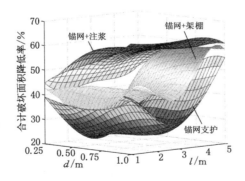

图 3-104　$k_x=1.0$、$k_z=1.4$ 时不同支护形式下顶板合计破坏面积降低率计算结果

板的破坏面积降低率均逐渐增加，但随着侵入层位置的上移，锚网＋注浆支护对顶板的控制效果基本保持不变，锚网支护和锚网＋架棚支护顶板破坏面积降低率量值先下降后上升，其量始终小于锚网＋注浆支护，在 $l=3$ m 时达到最低，分别为 20.05％和 22.14％。可见，在垂直应力为主的围岩环境中，锚网＋注浆支护至少能使 41％的顶板破坏面积得到控制，适用性广泛，而锚网和锚网＋架棚支护仅在侵入层位于锚杆支护范围内或距其较远时方能起到良好的支护效果。

3.4 侏罗系煤层开采冲击地压巷道灾害形成机理与控制

3.4.1 冲击地压机理及过程分析

3.4.1.1 概述

（1）煤岩体中能量分类

在煤柱及工作面帮的冲击破坏过程中，受载煤岩体系统内能量转化服从能量守恒定律，煤岩体的状态转化正是能量相互转化的结果。能量主要包括以下几种形式：

① 弹性能　$E_e = \int_V \sigma_{ij} \, \mathrm{d}\varepsilon_{ij}^e$；

② 塑性能　$E_p = \int_V \sigma_{ij} \, \mathrm{d}\varepsilon_{ij}^p$；

③ 损伤能　$E_D = \int_0^D -\frac{1}{2}[\lambda \varepsilon_{ii}^e \varepsilon_{jj}^e + 2\mu \, \varepsilon_{ij}^e \varepsilon_{ji}^e] \mathrm{d}D$；

④ 辐射能　$E_{fa} = \int n(P) P^2 \mathrm{d}P$；

⑤ 动能　　$E_k = \sum \frac{1}{2} m_i v_i^2$；

⑥ 热能　　$E_h = c_R \int \Delta T(t,m) \mathrm{d}m$。

（2）冲击地压发生能量驱动机制

对于煤岩体，其系统内部能量转化大致分为能量输入、能量集聚、能量耗散、能量释放四个过程。冲击地压孕育过程中能量的转化是一个动态的过程，表现为各种能量的转化与平衡。能量驱动煤岩体冲击地压破坏主要有两种机制，一方面，工作面超前压力扰动的输入使煤柱及工作面帮煤岩体内部节理裂纹扩展发育，损伤及塑性变形等能量耗散使得煤岩体的强度降低，从能量角度来讲，煤岩体的储能极限降低；另一方面，煤岩体内集聚的弹性能的增加又使得煤岩体整体破坏的能量源（能核、局部能量密度）增加。前者使煤岩体抗破坏的能力降低，后者使驱动冲击破坏的能力增强。当图 3-105 中两条曲线相交时，冲击地压即具备发生条件。

（3）单轴压缩试验能量演化解释

11# 煤层煤样在单轴压缩条件下，结合试样在不同加载阶段的破坏形态，可根据应力应变曲线对试样能量的转化过程作如图 3-106 所示的描述。

① 在压密阶段（OA 段），外界输入能量逐渐增加，积聚的弹性变形能亦缓慢增加，试样内部原生的裂纹和缺陷不断闭合，并相互摩擦滑移，输入能量一部分被应变软化机制耗散和释放。

② 在线弹性阶段（AB 段），试样仍不断吸收能量，应变硬化机制占据绝对优势，绝大部分能量转化为弹性变形能积聚在试样内。

③ 在稳定破裂发展阶段（BC 段），试样内的裂纹逐渐扩展，新的微裂纹萌生，试验过程伴随少量声响，许多能量以各种辐射能形式释放，弹性能仍占据主要地位。

④ 在不稳定破裂阶段（CD 段），微裂纹互相贯通，主裂纹形成并在表面扩展，尖端形成

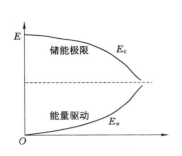

图 3-105 能量驱动冲击地压发生机制

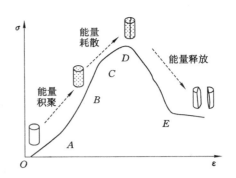

图 3-106 11#煤层煤样能量演化与
应力-应变状态的关系

集中塑性区,伴随大量声响,弹性变形能积聚能力减弱,耗散能占比重升高。

⑤ 在峰后软化阶段(DE 段),宏观裂纹迅速扩展,试样被分割成大大小小的块状固体,试样崩散,之前储存的弹性能转化为表面能、动能及各种辐射能。

因此,从能量角度来解释,煤岩体试样在加载条件下可分为三个阶段:第一个阶段是能量积聚阶段,大致对应压密阶段、线弹性阶段和稳定破裂发展阶段,此阶段主要以外载做功及岩石弹性能的储存为主;第二个阶段是能量耗散阶段,大致对应不稳定破裂阶段,此过程以弹性能和损伤耗散能的转化为主;第三个阶段是能量释放阶段,对应于峰后阶段,此过程弹性能大量释放,转化为表面能、动能等。峰后的动能体现冲击发生的强度。图 3-106 同时表明,冲击强度与峰后的应变量相关,应变量越小则冲击强度越高,动能越大。

3.4.1.2 11#煤层顶板砂岩试样试验

本次取到 11#煤层顶板砂岩的试样有限,因此只进行了两类试验:常规单轴试验和不同加载速率循环加载试验。

(1)常规单轴压缩试验

图 3-107 为 3 个完整顶板砂岩岩样的单轴准静态压缩全应力-应变曲线,岩样单轴抗压强度平均为 90.4 MPa,峰值应变介于 0.005 和 0.006 之间,弹性模量约为 14.8 GPa,可知,顶板砂岩完整性较好,强度高,具有良好的脆性,峰后应变量小,在外荷载作用下具备发生断裂型冲击地压条件。

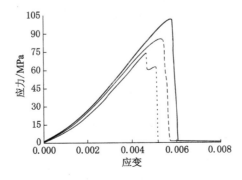

图 3-107 单轴准静态压缩下顶板砂岩应力-应变曲线

（2）不同加载速率循环加载试验

不同加载速率下砂岩岩样循环加卸载应力-应变曲线如图 3-108 所示。

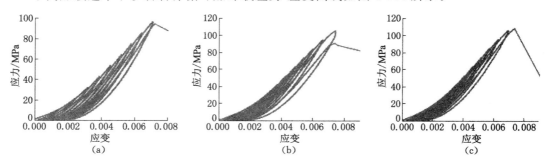

图 3-108　不同加载速率下砂岩岩样循环加卸载应力-应变曲线
(a) 2 kN/s；(b) 4 kN/s；(c) 6 kN/s

由图 3-108 可以看出，加载速率的增大对应力应变的形态影响不大，三个试验曲线都具有明显的压密阶段、线弹性阶段、弱化阶段和破坏阶段，随着加载速率的增大，峰值强度呈增大趋势，峰值应变呈减小趋势。

对比两种试验的结果发现：采用循环加载后，砂岩的全应力-应变曲线峰后与单轴压缩对比发生了较大变化，说明在循环加载作用下，砂岩的岩体结构不断损伤，脆性特征逐渐衰减，再次验证了"岩石的脆性和塑性并非岩石的固有性质，它与受力状态有关，随着受力状态的改变，其脆性和塑性是可以相互转化的"；加载速率对岩石的强度指标有明显的影响，加载速率愈快，弹性模量愈大。

3.4.1.3　冲击地压孕育过程模型试验研究

利用松香：膨润土＝2：1 相似材料，进行相似材料的室内模型试验，通过一步步地加载，研究开挖空间围岩材料的破坏过程及破坏规律，以此来再现冲击地压的发生过程。

（1）试验仪器及设备

如图 3-109 所示，冲击地压相似模拟试验系统由加载系统、模拟试验台和观测系统组成。

加载系统采用 YNS2000 电液伺服万能试验机，最大试验力 2 000 kN，活塞行程 200 mm，试验速度 0.5～50 mm/min，本试验中采用试验速度 5 mm/min，控制精度±1％FS。

模拟试验台由围压盒、弹性储能装置及模拟开挖装置组成，其中弹性储能装置由上压板、传力柱、高压弹簧、下压板组成，模拟开挖装置由反力框架、千斤顶及柱芯组成，系统可模拟先加载后卸压工况。观测系统由 SPEEDCAM visariog2 高速摄像机及 Visart2.4 软件组成，可实现每秒 10 000 帧连续拍摄及图像后处理。

（2）试验结果

试验时前后开挖空间内部表面变化情况如图 3-110 所示。

对材料破坏过程的描述如下：① 在加载初期，可以听到轻微但很清晰的撕裂声，并伴随着轻微的"掉渣"现象，随后出现"起皮"现象（内表面贴着一层薄纸，随着试验力的增加，该薄纸逐渐与试验材料相分离），如图 3-110（b）所示；② 随着试验力的进一步增大，首先在右帮出现快速的撕裂破坏，并伴随着碎屑的脱落，如图 3-110（c）所示；③ 当试验力达到一定程度

试验台正面　　　　　　　　　　　　　　　　试验台背面

图 3-109　冲击地压相似模拟试验系统

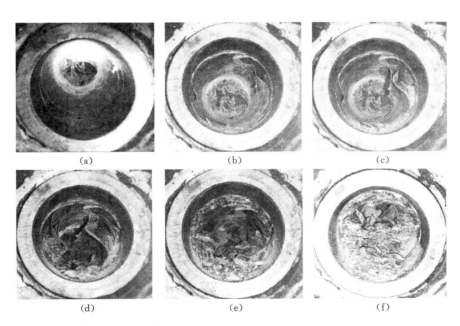

图 3-110　开挖空间加载各阶段破坏特征

(a) 试验前；(b) 起皮、掉渣；(c) 右帮撕裂破坏、碎屑脱落

(d) 两帮块状弹射；(e) 周围崩裂；(f) 最终破坏

后,隧洞两帮均发生破坏,伴随着块状弹射现象,如图 3-110(d)所示,而且在此期间可以听到若干次清脆而响亮的"嘭、嘭"声直至模型最终完全破坏;④ 模型破坏时的试验力为 182.5 kN。开挖空间内部的最终破坏情况如图 3-110(f)所示:巷道两帮破坏较为严重,可以看到明显的"V"形坑槽;材料破坏时弹射出来的碎屑几乎铺满了底部空间;顶板破坏不明显;底板几乎无破坏。

图 3-111 为模拟材料破坏全貌,在开挖空间内部主要破坏发生在两帮部,顶板及两帮深部产生大量的环向分布裂纹,说明在两帮发生冲击现象后,顶板支承条件发生改变,在拉应力作用下呈现层裂破坏状态,强度降低并开始出现破裂剥落现象,若持续加载,顶板将失稳塌落。相似模拟试验直观地模拟了冲击地压发生前、发生过程及发生后的围岩结构变化特征,表明在受工作面采动压力作用下,煤柱及煤柱帮的煤岩体将首先在两帮部发生冲击破坏现象,进而引起顶板的层裂,或可诱发更高强度或规模的顶板垮落冲击破坏。

图 3-111 模拟材料破坏特征

(3) 11# 煤层冲击地压孕育过程描述

由于该巷道处于两硬(顶底板硬、两帮煤硬)条件下,该巷道的冲击地压过程可描述为:在回采超前压力作用下,工作面帮及煤柱由于强度相对较高,未产生大变形释放能量,当能量集聚速度大于耗(释)能速度时,在煤柱及工作面帮深部积蓄大量弹性能(其中一部分能量转化为在煤岩体中萌生或贯通裂纹的耗能),当能量满足释放条件时即发生冲击地压现象,能量较大时发生冲击动态破坏现象,能量较小时呈现两帮整体外移特征。而两帮的突然释能,在压力和空间上给周围,特别是上覆顶板让出了变形和能量转移空间,而导致构造应力场高速率调整,顶板折断下沉形成冲击地压现象。在此过程中煤帮是冲击地压事故的主体,自发型应力(能量释放)诱发,而顶板是事故的客体,具有被动性,在冲击地压开始后两者又相互转换,互为因果直至稳定。

从本质上讲,5937 巷道的冲击地压是局部煤岩体的冲击地压现象,非稳定失稳,瞬间释放大量形变能,形成矿山压力高速率调整的动态特征,矿压调整的速率取决于两帮煤岩体冲击地压的强度和规模。说明两帮煤岩体的冲击破坏是内部集聚能量的主动作用,而顶板受两帮形变和释能诱导,顶板下沉属被动作用效果,因此该处冲击问题的关键点在两帮。

3.4.1.4 不同支护条件下冲击地压巷道变形破坏规律数值模拟

以 5939 巷赋存条件为原型建立数值模拟试验模型,采用有限差分法进行应力场计算。

(1) 巷道开挖无支护工况应力分析

首先对该巷道开挖完成时应力场进行计算,如图 3-112 所示。

开挖完成后顶底板表层(<5 m)均呈现较小的竖向拉应力状态,处于非稳定状态,可能

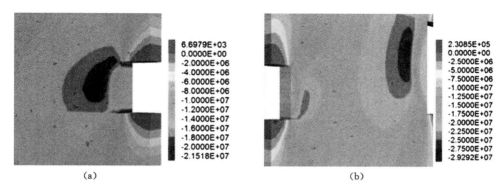

图 3-112 5939 巷开挖完成无支护工况竖向应力场分布
(a) 工作面帮；(b) 煤柱帮

会发生层裂破坏，而深部均呈现压应力状态，处于稳定状态，因此，顶板的支护在中部应当超过 5 m 深度。

工作面帮中部偏上位置浅部呈现应力集中状态，最大值达到 21.52 MPa，并逐步向深部衰减扩散，在上下顶板与帮部接触位置有较大压应力，说明上下顶板与帮部煤层形成强-弱-强夹持结构，约束了帮部煤岩体的变形，造成此处应力集中现象，而浅部的竖向应力集中则相应导致帮部在水平方向的拉伸应力状态，则工作面帮煤岩体在此深度 2～5 m 范围内可能发生整体向巷道侧推移鼓包变形。

煤柱帮与底板交接位置深度有一定应力集中区，则此处煤柱可能沿底板形成冲剪破坏。同时煤柱采空区一侧在煤柱深度 4～8 m 范围内形成较高的应力集中区，最大值达到 29.3 MPa，极易发生煤柱沿自由面整体大范围鼓包甚至冲击变形破坏，此时预留煤柱的宽度将急剧变小，顶板支撑状态发生改变，诱发次生冲击现象，因此，煤柱帮预防冲击地压发生的重点在于如何将临空面一侧与巷道一侧的两处应力集中区消除，保证煤柱帮的整体稳定性。

（2）普通锚杆索支护结构作用下巷道应力场分析

采用设计实施方案如图 3-113 所示，锚杆索采用普通锚杆索（非让压），不设卸压孔结构，巷道围岩应力场分布如图 3-114 所示。

从图 3-114 可见，顶板不再出现拉应力区，说明顶板支护方案发挥了作用，并有效控制了顶板范围内应力分布。与无支护状态相比，工作面帮浅部应力集中区压应力值无较大变化，但是影响范围减小，最大压应力从帮中部向顶板与帮部交界位置转移，最大值增大至 29.78 MPa，说明帮部的支护结构发挥了控制作用。煤柱内应力状态与无支护状态应力场分布相似，但应力集中区范围缩小较为明显，应力值相应增大，煤柱临空帮应力最大值达到 32.83 MPa。

支护结构的施加提高了煤层的整体结构强度，从能量的角度来说，支护结构提高了煤岩体的储能极限，在一定程度上提高了冲击地压发生的极限容许值，降低了冲击地压发生的可能性。但同时，能量仍保持在煤岩体中，一旦冲击发生，则强度和规模将比无支护条件更大。

（3）耦合让均压支护结构＋卸压孔作用下巷道应力场分析

采用设计实施方案如图 3-115 所示，锚杆索采用让均压锚杆索，设卸压孔结构，巷道围岩应力场分布如图 3-116 所示。

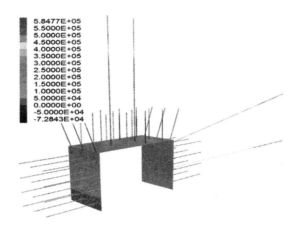

图 3-113　普通锚杆索联合支护结构图

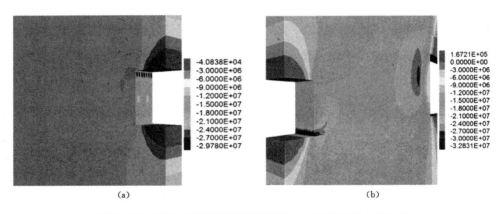

（a）　　　　　　　　　　　　　　（b）

图 3-114　5939 巷采用普通锚杆索联合支护竖向应力场分布
（a）实体帮；（b）煤柱帮

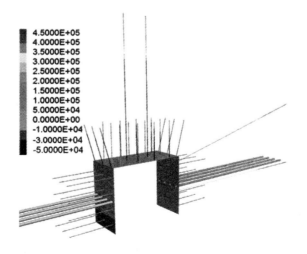

图 3-115　耦合让均压支护结构图

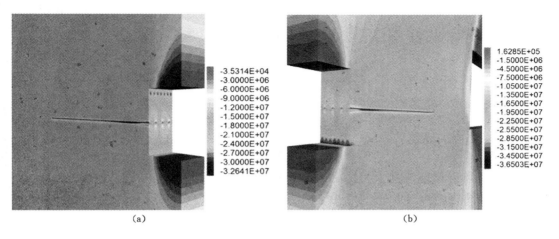

图 3-116　5939 巷采用耦合让均压支护结构竖向应力场分布
(a) 实体帮；(b) 煤柱帮

与普通锚杆索支护结构相比，顶板应力场变化不大，设置卸压孔后，工作面帮与煤柱浅部应力集中现象消除，特别是煤柱内部临空面较大的应力集中区消失，工作面最大集中应力达到 32.64 MPa，煤柱最大集中应力达到 36.5 MPa，均集中在卸压孔结构周边，说明卸压孔的设置，改变了整个煤岩体较大范围内的应力分布特征，根据图 3-116 及图 3-117 可知，卸压孔的设置形成局部弱化结构，各卸压孔在竖向应力作用下，横向显示为拉应力状态，萌生拉伸裂纹并在水平方向贯通，在应力的加载作用下，裂隙不断扩展，形成一个薄层煤岩体松散破碎带，破碎带起应力诱导作用，同时破碎过程顶板传递而来的应力冲能部分转化为破碎能，另一部分转化为不断新生的断续结构表面能，大大降低了煤岩体中积聚的内能，使其远远小于煤岩体的储能极限，从而削弱冲击地压发生的动力源，实现釜底抽薪的目的，降低冲击地压发生的可能性。

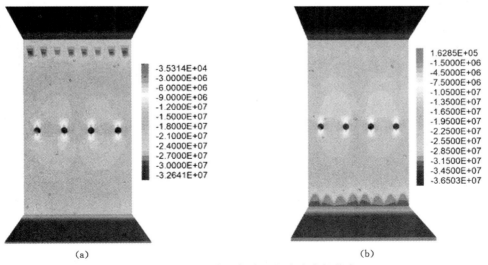

图 3-117　5939 巷两帮表面竖向应力场分布
(a) 实体帮；(b) 煤柱帮

通过三种工况的应力场分析可知,在冲击地压倾向巷道,仅仅依靠提高支护结构强度难以从根本上解决冲击地压的防治问题,让压锚杆索及卸压孔的设置可有效改变巷道所处的应力环境,对巷道周围的应力能量进行引导控制或释放,以达到降低冲击地压发生概率和强度的效果。

3.4.2 冲击地压巷道控制技术

3.4.2.1 防冲控制理念

对于冲击倾向巷道的防冲控制主要分三方面进行:

(1)消:主动措施,即通过技术措施,快速释放煤岩体内弹性能,以便煤柱帮或工作面帮在超前压力作用下不会形成高能量(微震事件)集中区,使冲击地压不具备发生条件;或尽量减小冲击地压发生的强度。如卸压、煤层弱化等措施。

(2)防:采用合理支护结构,在强度较小的冲击地压发生时,遵循其演化规律,在允许两帮释放能量的同时达到一定的支护强度,减小两帮移近量,控制底鼓,保证巷道在使用期间的安全。

(3)治:被动措施,即冲击地压发生破坏后对巷道的返修治理等技术(亡羊补牢,不在本研究考虑范围内)。

本设计的目的是在消、防措施的协同作用下,解决冲击地压对顺槽的危害,避免发生大的生产安全问题,保证顺槽的使用安全。

3.4.2.2 消-钻孔卸压法

根据之前的调查,两硬条件下冲击地压发生的关键点为两帮,结合矿方的生产熟练程度和施工水平,本设计方案中仍采用钻孔卸压技术。

钻孔卸压是在有冲击危险区域打一定数量的钻孔,降低此区域的应力集中程度或改变此区域的煤体力学特性,使可能发生的煤体不稳定破坏过程变为稳定破坏过程,起到消除或减缓冲击地压危险的作用。此法基于钻屑法施工钻孔时产生的钻孔冲击现象,由于煤体积聚的能量愈多,钻孔愈接近高应力带,钻孔冲击频度愈高,强度愈大。尽管钻孔直径不大,但钻孔冲击时的煤粉量显著增多。因此,每一钻孔周围都形成一定的破碎区,这些破碎区连在一起在煤层中形成一条破碎带,这种破碎带的形成可以从两个方面消除煤层的冲击危险性:一方面钻孔起到了卸压作用,破碎带降低了煤层的应力集中度、释放能量,消除冲击危险;另一方面钻孔改变煤层的受力破坏过程,破碎带的形成改变了煤层的受力性质,避免了煤层破坏时抗压强度的急剧降低,消除了煤层失稳破坏的条件,从而降低了冲击地压发生的可能性。

钻孔卸压技术在防治冲击地压中有两点必须关注:

(1)卸压孔直径不能太小,根据格里菲斯准则,太小的直径可能在经历"应力降低→扩容→压密→应力升高"后成为深部高应力区扩容新的自由面,非但不能达到卸压的作用,还可能会凝聚为新的能量集中区,诱发冲击地压,而钻孔直径大则面临钻进难度增加的问题。

(2)煤具有较高的硬度,并与顶底板形成相对软硬结构是发生冲击地压的一个必要条件,冲击地压的发生与浅部煤柱结构的刚度相关,并且主要是冲剪破坏,较浅的卸压孔可能降低浅部围岩的整体刚度,为深部的能量集中区能量释放提供了冲剪路径,因此卸压孔必须有一定的深度,至少要达能量(应力)集中区内部。

因此,从卸压、保持浅部煤帮刚度、形成宏观破碎卸压带的角度出发,卸压孔的设计需要考虑卸压孔的直径、孔间距、位置、密度和经济性(钻孔工作量和钻孔难度)等因素。

通过数值模拟模拟 3 m、5 m、8 m 不同深度卸压孔,得出钻深越大卸载效果越明显的结论,并在某巷道试验钻孔直径 130 mm、孔深 7.5 m,布置在距煤层底板 1.6 m 高度位置的参数组合,有力控制了该巷道冲击地压的发生。

3.4.2.3 防-整体耦合让均压防冲支护系统

巷道冲击地压因其发生的瞬间性、突然性和巨大破坏作用,使普通支护形式不堪一击,巷道的破坏机理和破坏特点也与通常静载状态下的巷道破坏不尽相同。冲击地压破坏巷道的特点是巷道围岩在强大冲击载荷作用下瞬间部分或全部失效,围岩快速挤向自由空间,发生的是一种高能量强冲击短历时的突变性破坏,这个瞬间的灾变过程中,支护构件连同巷道周边围岩整体挤向巷道自由空间。可以说,冲击地压过程中伴随着高能量的释放、巷道围岩产生一定的变形以及支护构件的屈服收缩,这就要求支护系统不仅要像普通巷道支护一样提供一定程度的静态抗力,同时还要具有适当的屈服和让压特性,吸收煤岩体突然破坏过程中释放的动能量,即支护系统同时具备高支护强度、适当的刚度和一定的柔度。

(1)"先控后让再抗"的整体耦合让均压防冲支护理念

基本理念:煤岩体与支护结构形成统一耗能防冲结构。

首先,支护系统保证初期支护刚度与强度,有效控制两帮煤岩体非连续变形,保持煤岩体的整体性,提高两帮煤岩体自承能力;其次,支护系统具有定量让压性能,能够进行合理有效的让压,允许两帮有较大的连续变形,使巷道两帮能量通过支护系统得到转移和释放,保证支护系统完整性的同时提高围岩自承能力;再次,适度让压之后支护系统仍能提供高的支护阻力,最终使两煤帮及顶板趋于稳定。

(2)整体耦合让均压防冲支护系统实施要点

① 合理选择锚杆(索)的长度和强度,在保证安装应力的前提下,合理的长度及强度可以控制围岩塑性变形、减小围岩松动圈。

② 锚杆的变形性能,保证支护体受力均匀,使支护系统能够适应冲击条件下两帮煤体的破坏。

③ 合理的间排距,保证锚杆及锚索形成协同作用,形成整体性强、刚度大的支承结构。

④ 保证支护体各部件的配套,锚杆配套的托盘、螺母、垫圈、锚固剂及杆体丝扣强度满足杆体的强度要求。

⑤ 加强施工质量和矿压监测。

3.5 侏罗系煤层极近距离煤层巷道变形破坏机理及控制

3.5.1 上分层长壁工作面回采滚动剪切区

上覆煤层回采过程中将会在工作面前方形成超前压力支承区,这个区域的集中应力会在底板中造成一定范围的剪切损伤区。随着工作面向前推进,超前压力支承区将滚动迁移,底板中的剪切破坏区将随之向前推进,至工作面回采结束,上覆煤层底板将形成连续的剪切损伤区,如图 3-118 所示。这种初始损伤降低了岩体强度,增加了后续支护的难度。

3.5.2 上部煤层底板扰动深度分析

根据滑移线场理论,上部采空区煤柱下方底板中形成的塑性破坏区滑移线场如图3-119所示。

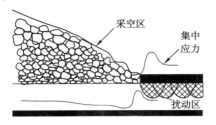

图 3-118 上分层长壁工作面回采滚动
剪切扰动区示意图

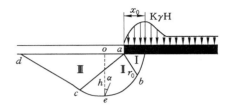

图 3-119 煤柱下方底板塑性滑移
线场理论分析模型

底板破坏深度 h 为:

$$h = r_0 e^{\alpha \cdot \tan \varphi_f} \cos \left(\alpha + \frac{\varphi}{2} - \frac{\pi}{4} \right) \tag{3-51}$$

其中

$$r_0 = \frac{x_0}{2 \cos \left(\frac{\varphi_f}{2} + \frac{\pi}{4} \right)} \tag{3-52}$$

$$\alpha = \frac{\varphi_f}{2} + \frac{\pi}{4} \tag{3-53}$$

由 $\mathrm{d}h/\mathrm{d}\alpha = 0$ 可求得底板岩层的最大屈服破坏深度 h_{max}。

$$\frac{\mathrm{d}h}{\mathrm{d}\alpha} = r_0 e^{\alpha \cdot \tan \varphi_f} \cos \left(\alpha + \frac{\varphi_f}{2} - \frac{\pi}{4} \right) \tan \varphi_f - r_0 e^{\alpha \cdot \tan \varphi_f} \sin \left(\alpha + \frac{\varphi_d}{2} - \frac{\pi}{4} \right) = 0 \tag{3-54}$$

即

$$\tan \varphi_f = \tan \left(\alpha + \frac{\varphi_f}{2} - \frac{\pi}{4} \right) \tag{3-55}$$

由式(3-51)~式(3-54)可得

$$h_{max} = \frac{x_0 \cos \varphi_f}{2 \cos \left(\frac{\varphi_f}{2} + \frac{\pi}{4} \right)} \cdot e^{\left(\frac{\varphi_f}{2} + \frac{\pi}{4} \right) \tan \varphi_f} \tag{3-56}$$

根据极限平衡理论计算煤壁塑性区宽度 x_0 为:

$$x_0 = \frac{M}{2 \xi f} \ln \frac{k \gamma H + C \cot \varphi}{\xi (P_i + C \cot \varphi)} \tag{3-57}$$

其中

$$\xi = \frac{1 + \sin \varphi}{1 - \sin \varphi} \tag{3-58}$$

式中　M ——煤层采厚;

　　　k ——应力集中系数;

　　　γ ——采区上覆岩层平均重力密度;

　　　H ——煤层埋藏深度;

C——煤层黏聚力；

φ——煤层的内摩擦角；

f——煤层与顶板接触面摩擦系数，为 $\tan \varphi_f$；

P_i——支架提供的支护阻力；

φ_f——底板内摩擦角。

3.5.3 上分层煤柱底板破坏深度计算算例

上部上覆煤层开采深度为 300 m，上覆岩层平均重力密度取 25 kN/m³；上覆煤层厚度 M 取 2.8 m；上覆煤层与下部 11-2# 煤层之间为粉细砂岩互层以及炭质泥岩，为了提高安全系数，上部煤层底板内摩擦角取炭质泥岩原位内摩擦角 34.5°。煤层黏聚力 C 取 1.14 MPa；回采引起的应力集中系数取 3~5；钢棚对煤帮的阻力 P_i 取 0；煤层与顶底板岩层接触面的摩擦系数为 0.47。根据式（3-56）和式（3-57）得到上覆煤层开采后煤柱底板破坏深度为 2.03~2.75 m。由此可知，下部煤层巷道约有 75% 处于上分层煤柱影响范围内，应对层间距 3 m 以下以及 3 m 以上的巷道进行差别支护。

3.5.4 极近距离煤层巷道支护形式及支护参数的确定

3.5.4.1 工字钢棚承载能力分析

假设：① 巷道顶板水平应力沿顶板平面水平传递而基本上不改变方向。② 巷道顶板在水平应力峰值时发生破坏。

水平工程现场岩层地质条件复杂，下部煤层巷道经过上部煤层开采扰动后已经处于塑性、残余强度阶段后期，目前无法通过现场测试确定围岩应力的实际大小。

上覆煤层巷道使用了工字钢支护，可以根据现场挠曲变形情况对工字钢的受力进行反算获得工字钢对顶板提供的支护阻力。

将 11# 矿用工字钢简化为简支梁，如图 3-120 所示。梁的挠曲线微分方程为：

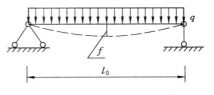

图 3-120 工字钢梁简化计算模型

$$\frac{\mathrm{d}^2 \omega}{\mathrm{d}x^2} = \frac{M}{EI} \tag{3-59}$$

对其进行积分可得：

$$EI\omega = \frac{ql}{12}x^3 - \frac{q}{24}x^4 + Cx + D \tag{3-60}$$

铰支座上挠度为 0，则有：

$$x = 0, \quad \omega = 0 \tag{3-61}$$

由于梁的外力和边界条件都对跨度中点对称，挠曲线也应对该点对称。因此，在跨度中点，挠曲线切线斜率 ω' 和截面的转角 θ 都应等于零，即：

$$x = \frac{l}{2}, \quad \omega' = 0 \tag{3-62}$$

将式（3-61）、（3-62）代入式（3-59）和（3-60）可得：

$$C = -\frac{ql^3}{24}, \quad D = 0 \tag{3-63}$$

则简支梁转角及挠曲线方程为：

$$EI\omega' = EI\theta = \frac{ql}{4}x^2 - \frac{q}{6}x^3 - \frac{ql^3}{24}$$ (3-64)

则

$$EI\omega = \frac{ql}{12}x^3 - \frac{q}{24}x^4 - \frac{ql^3}{24}x$$ (3-65)

在跨度中点，挠曲线切线斜率为 0，挠度为极值，由式(3-65)可得：

$$f_{max} = \omega_{(x=\frac{l}{2})} = -\frac{5ql^4}{384EI}$$ (3-66)

在简支梁挠曲度一定的情况下可以根据上式求得梁的上部载荷为：

$$q = -\frac{384EIf_{max}}{5l^4}$$ (3-67)

根据矿用热轧型钢标准，$11^{\#}$ 矿用工字钢的惯性矩 $I_x = 623.7$ cm^4，根据现场测量，工字钢最大挠度为 0.3 m 左右，弹性模量为 210 GPa，长度为 3.85 m，由此计算可得：$11^{\#}$ 矿用工字钢承受的线载荷为 1.37×10^5 N/m，当棚距为 0.7 m 时，工字钢棚能够提供的支护阻力为 0.196 MPa。

根据 Mohr-Coulomb 强度准则，顶板岩体承担的最大水平主应力为：

$$\sigma_h = \sigma_1 = \frac{1+\sin\varphi}{1-\sin\varphi}\sigma_3 + \frac{2C\cos\varphi}{1-\sin\varphi}$$ (3-68)

将顶板原位剪切试验测得的顶板粉细砂岩互层强度参数（$C = 1.35$ MPa，$\varphi = 38.4°$）代入上式可以得到顶板水平应力最小值为 6.42 MPa。

3.5.4.2 锚杆承载能力分析

研究表明，锚杆对岩体的锚固作用可基本概括为变形和强度两个方面。在变形方面，主要可以对围岩横向相对位移提供约束力，提高锚固岩体弹性模量、减小泊松比。在强度方面，主要通过轴向拉力以及横向抗剪、抗弯作用，改善锚固岩体所处的应力状态，提高锚固岩体的宏观黏聚力，增加锚固岩体的抗剪切强度。一般认为，锚固岩体强度对锚固条件的敏感因素为黏聚力，锚杆对锚固岩体内摩擦角并无影响，因此可以假设锚固岩体受压破坏过程中摩擦角不变。

破裂岩体内部裂隙交错，宏观黏聚力大大降低，锚杆通过轴向力为裂隙面提供法向力以及抗剪强度，增加了锚固岩体的整体承载能力，将这种增强作用体现在具体力学参数上，即：

$$C = C_0 + nC_m$$ (3-69)

式中　C_0——无锚杆时岩体黏聚力，MPa；

　　　n——锚固岩体中锚杆根数；

　　　C_m——单根锚杆提供的附加黏聚力，MPa；

$$C_m = F_{smax}\cos\left(\frac{\pi}{4} - \frac{\varphi}{2}\right)/S$$ (3-70)

　　　S——锚固岩体自由面面积，m^2；

　　　F_{smax}——锚杆在纯剪条件下的最大剪力，应用 Mise 准则有：

$$F_{smax} = F_a/\sqrt{3}$$ (3-71)

　　　F_a——锚杆极限锚固力，MN。

将式(3-70)、(3-71)代入式(3-69)可得锚固岩体的复合黏聚力表达式：

$$C = C_0 + nF_a \cos\left(\frac{\pi}{4} - \frac{\varphi}{2}\right)/(\sqrt{3}\,S) \tag{3-72}$$

假设锚固岩体的破坏遵循 Mohr-Coulomb 强度准则,则准则中的围压表达式应为:

$$\sigma_3 = nF_a/S \tag{3-73}$$

3.5.4.3 工字钢间排距的确定

研究表明,锚杆预紧力的大小是锚杆支护效能发挥的关键。提高锚杆预紧力不仅能改善顶板的应力状态,消除顶板中部的拉应力区,同时减弱两个顶角的剪切应力集中程度,而且通过强化顶板弱面,消除拉伸破坏,控制围岩弱化区的发展,使锚固区载荷趋于均匀并实现连续传递,从而形成预应力承载结构。因此,本次支护需将原有低强度、低预紧力锚杆优化为高强度、高预紧力锚杆。

直径为 18 mm 的高强(HB500)蛇形锚杆屈服强度大于 12 t,抗拉强度大于 16 t。当 1 排布置 5 根蛇形锚杆,排距为 a 时,通过式(3-68)可以求得锚固后粉细砂岩互层强度为:

$$\sigma_1 = \frac{0.964}{a} + 5.58 \tag{3-74}$$

在排距为 b 的 $11^{\#}$ 工字钢棚支护条件下,粉细砂岩互层强度为:

$$\sigma_1 = \frac{0.586}{b} + 5.58 \tag{3-75}$$

由以上两式可以看出,当锚杆排距与工字钢棚排距相同时,锚杆对顶板强度增量的贡献约为工字钢棚的 1.65 倍。

3.5.5 极近距离煤层巷道顶板承载能力提高关键措施

通过现场对上覆煤层巷道顶板表面及内部破坏情况观测,发现极近距离煤层巷道顶板外部为层层剥落式破坏,内部存在离层。这种离层破碎型煤巷顶板的失稳表现为向上渐次垮冒的动态发展过程,煤巷采用以锚杆为基础的支护形式时,其顶板的稳定性取决于锚固区内外的离层状况。

根据成因不同,顶板冒落类型主要分为两种。第一种冒顶主要是破裂岩体在自重作用下发生的,第二种冒顶则主要是顶板次生水平应力的作用效应。结合顶板破坏形态以及上部采空区煤柱下方底板中形成的塑性破坏区滑移线场应力分布规律的分析,$11^{\#}$ 煤上分层煤柱垂直向下的集中应力在滑移线场中方向发生偏转形成的水平应力是顶板载荷主要来源。

以上分析说明,作为近距离煤层采掘巷道的下部煤层巷道要解决的关键问题是如何在已有顶板厚度的条件下,采取措施发挥锚杆等支护构件的最大效能,将破碎顶板组合成为具有足够承载能力的支护结构来有效抵抗水平压力。

3.6 双系煤层开采小煤柱交锋巷道稳定性控制机理

3.6.1 沿空巷道上覆岩层对围岩稳定性影响分析

3.6.1.1 掘巷前围岩上覆岩层稳定性分析

沿空掘巷是在上区段开采之后,上区段采空区冒落矸石已稳定的情况下进行开掘的,掘进期间上覆岩层平面及剖面图如图 3-121 所示。

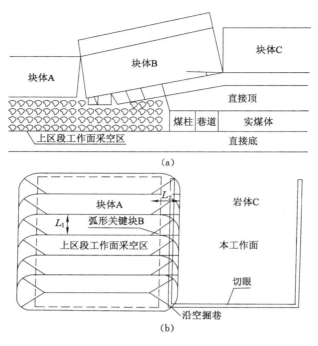

图 3-121　沿空掘巷上覆岩层的结构关系

(a) 剖面图；(b) 平面图

从图中可以看出，当上区段回采时，随着工作面的不断往前推进，在其侧向与下工作面连接处，基本顶发生破断，形成弧三角形块 B，岩块 B 的一端回转后在采空区触矸，另一端在下区段的煤壁里面断裂。岩块 B 虽有一定的回转下沉，但它与岩块 C、岩体 A 互相咬合，形成铰接结构。

在上覆岩层中对沿空掘巷稳定性影响最大的是基本顶的弧三角形块 B，称为关键岩块。关键岩块 B 在本工作面煤体发生断裂，以给定变形的方式作用于底下煤岩，在本工作面煤壁处产生侧向支承压力，煤体边缘遭到破坏，产生一定范围的塑性区，处于极限平衡状态，关键岩块 B 在煤体断裂位置就是侧向支承压力峰值处；岩块 B 在下区段煤壁里面断裂的位置，主要取决于直接顶的厚度，直接顶、基本顶的岩石力学性质以及基本顶和其上载荷层的厚度等因素，基本顶在煤壁内断裂的距离一般在 2～8 m。由于基本顶在下区段煤壁内断裂，关键块 B 受到下面直接顶的有力支撑，关键块 B 同时受到岩体 A 和两侧岩块 C 的夹持，也就是说，关键块 B 在其整个周围均受到相邻岩块的水平推力作用，通常情况下，岩块 B 具有很好的稳定性。

3.6.1.2　掘巷后上覆岩体结构稳定性分析

根据四台矿具体地质条件，直接顶厚度较大，沿空掘进巷道在上覆岩层结构下方煤体中掘进，巷道远离上覆岩体结构；同时，巷道的掘进位置又处于支承压力相对较小的低应力区中。因此，巷道掘进对其上覆煤岩层的扰动并不会影响到上覆岩体结构的稳定，此时，关键块 B 的变形及受力特点不变，上覆岩体结构将保持原有的稳定状态，巷道外部力学环境没有大的变化。因此，掘进期间巷道支护的作用在于抑制浅部围岩变形，适应或改善巷道围岩的应力状态。

　　沿空掘进巷道在掘进影响期间,围岩的变形主要由掘巷时围岩应力的重新分布造成。虽然巷道在上区段采空侧应力降低区内掘进,但由于巷道围岩主要由已发生了一定程度变形破坏的煤体组成,故其对围岩应力的反应很敏感,即使是较小的应力集中,可能也会导致巷道围岩较大的变形;当巷道掘进稳定后,围岩的变形主要由软弱破碎围岩的蠕变而引起。因此我们认为,只要在沿空掘进巷道掘进时,及时采取一定的支护措施,就不会对巷道上覆煤岩体结构构成危害,可以有效地控制巷道在掘进期间的围岩变形量,并能减小巷道在掘后稳定期间因围岩蠕变产生的变形。

3.6.1.3　回采期间上覆岩层的运动规律

　　回采期间,由于受叠加支承压力作用,砌体梁结构将发生滑落失稳或转动失稳,上覆岩层"砌体梁"结构的稳定状况发生了变化,造成巷道围岩应力急剧上升。沿空掘巷在受到本区段工作面采动影响时,巷道与上覆岩层的平、剖面图如图 3-122 所示。

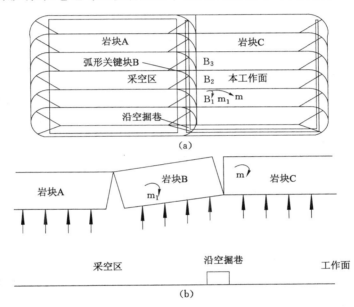

图 3-122　采动影响下上覆岩层"砌体梁"结构
(a) 平面图;(b) 剖面图
m——本区段老顶岩块;C——采空区后方的回转力矩;
m_1——上区段老顶岩块;B——向后方和侧向方向的回转合力矩

　　由图可见,沿空掘巷在本区段工作面回采时,上覆岩层"砌体梁"结构原有的平衡状态将受到强烈影响,其过程可归纳如下:

　　(1) 本区段工作面回采时,采空区基本顶岩层产生新的破断,破断位置在采煤工作面采空区内,长边破断线与原有关键块 B 沟通,即新产生的岩块 C 与原有关键块 B 相连通。

　　(2) 基本顶岩层破断后,块体 C 将分别在回转力矩 m 和 m_1 的作用下向本工作面和侧向关键块 B 方向回转下沉,进而破坏了工作面前方沿空掘巷上覆岩层"砌体梁"结构原有的平衡状态,此结构中的铰接岩体 C 和关键块 B 处于运动和不稳定状态,从而引发 B 块的一定下沉和在工作面前方形成较高的支承压力。

　　(3) 上覆岩层"砌体梁"结构在较高支承压力的作用下,岩块 C 和岩块 B 将有一定的回

· 165 ·

转下沉。结构的这种运动和不稳定状态将造成沿空掘巷围岩应力的再次重分布,其影响程度远大于掘巷时围岩应力的重新分布和集中。

(4)沿空掘巷在回采时围岩应力的高度集中,加上巷道围岩性质的软弱,使沿空掘巷产生大变形,同时,由于"砌体梁"结构造成的巷道围岩应力重新分布的不均匀性,使得巷道顶板、底板、实体煤帮及煤柱在变形方式和变形量上存在较大的差异。

(5)"砌体梁"结构从受工作面回采影响起,直到临近工作面端头的过程中,上覆岩体结构的载荷在不断增加,但由于各岩块间的支承条件并没有改变,故仍会保持随机的平衡状态,不同的是块体间的受力情况发生了变化,如图 3-122(b)所示。因此,在工作面推过之前,结构的稳定性不会受到根本的改变,因而只要巷道支护合理,巷道锚杆支护与围岩形成的结构保持稳定,巷道所受破坏就很小。上覆岩层"砌体梁"结构的稳定性平衡状态只有在工作面推过后才会被打破,进而发生失稳,造成巷道的彻底破坏。

上述分析表明,沿空掘巷上覆岩层结构在回采时仍保持稳定的状态,一旦稳定状态发生改变,将会导致巷道围岩变形的不断增大。

3.6.1.4 工作面超前支撑压力分布

沿空巷道在工作面回采时,覆岩破坏高度随着工作面推进不断增加。工作面的超前支承压力与上区段回采造成的侧向支承压力相互叠加,从而形成了比一般回采实体煤工作面高得多的支承压力。

沿空掘巷围岩变形量主要是在本工作面的回采期间产生,围岩变形量主要是两帮移近量、顶底移近量。造成回采期间巷道变形量大的主要原因是:由于煤柱在超前支承压力的作用下,破坏加剧,承载能力降低,导致顶板下沉。如果巷道底板较软,在超前支承压力作用下,支承压力通过煤体传递到底板,造成底鼓严重。下面分析回采期间上覆岩层在支承压力作用下岩层的稳定性。

保持回采期间巷道围岩的稳定对保证安全生产至关重要,如图 3-123 所示,窄煤柱沿空巷道在本区段工作面回采时,上覆岩层块体 A 原有的平衡状态将受到强烈影响,当本区段工作面回采时,采空区基本顶岩层产生新的破断,与原有弧形三角块 B 互相铰接的原块体 A 产生新的块体 A_1、A_2、A_3,当基本顶岩层破断后,A_2、A_3 分别在回转力矩和上覆岩层的作用下回转下沉,块体 A_1 在回转力矩和上覆岩层的作用下弯曲下沉,块体 A_2、A_3 处于运动和不稳定状态。由于块体 A_1、A_2、A_3 的变形、弯曲下沉和运动,从而导致与块体 A_1、A_2、A_3 相互铰接的关键块 B 处于不稳定状态。同样,处于巷道上方原关键块 B 也有类似的情况,如

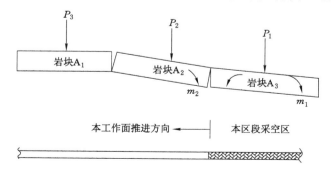

图 3-123 回采期间关键块 A 结构关系图

图3-122所示,块体 B_1、B_2、B_3 除受上覆岩层压力和自身重量的影响外,还受块体 A_1、A_2、A_3 下沉旋转力矩的影响。当 B_2、B_3 下沉时,块体 B_1 中支承压力急剧上升。煤柱在超前支承压力的影响下,煤柱强度急剧降低,承载能力较弱,同时由于采场中块体 A_1、A_2、A_3 的影响,块体 B_1、B_2、B_3 由原来的静止状态变为运动状态,这是导致该范围内巷道围岩变形量大的主要原因。在超前工作面一定范围内巷道围岩的变形量随着与工作面距离的接近而呈逐步增大的趋势。

本区段工作面回采时,随着工作面的推进,工作面前方煤体会承受支承压力,图 3-124 为煤体弹塑性变形及超前支承压力分布图。在超前应力作用下,煤体的边缘会出现松塌区和塑性区,并引起应力向煤体转移和煤体的塑性变形。在松塌区(图 3-124 中 Ⅰ)内,煤体已经松动塌落,不能产生垂直应力。塑性区靠煤壁一侧(图 3-124 中 Ⅱ),压力下降,低于原岩应力,围岩明显减弱,并发生松弛和位移。塑性区前方(图 3-124 中 Ⅲ)和弹性区升高部分(图 3-124 中 Ⅳ)为承载区。垂直应力最高的地方是塑性区和弹性区相交的地方。

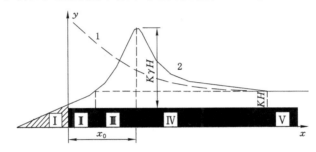

图 3-124　煤体的弹塑性变形及垂直应力的分布

工作面的超前支承压力对回采巷道变形的影响很大,超前支承压力的大小决定了巷道变形的强烈程度。因此,对超前支承压力的分析有着十分重要的意义。研究表明:

(1)采深越大,支承压力峰值就越大。

(2)工作面超前支承压力分布与煤层和直接顶厚度有关,煤层和直接顶厚度较大时,支承压力峰值向实体煤内转移,远离工作面煤壁和回采巷道;反之支承压力峰值则靠近工作面煤壁和巷道。因此,煤层和直接顶厚度越大,受支承压力影响的巷道越长,但同时支承压力峰值离巷道越远。

(3)工作面超前支承压力的大小与煤层及直接顶的刚度有关。当煤层和直接顶强度较大时,支承压力较大;反之支承压力较小。

综合以上分析,沿空掘进的巷道在服务期间均能保持稳定,其稳定的关键在于:合理的煤柱宽度、合理的支护参数、合理的锚杆支护时机。

3.6.2　锚固复合承载系统稳定性分析

巷道开掘后,原来处于平衡状态的围岩应力重新分布,巷道围岩应力由原来的三向应力状态变为二向应力状态,围岩出现破碎区和塑性区,此时若巷道未得到有效、及时的支护,则巷道的破碎区和塑性区会越来越大,巷道围岩处于不稳定状态。但应力重新分布、破碎区和塑性区的扩大并不是立即完成的,巷道掘进一定范围内,如果采用全长锚固锚杆群对巷道顶板和两帮进行支护,并及时施加预紧力,锚杆和围岩体会形成锚固复合承载系统。

锚固复合承载系统形成的理论基础有以下几点：

（1）地层的自组织理论是锚固复合承载系统形成的理论依据，地层具有自我调节和自组织功能，它与地应力的变化和应力历史密切相关。即开挖扰动了岩体的平衡，这个不平衡系统具有自组织功能，可以趋向于稳定状态。在巷道围岩具有自组织功能的同时，锚杆支护改善了浅部围岩的应力状态，强化了围岩强度，在此基础上，锚杆与围岩体形成锚固复合承载系统。

（2）根据能量原理，由于预紧力的作用，在支护完成后锚杆能立即发挥作用，通过托盘等构件将应力传递给浅部围岩，改善围岩受力状态；锚杆的抗拉强度高，能够较好地阻止围岩内的能量以巷道变形等方式释放出来，未释放的能量积聚在锚杆长度范围中，形成锚固复合承载系统。

（3）在软弱、松散、破碎的岩层中安装锚杆，围岩会形成加固拱。只要锚杆间距足够小，各锚杆形成的压应力圆锥体将相互重叠，就能在岩体中产生一个均匀压缩带，它可以承受破坏区上部破碎岩石的载荷。加固拱内岩体处于三向应力状态，承载能力强。

在原岩应力状态下开挖巷道，锚固复合承载系统在锚杆支护完成后就会立即形成，开始承载围岩深部的应力和变形，并且限制围岩塑性区和破碎区的发展，此时，承载系统处于自稳状态；在围岩变形和应力调整的过程中，锚杆支护阻力会逐渐增大，锚固复合承载系统的承载能力也随之增强，从而减缓巷道围岩塑性区和破碎区的扩大，减少巷道的变形量，使巷道处于相对稳定的状态。

巷道失稳破坏首先从锚固复合承载系统的破坏开始，而锚固复合承载系统破坏是以圈的形式逐渐发展直至破坏。巷道在原岩应力状态下，锚固复合承载系统一般能够自稳。在服务期间，考虑该系统由于原始强度的降低（塑性破坏后处于残余强度状态）以及受到采动时高应力的影响，锚固复合承载系统会逐渐破坏，当破坏范围达到某一区域时，巷道也就发生破坏，无法满足生产需求。所以维护巷道的前提是保证锚固复合承载系统不破坏。

在生产地质条件一定时，锚固复合承载系统承载能力的大小主要由巷道支护情况决定，提高锚固复合承载系统承载能力的途径有以下几点：

（1）采用合适的锚杆支护参数对围岩进行加固。锚杆和围岩体共同形成锚固复合承载系统。由于围岩条件是一定的，所以针对特定的巷道，为维护巷道稳定所需要的锚杆支护参数是不一样的。只有采用合适的锚杆支护参数对围岩体进行加固才能形成具有较大承载能力的锚固复合承载系统。

（2）及时支护锚杆。巷道掘进时，控制迎头悬顶的面积和时间，随掘随锚，尽可能减小掘后离层。在巷道支护及时的前提下，锚固复合承载系统的形成时间早，承载能力强。

（3）对围岩喷射混凝土。通过对围岩喷射混凝土层封闭锚固复合承载系统，防止因水和风化作用降低其强度。同时喷层与锚固复合承载系统又形成新的结构，混凝土喷层在与锚固复合承载系统共同变形中受到压缩，对该系统产生愈来愈大的支护反力，能够抑制该系统的变形，防止围岩松动破碎。

（4）围岩注浆。浆液可封堵锚固复合承载系统的裂隙，隔绝空气，减轻围岩风化，防止围岩被水侵蚀膨胀。注浆后，将松散破碎的围岩胶结成整体，提高了系统的黏聚力、内摩擦角和弹性模量，从而提高承载能力。

3.6.3 窄煤柱宽度设计理论分析

根据上述窄煤柱设计原则,采用极限平衡理论和弹塑性理论计算合理的最小护巷煤柱宽度 B,如图 3-125 所示。

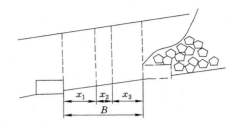

图 3-125　最小护巷煤柱宽度

最小护巷煤柱宽度 B 为:

$$B = x_1 + x_2 + x_3 \qquad (3\text{-}76)$$

式中　x_1——因相邻区段工作面开采而在本区段沿空掘巷窄煤柱中产生的塑性区宽度,m;

x_2——巷道掘进产生的塑性区半径,再增加 15% 的富裕系数,m;

x_3——考虑安全因素而增加的煤柱宽度,$x_3 = (0.15 \sim 0.35)(x_1 + x_2)$。

（1）x_1 的确定

采空区周围煤柱所受铅直应力 σ_y 的分布如图 3-124 中曲线 1 所示。σ_y 随着与采空区边缘之间距离 x 的增大,按负指数曲线关系衰减。在高应力作用下,从煤体边缘到深部,都会出现塑性区、弹性区及原岩应力区。弹塑性变形状态下,煤柱的铅直应力 σ_y 的分布如图 3-124 中曲线 2 所示。

煤柱的承载能力,随着远离煤体边缘而明显增长。在距煤体边缘一定宽度内,存在着煤柱的承载能力与支承压力处于极限平衡状态,运用岩体的极限平衡理论,塑性区的宽度,即支承压力与煤体边缘之间的距离 x_1 为:

$$x_1 = \frac{mA}{2\tan \varphi_0} \ln\left(\frac{\dfrac{k\gamma H\cos \alpha}{2} + \dfrac{2C_0 - m\gamma \sin \alpha}{2\tan \varphi_0}}{\dfrac{2C_0 - m\gamma \sin \alpha}{2\tan \varphi_0} + \dfrac{p_0}{A}}\right) \qquad (3\text{-}77)$$

式中　m——上区段平巷高度,2.7 m;

α ——煤层倾角,3°;

A——侧压系数,$A = \mu/(1-\mu)$,μ 为泊松比,取 0.39;

K——应力集中系数,3.3;

H——埋深,250 m;

φ_0 ——煤体内摩擦角,取 20°;

C_0 ——煤体黏结力,取 1.1 MPa;

γ ——岩层平均重力密度,取 25 kN/m³;

p_0 ——上区段平巷支护结构对下帮的支护阻力,0.2 MPa。

将上述数值代入式（3-77）计算得到:

$$x_1 = 1.93 \ (\text{m})$$

（2）x_2 的确定

根据弹塑性理论,确定塑性区半径,进而确定 x_2。

塑性区半径:

$$R_1 = R_0 \left[\frac{(S_\text{T} + C_0 \cot \varphi_0)(1 - \sin \varphi_0)}{p_i + C_0 \cot \varphi_0}\right]^{\frac{1-\sin \varphi_0}{2\sin \varphi_0}} \qquad (3\text{-}78)$$

$$S_{\mathrm{T}} = \gamma H \tan \varphi_0 + C_0 \tag{3-79}$$

式中 R_1——塑性区半径，m；

$\quad\quad R_0$——井巷等效半径，计算得出等效半径为 2.3 m；

$\quad\quad \varphi_0$——煤层的内摩擦角，$20°$。

将数据代入式（3-79）得出：

$$R_1 = 4.43 \ (\mathrm{m})$$

$$x_2 = 1.15(R_1 - R_0) = 2.45 \ (\mathrm{m})$$

因此得出合理煤柱宽度：

$$B = x_1 + x_2 + x_3$$

$$= 1.93 + 2.45 + (0.15 \sim 0.35) \times (1.93 + 2.43) = 5.037 \sim 5.913 \ (\mathrm{m})$$

4 大同矿区坚硬顶板静动压巷道支护材料及关键技术研究

支护材料是支护理论和技术实现的媒介,其自身及现场的工作性能直接关乎巷道稳定控制效果的优劣。本章对大同矿区现阶段使用的不同型号锚杆、锚索及其附属支护构件在室内进行批量力学试验,并对其现场工作特性进行批量破坏性拉拔试验。最终获得了锚杆、锚索强度参数、失效形式、不同附件的匹配效果,得到了大同矿区双系煤层巷道锚杆、锚索现场工作特性,研发了冲击地压巷道整体高位耦合防冲让均压支护系统及火成岩侵入特厚煤层破碎围岩控制关键技术。

4.1 大同矿区现用支护材料力学特性室内试验

4.1.1 锚杆外观及力学性能测试

4.1.1.1 杆体存在的问题

（1）外形不符合标准

杆体几何尺寸不标准,锚杆端部滚丝粗糙。同一根滚丝丝部上端滚丝为三角丝,下端滚丝外观呈扁平状,使用环规检测可发现杆体上半部可通过,下半部环规通不过去,一半的丝长不能用,切口处不平整,呈参差不齐状,使用时严重影响安装应力和支护效果。如图 4-1 所示。

图 4-1　锚杆螺纹细部

（2）强度存在的问题

锚杆强度基本符合要求,但延伸率偏低,见表 4-1。

表 4-1　　　　　　　　　　　　　　锚杆测试检验结果表

产品规格	级别	抗拉强度		屈服强度		延伸率/%
锚杆 1	MG600	32.01 t	899 MPa	26.5 t	744 MPa	9
锚杆 2	MG500	29.2 t	821 MPa	22.2 t	623 MPa	10

4.1.1.2 锚杆附件的问题

（1）螺母减阻垫片

螺母、减阻垫片、球形垫圈三者的尺寸配合不好,螺母和减阻垫片的接触面积很小,减阻垫片基本上起不到减阻作用,这将严重影响安装载荷的效果。见图 4-2 和表 4-2。

图 4-2　螺母和减阻垫片的接触面积

表 4-2　　　　　　　　　　　　　　螺母、减阻垫片、球垫三者尺寸

产品名称	外径/mm	内径/mm	高度/mm
螺母	35.00	21.90	38.00
减阻垫圈	48.50	25.30	5.00
球形垫圈	46.20	27.50	22.00

（2）托盘

肉眼观察发现,球形托盘拱高偏低,底面不平,托盘四周边缘呈内“抠”,这很容易撕裂钢带。锚索用的是平托盘,平托盘很容易翻盘穿透,应该改为球形托盘。

用于锚杆的 140 mm×140 mm×10 mm 的托盘承载能力只有 17 t 多,远小于锚杆的屈服强度 22 t。在巷道压力大的地区会发生托盘变形、翻盘甚至穿透现象。用于锚索的 200 mm×200 mm×10 mm 的球形托盘承载力只有 24 t 多,而 ϕ17.8 mm 锚索的破断力为 36 t,托盘和锚索不匹配。见表 4-3。

表 4-3　　　　　　　　　　　　　托盘力学性能检测结果汇总

规格/mm	承载力/t	变成高度/mm	备注
140×10	17.49	10.5	实验后托盘拱形不明显,
200×10	24.39	10	且承载力较低

4.1.1.3　支护材料评估

在各矿进行试验的同时,对每个矿区所使用的支护材料进行了调查分析,并根据不同围岩条件、不同支护材料分别进行了锚固力实测。根据各矿提供的材料检测报告汇总锚杆、锚索各参数见表 4-4 和表 4-5。

在支护材料调研过程中主要发现以下问题:

（1）各矿甚至同一煤矿不同巷道使用的支护材料来自于不同的生产厂家,以至于各矿区所使用材料质量不同,在支护过程中所体现出来的力学性能优劣不同,支护效果较难统一控制。

（2）在锚杆、锚索等支护材料的质量检测报告中检测项目不全,部分重要参数缺失,如

表 4-4　锚杆参数汇总

矿区	锚杆型号	公称直径/mm	内径/mm	屈服强度/MPa 理论值	屈服强度/MPa 检测值	屈服荷载/t 理论值	屈服荷载/t 检测值	破断强度/MPa 理论值	破断强度/MPa 检测值	破断荷载/t 理论值	破断荷载/t 检测值	延伸率/%	生产厂家	备注（检测日期）
四台矿	MSGM-235	18	18.05	235	275	6.10	7.14	375	410	9.74	10.65	37.8	同煤北方机械厂	2010.5.14
			18.00		275		7.14		415		10.78	37.8		
			18.14		270		7.01		410		10.65	37.8		
	MSGLW-400	18	18.30	400	450	10.39	11.68	540	675	14.02	17.53	40	大同安可立得矿用材料有限公司	2011.4.28
			18.40		450		11.68		675		17.53	40		
			18.50		450		11.68		665		17.27	40		
忻州窑矿	MSGM-235	18	—	235	—	6.10	—	375	—	9.74	7~11	—	集团材料库供应	无检测报告，破坏荷载为拉拔实测
	MSGLW-400	20	—	400	—	12.82	—	540	—	17.31	19~20	—		
	MSGLW-400	22	—	400	—	15.52	—	540	—	20.95	22~22.7	—		
塔山矿	MSGLW-500	22	22.30	500	585	19.39	22.69	630	715	24.44	27.73	22	井陉矿区局工贸总公司	2013.5.18
			22.20		580		22.50		710		27.54	21		
			22.40		590		22.89		710		27.54	21		
	MSGLW-500	22	22.26	500	600	19.39	23.27	630	808	24.44	31.34	17	捷马矿山支护设备制造有限公司	2013.6.14
			22.28		588		22.81		786		30.49	18		
			22.30		574		22.26		804		31.19	18		
虎龙沟矿	MSGLW-500	18	18.40	500	598	12.98	15.53	630	789	16.36	20.49	19	捷马矿山支护设备制造有限公司	2013.3.29
			18.39		579		15.03		766		19.89	19		
			18.37		599		15.55		792		20.57	18		
	MSGLW-335	22	22.26	335	402	12.99	15.59	455	637	17.65	24.71	19	捷马矿山支护设备制造有限公司	2013.6.29
			22.28		406		15.75		620		24.05	19		
			22.30		398		15.44		632		24.51	18		

表4-5 锚索参数汇总

矿区	锚索型号	公称直径/mm	检测直径/mm	抗拉强度/MPa 理论值	检测值	平均值	最大荷载/t 理论值	检测值	平均值	最大延伸率/%	极限荷载/t	锚具 效率系数/%	总应变/%	托盘 尺寸/mm(长×宽×厚)	承载力/t	平均值/t	类型	生产厂家	备注(检测日期)
四台矿	SKL17.8-1/1860	17.8	17.8	1860	—	—	—	—	—	—	—	—	—	250×250×10	—	—	平	—	无检测报告
忻州窑矿	SKL17.8-1/1860	17.8	—	1860	—	—	—	—	—	—	—	—	—	250×250×10	—	—	平	—	无检测报告
	SKL17.8-1/1860	17.8	17.70	—	—	—	35.53	36.3	36.3	4.0	—	—	—	200×200×16	—	—	平	天津高盛	2013.5.19
			18.10	1860	1952			36.5		3.9									
			18.00		—			36.1		4.2									
塔山矿	SKL22-1/1860	22	—	—	—	—	—	—	—	—	—	—	—	200×200×16	—	—	平	—	无检测报告
	SKL17.8-1/1860	17.8	18.00	1860	—	—	35.53	36.4	36.4	—	—	—	—	200×200×16	—	—	平	天津大强	2013.5.18
			18.00		—			36.4											
			18.00		—			36.3											
虎龙沟矿	SKL17.8-1/1860	17.8	18.04	1860	1952	1950.3	35.53	37.1	37.1	—	36.5	98.4	5.0	300×300×10	38.2	38.9	球形	捷马(济宁)	2013.6.4
			18.08		1952			37.1			36.9	99.5	4.9		39.1				
			18.08		1947			37.0			36.7	99.2	5.2		39.3				
	SKL17.8-1/1860	17.8	18.04	1860	1936	1945.0	35.53	36.8	37.0	—	36.5	99.2	5.0	300×300×10	39.5	39.8	球形	捷马(济宁)	2013.6.29
			18.02		1952			37.1			36.9	99.5	4.9		39.7				
			18.04		1947			37.0			36.7	99.2	5.2		40.2				
	SKL17.8-1/1860	17.8	17.93	1860	1936	1946.7	35.53	36.8	37.0	—	36.6	99.5	4.8	300×300×10	—	—	球形	捷马(济宁)	2013.6.3
			17.86		1952			37.1			37.0	99.7	4.7		—				
			17.96		1952			37.1			36.7	98.9	4.8		—				

注：表格空间有限，部分名称简写。"平"表示"平托盘"，"球形"表示"球形托盘"。

锚杆(索)实际屈服荷载和极限荷载等。

(3)锚杆(索)配件如托盘、锁具等大多在检测报告中不能体现,无法了解配件的承受能力及其他相关的力学参数。

(4)支护材料不能及时检测,在调研中发现有些材料仍在使用2011年的检测结果。

(5)部分支护材料在使用前没有进行检测(没有检测报告),锚杆(索)、配件的各种力学性能更是无法得到保证。

(6)各矿所用的锚杆支护材料均为螺纹钢锚杆或者麻花头圆钢锚杆,锚索均为1×7普通钢绞线,未见到针对实际工程需要(破碎顶板、抗冲击地压等)的新型支护材料。

4.1.2 锚杆预紧扭矩与预紧力室内试验研究

根据试验需要,对四台矿、忻州窑矿、塔山矿和虎龙沟矿现用锚杆分别取2套,在实验室中进行预紧扭矩与预紧力关系的测试,本节以各矿为单位,在对现用锚杆附件组合形式测试的基础上,对球垫、减摩垫片进行适当取舍,以期增加各数据间的对比度,找出转换系数最高的锚杆匹配形式,各锚杆、托盘、螺母的基本参数及测试内容见表4-6,现用托盘、螺母类型如图4-3所示。

表4-6 锚杆、托盘、螺母基本参数及预紧扭矩-预紧力测试内容

| 编号 | 矿区 | 直径 /mm | 钢材型号 | 托盘 | | 螺母 | | 有无球垫 | 有无减摩垫片 | 280 N·m 对应预紧力 /kN | 备注 |
				类型	尺寸/mm	型号	螺距 /mm				
1	忻州窑矿	18	HRB235	平托盘	800×800×8	普通	2.5	无	无	43.7	麻花
2		20	HRB400	球形托盘	100×100×10	专用有檐	2.5	有	无	57.7	对比
3		20	HRB400	球形托盘	100×100×10	专用有檐	2.5	有	有	116.8	现用
4		22	HRB400	球形托盘	100×100×10	专用有檐	3	有	无	51.9	对比
5		22	HRB400	球形托盘	100×100×10	专用有檐	3	有	有	62.4	现用
6	四台矿	18	HRB400	球形无切槽	145×145×10	专用有檐	2.5	无	无	43.7	对比
7		18	HRB400	球形无切槽	145×145×10	专用有檐	2.5	无	无	34.5	对比
8		18	HRB400	球形无切槽	145×145×10	专用有檐	2.5	无	无	72.2	现用
9		18	HRB400	平托盘	110×110×8	专用有檐	2.5	无	无	77.1	对比
10		18	HRB400	平托盘	110×110×8	专用有檐	2.5	无	无	107	现用
11	塔山矿	22	HRB500	球形托盘	136×136×10	专用无檐	3	有	无	62.3	对比
12		22	HRB500	球形托盘	136×136×10	专用无檐	3	有	无	63.7	现用
13	虎龙沟矿	18	HRB500	球形无切槽	136×136×10	专用有檐	2.5	无	无	70.2	对比
14		18	HRB500	球形无切槽	136×136×10	专用有檐	2.5	无	无	65.7	对比
15		18	HRB500	球形无切槽	136×136×10	专用有檐	2.5	无	无	98.2	现用
16		22	HRB335	球形无切槽	150×150×10	专用无檐	3	无	无	48.2	对比
17		22	HRB335	球形无切槽	150×150×10	专用无檐	3	无	无	47.9	对比
18		22	HRB335	球形无切槽	150×150×10	专用无檐	3	有	有	67.1	现用

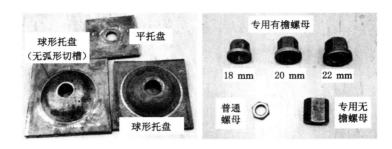

图 4-3　现用托盘、螺母类型

（a）托盘类型；（b）螺母类型

4.1.2.1　现用锚杆测试结果分析

（1）忻州窑矿

对忻州窑矿麻花头锚杆、20 mm 和 22 mm 螺纹钢锚杆在不同附件下的预紧扭矩和预紧力进行了测试，结果如图 4-4、图 4-6 和图 4-7 所示，附件组合形式如图 4-5、图 4-8 和图 4-9 所示。

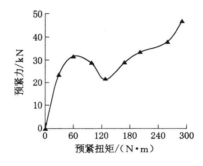

图 4-4　MSGM-235/18 锚杆预紧扭矩-预紧力关系

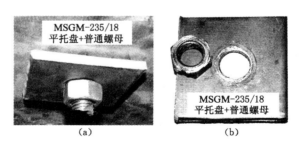

图 4-5　MSGM-235/18 锚杆预紧扭矩-预紧力实测图

（a）组合形式；（b）实验结束

由图 4-4 可知：随着预紧扭矩的增加，预紧力呈增-减-增的波浪形变化，究其原因，主要是由于 HRB235 材质的普通螺母和托盘强度较低，且螺母直径较小，随着预紧扭矩的增加，平托盘开孔四周的集中应力逐渐增大，当预紧扭矩达到 31.6 N·m 后，集中应力超过了材料的抗剪强度，螺母旋转切割托盘，与此同时，托盘的孔壁对螺母也进行部分的破坏，预紧扭矩被材料的变形破坏所消耗，预紧力逐渐下降；随着破坏面的增加，螺母与托盘之间形成了

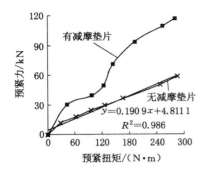

图 4-6　MSGLW-400/20 锚杆测试结果

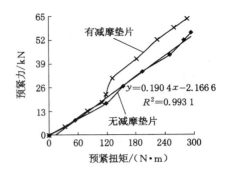

图 4-7　MSGLW-400/22 锚杆测试结果

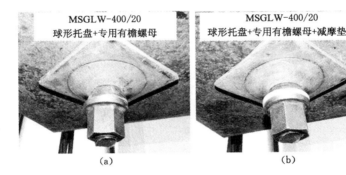

图 4-8　MSGLW-400/20 锚杆预紧扭矩-预紧力实测组合形式
（a）无减摩垫片；（b）有减摩垫片

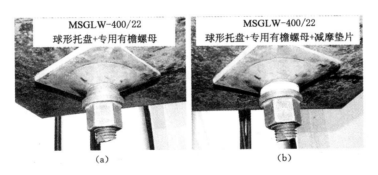

图 4-9　MSGLW-400/22 锚杆预紧扭矩-预紧力实测组合形式
（a）无减摩垫片；（b）有减摩垫片

一个稳定相对平衡的摩擦面，预紧力又开始增加，最终 291.4 N·m 产生了 46.9 kN 的预紧力，螺母和托盘的破坏状态如图 4-5(b)所示。

对于 MSGLW-400/20 锚杆在球形托盘＋球垫＋专用有檐螺母的附件下，当无减摩垫片时，预紧扭矩-预紧力近似呈线性关系；加入减摩垫片后，预紧力随预紧扭矩的增加呈现曲线上升，速率为增-减-增。分析原因可知，无减摩垫片时，MSGLW-400/20 锚杆附件强度高，螺母与托盘之间的接触面积大，彼此的完整性保持良好，螺母在预紧过程中的摩擦力成为制约预紧扭矩-预紧力转换的最主要因素，而这一因素在材料确定后基本保持不变；加入减摩垫片后,螺母与托盘之间的摩擦力大大降低,增加了预紧扭矩-预紧力的转换系数,但在螺母的预紧过程中,减摩垫片发生挤压变形,逐渐被压薄、压出,预紧扭矩超过 144.3 N·m 后,彼此之间达到稳定。对 280 N·m 附近段的数据进行线性差分,可得当预紧扭矩为 280 N·m 时,MSGLW-400/20 锚杆有、无减摩垫片时的预紧力分别为 116.8 kN 和 57.7 kN,前者为后者的 2.024 倍,可见,对于 MSGLW-400/20 锚杆,减摩垫片的增加能大幅度提高其预紧扭矩与预紧力之间的转换系数,使得在较小预紧扭矩的作用下获得较大预紧力。

分析图 4-6、图 4-7 可知,直径分别为 20 mm 和 22 mm 的 MSGLW-400 锚杆,预紧扭矩-预紧力关系曲线整体趋势基本一致,但在量值上存在较大差别,当预紧扭矩为 280 N·m 时,MSGLW-400/22 锚杆有、无减摩垫片时的预紧力分别为 62.4 kN 和 51.9 kN,增设减摩垫片对预紧力的提高率仅为 20.2%,远小于 MSGLW-400/20 锚杆的 102.4%,可见,随着锚杆直径的增加,杆体与螺母的摩擦面积增加,二者的摩擦力逐渐占据主导地位,螺母与球垫之间摩擦力成为次要因素。

(2)四台矿

四台矿目前主要使用 MSGLW-400/18 锚杆,配套托盘有球形托盘和平托盘两种,但所用球形托盘开孔切口处并未加工成与球垫匹配的弧形切槽,在考虑有、无减摩垫片和球垫的情况下,对该锚杆 5 种附件组合形式的预紧扭矩-预紧力关系进行了测试,结果如图 4-10 和图 4-12 所示,组合形式如图 4-11 和图 4-13 所示,其中组合形式的编号与表 4-6 中一致。

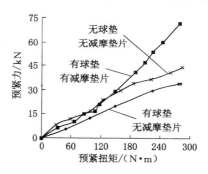

图 4-10　MSGLW-400/18 锚杆测试结果(球形托盘)

由图 4-10 可知,对于 MSGLW-400/18 锚杆配无弧形切槽的球形托盘,无球垫和有球垫时预紧扭矩-预紧力关系曲线基本呈平行状态,有球垫后相同预紧扭矩提供给锚杆的预紧力反而比没有球垫时少 21.05%,究其原因,主要有两点:其一,无球垫时,螺母直接与球形托盘开孔处的圆环形孔壁接触,接触面宽度约为 3 mm,螺母旋转时所受摩擦力较小,对比图 4-11(a)和图 4-11(b)更能说明该问题,同时,托盘和螺母的强度较高,并不会出现彼此之间相互破坏的现象;第二,添加球形垫片后,由于托盘没有配套的弧形切槽,球垫最先与托盘开孔的孔边接触,此时,接触环宽度不足 1 mm,形成了较大的集中应力,螺母与球垫的摩擦力大于球垫与托盘间的摩擦力,螺母旋转过程中带动球垫转动,使托盘发生部分切削破坏,也降低了预紧扭矩与预紧力的转换比例,如图 4-11(d)所示。

加入减摩垫片后,螺母与球垫之间的摩擦环境得到很大的改善,280 N·m 预紧扭矩转换的预紧力为 72.2 kN,与无减摩垫片时(34.5 kN)相比,提高了 109.3%。

由图 4-12 可知,对于 MSGLW-400/18 锚杆配平托盘,无减摩垫片时,预紧扭矩-预紧力

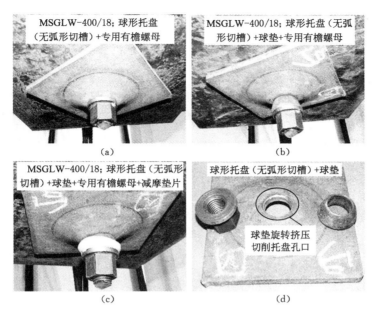

图 4-11　MSGLW-400/18 锚杆测试组合形式及破坏形态

(a) 6#组合；(b) 7#组合；(c) 8#组合；(d) 附件破坏形态

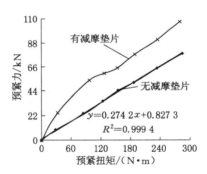

图 4-12　MSGLW-400/18 锚杆测试结果（平托盘）

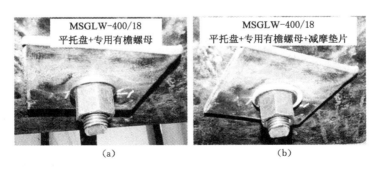

图 4-13　MSGLW-400/18 锚杆测试组合形式（平托盘）

(a) 9#组合；(b) 10#组合

关系曲线呈现良好的线性关系,有减摩垫片时,其预紧力呈现增加幅度为"增-减-增"的曲线上升状态,有无减摩垫片时 280 N·m 预紧扭矩对应的预紧力分别为 107.0 kN 和 77.1 kN,减摩垫片使预紧力量值的提高幅度为 38.8%。

(3)塔山矿

塔山矿全部采用 MSGLW-500/22 锚杆,附件为与之相配套的球形托盘＋球垫＋专用无檐螺母,本次试验检测了有无减摩垫片的预紧扭矩-预紧力转化关系,结果如图 4-14 所示,组合形式如图 4-15 所示。

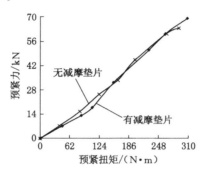

图 4-14　MSGLW-500/22 锚杆测试结果

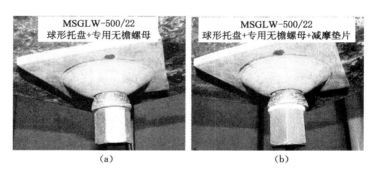

图 4-15　MSGLW-500/22 锚杆测试组合形式

(a) 11#组合;(b) 12#组合

由图 4-14 可知,预紧扭矩小于 260 N·m 时,有、无减摩垫片对塔山矿所用锚杆预紧扭矩-预紧力转化关系影响不明显,两种曲线基本重合,说明对于 22 mm 直径锚杆,螺母与锚杆之间的摩擦力在整个摩擦环境中占据主导地位;预紧扭矩超过 260 N·m 后,螺母与球垫间的摩擦力开始显现,无减摩垫片时,预紧力增加幅度开始降低,有减摩垫片时,预紧力仍然保持之前的线性增长;300 N·m 时,有、无减摩垫片对应的预紧力值分别为 67.6 kN 和 64.7 kN,减摩垫片使预紧力量值的提高幅度为 4.48%。

(4)虎龙沟矿

虎龙沟矿现用 MSGLW-500/18 和 MSGLW-335/22 两种规格的金属锚杆,使用的配套附件为无弧形切槽的球形托盘＋球垫＋专用螺母,组合形式如图 4-16 和图 4-17 所示,测试结果如图 4-18 和图 4-19 所示。

由图 4-18 和图 4-19 可知,针对无弧形切槽的球形托盘,有、无球垫对 MSGLW-500/18

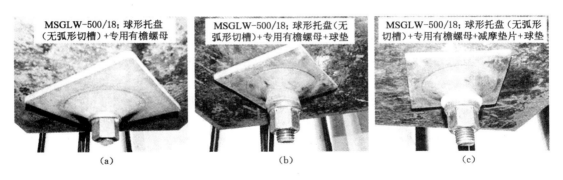

图 4-16 MSGLW-500/18 锚杆测试组合形式

(a) 13# 组合;(b) 14# 组合;(c) 15# 组合

图 4-17 MSGLW-335/22 锚杆测试组合形式

(a) 16# 组合;(b) 17# 组合;(c) 18# 组合

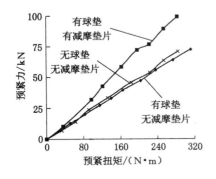

图 4-18 MSGLW-500/18 锚杆测试结果

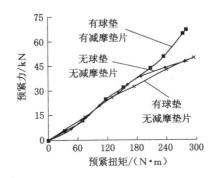

图 4-19 MSGLW-335/22 锚杆测试结果

和 MSGLW-335/22 两种锚杆预紧扭矩-预紧力转换关系影响不大,但对 MSGLW-500/18 锚杆,有球垫后其转换率比无球垫时低,与四台矿的测试规律较为相似,故在此不再赘述。

MSGLW-500/18 锚杆有减摩垫片后,280 N·m 预紧扭矩提供的预紧力为 98.2 kN,为无减摩垫片时(65.7 kN)的 1.49 倍。

MSGLW-335/22 锚杆有减摩垫片后,280 N·m 预紧扭矩提供的预紧力为 67.1 kN,为无减摩垫片时(47.9 kN)的 1.40 倍。

4.1.2.2　锚杆预紧扭矩与预紧力

为了进一步研究锚杆直径、材料强度、减摩垫片对锚杆预紧扭矩和预紧力转换关系的影响,本节在上节内容的基础上,固定其他变量,对其中的单一因素进行详细研究。

1. 测试内容

对锚杆附件进行相应的改变,发现孔口无弧形切槽的球形托盘配备球形垫片后,其预紧扭矩与预紧力的转换比例收到了一定的限制,该种附件组合形式应该在今后的支护工作中加以避免。因此,选用的锚杆托盘均为球形托盘,并配备与之配套的球垫,测试锚杆及附件的型号见表4-7。

表 4-7　　测试结果

编号	取材矿区	直径/mm	钢材型号	托盘		螺母		球垫	减摩垫片	300 N·m 对应预紧力/kN	减摩垫片增加比例/%
				类型	尺寸/mm	型号	螺距/mm				
19	四台矿	18	HRB400	球形	100×100×10	专用有檐	2.5	有	无	60.4	111.9
20									有	128.0	
21	虎龙沟矿		HRB500						无	63.6	90.3
22									有	121.0	
23	虎龙沟矿	22	HRB335	球形	136×136×10	专用有檐	3	有	无	77.4	23.6
24									有	95.7	
25	忻州窑矿		HRB400						无	57.4	42.3
26									有	81.7	
27	塔山矿		HRB500						无	63.5	45.0
28									有	92.1	
19	四台矿	18			100×100×10		2.5	有	无	60.4	111.9
20									有	128.0	
29	忻州窑矿	20	HRB400	球形	100×100×10	专用有檐	2.5	有	无	62.0	97.4
30									有	122.4	
25		22			136×136×10		3		无	57.4	42.3
26									有	81.7	

2. 测试结果分析

(1) 锚杆材质对预紧扭矩-预紧力关系的影响

表4-7中,19#～22#4根次试验和23#～28#6根次实验分别研究了直径为18 mm、22 mm螺纹钢锚杆材料强度对预紧扭矩-预紧力转换关系的影响,其测试结果如图4-20和图4-21所示。

由图4-20可知:

① 无减摩垫片时,MSGLW-400/18 和 MSGLW-500/18 锚杆二者预紧扭矩-预紧力曲线基本都呈线性变化,且量值较为接近,说明此时锚杆的材质对锚杆预紧扭矩和预紧力的转换系数影响不大,对二者进行线性拟合,相关性系数均接近于1,曲线斜率相差0.02,进一步验证了上述分析。

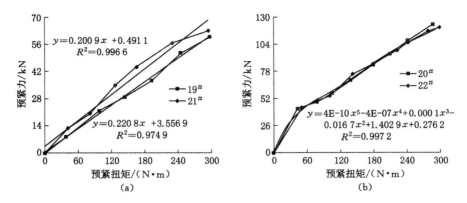

图 4-20 18 mm 螺纹钢锚杆预紧扭矩-预紧力关系测试结果

(a) 无减摩垫片；(b) 有减摩垫片

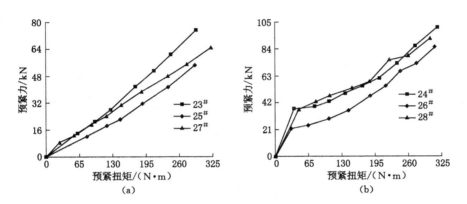

图 4-21   22 mm 螺纹钢锚杆预紧扭矩-预紧力关系测试结果

(a) 无减摩垫片；(b) 有减摩垫片

② 有减摩垫片时，预紧扭矩在 0～43 N·m 范围内，随着预紧扭矩的增加，预紧力迅速上升，之后二者呈线性变换，对整个过程进行拟合，发现 MSGLW-400/18 和 MSGLW-500/18 锚杆二者预紧扭矩-预紧力曲线均呈 5 次函数关系，相同预紧扭矩时，预紧力的值也基本相同，有减摩垫片时，锚杆材质对其预紧扭矩-预紧力转化关系影响较无减摩垫片时更小。

③ 对图 4-20 曲线中距 300 N·m 附近两个预紧扭矩、预紧力的对应数值进行线性差分，可得有、无减摩垫片时，MSGLW-400/18 锚杆 300 N·m 预紧扭矩提供的预紧力分别为 128.0 kN 和 60.4 kN，减摩垫片的增加使得预紧力提高了 111.9%；MSGLW-500/18 锚杆 300 N·m 预紧扭矩提供的预紧力分别为 121.0 kN 和 63.6 kN，减摩垫片的增加使得预紧力提高了 90.3%，可见，减摩垫片对锚杆预紧力的发挥具有重要影响。

由图 4-21 可知：

① 对于直径 22 mm 的螺纹钢锚杆，钢材型号分别为 HRB335、HRB400 和 HRB500 时，三种锚杆的预紧扭矩-预紧力曲线关系较为一致，且在添加减摩垫片后，三者仍然保持着较为一致的变化规律。由于三种锚杆来自不同的矿区、不同的生产批次，杆体螺纹的加工精

度各不相同,对预紧扭矩-预紧力关系曲线也会产生一定的影响,但对总趋势的影响较为有限。

②无减摩垫片时,三级、四级和五级钢锚杆300 N·m对应的预紧力分别为77.4 kN、57.4 kN和63.5 kN,有减摩垫片时,分别为95.7 kN、81.7 kN和92.1 kN,减摩垫片的增加使得预紧力的增加量分别为23.6%、42.3%和45.0%,随着锚杆强度的提高,减摩垫片对预紧扭矩和预紧力的转换比例的帮助增大。

(2)锚杆直径对预紧扭矩-预紧力关系的影响

表4-7中,19#、20#、29#、30#、25#和26#6根次的试验研究了直径为18 mm、20 mm和22 mm螺纹钢锚杆(钢材型号均为HRB400)直径对预紧扭矩-预紧力转换关系的影响,其测试结果如图4-22所示。

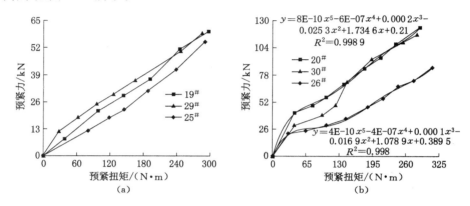

图4-22 HRB400锚杆不同直径预紧扭矩-预紧关系测试结果

(a)无减摩垫片;(b)有减摩垫片

分析图4-22可知:

①无减摩垫片时,18 mm、20 mm和22 mm三种直径MSGLW-400锚杆的预紧扭矩-预紧力关系曲线均呈线性变化,预紧扭矩小于240 N·m时,20 mm锚杆的预紧扭矩-预紧力转换系数较高,此后,18 mm锚杆的上述系数较大,三种锚杆300 N·m预紧扭矩对应的预紧力分别为60.4 kN、62.0 kN和57.4 kN。此外,由于规范的规定,18 mm和20 mm锚杆的螺距为2.5 mm,22 mm锚杆的螺距为3.0 mm,螺距的差异对上述规律也会有一定的影响,此方面还有待进一步研究。

②有减摩垫片时,不同直径锚杆预紧扭矩-预紧力关系曲线也呈5次函数关系,且当预紧扭矩大于130 N·m时,18 mm和20 mm锚杆预紧扭矩-预紧力转化系数接近,22 mm锚杆最小,300 N·m扭矩对应的预紧力分别为128.0 kN、122.4 kN和81.7 kN,随着锚杆直径的增加,此时相同扭矩提供的预紧力值逐渐增大。

③300 N·m预紧扭矩时,减摩垫片对18 mm、20 mm和22 mm三种直径MSGLW-400锚杆预紧力增加量分别为111.9%、97.4%和42.3%,可见,锚杆直径越大,减摩垫片发挥的作用越有限。究其原因,主要是随着锚杆直径的增加,螺母与杆体的摩擦力增大,同时,螺母与球垫之间的摩擦力所占比重降低,减摩垫片的减摩效果相对降低。

4.1.2.3 主要结论

通过对30根次锚杆在不同附件下预紧扭矩和预紧力转换关系的试验研究,可得以下主

要结论:

(1) 麻花头锚杆配备的普通螺母和平托盘强度较低,在螺母预紧过程中,彼此相互破坏,对预紧扭矩和预紧力的转换系数影响较大,常用预紧扭矩为 150 N·m 时,此种锚杆提供的预紧力约为 25 kN,远不能满足锚杆主动支护的要求。

(2) 无弧形切槽的球形托盘与球垫搭配使用后,相互间的接触面积较小,在托盘开孔处产生巨大集中应力,迫使托盘孔口发生变形,制约了预紧扭矩向预紧力的转化。

(3) 无减摩垫片时,预紧扭矩-预紧力呈线性关系,有减摩垫片时,则呈五次函数关系,传统理论中认为的线性换算已不能很好地应用于配有减摩垫片的锚杆。

(4) 减摩垫片对提高减小螺母与托盘之间的摩擦力,增加预紧扭矩和预紧力之间的转化系数具有重要影响,一般都能使上述系数增加 30% 以上。

(5) 锚杆的材质对锚杆预紧扭矩-预紧力转化关系的影响较小,但直径对上述因素的影响较大,尤其是对配备减摩垫片的锚杆,300 N·m 预紧扭矩下,减摩垫片对 18 mm、20 mm 和 22 mm 三种直径 MSGLW-400 锚杆预紧力增加量分别为 111.9%、97.4% 和 42.3%。

(6) 普通螺母和托盘强度较低,预紧扭矩施工过程中二者发生局部破坏的可能性较大,建议取缔该类组合形式。

(7) 托盘是锚杆支护最重要的附件之一,鉴于其对预紧扭矩和预紧力转化关系的影响,建议全部采用球形托盘+球垫,且托盘的开孔处制作与球垫相匹配的弧形切槽。

(8) 锚杆专用有檐螺母与托盘之间的接触面积较大,其受力特性较其他类型的螺母好,建议全部采用该类螺母。

(9) 锚杆附件加工质量对锚杆预紧力的生成具有较大影响,当球垫或螺母表面不平整时,在螺母的预紧过程中造成减摩垫片的破坏,使其失去减摩效果,如图 4-23(a)所示;减摩垫片孔径过大则会被挤出,如图 4-23(b)所示;只有当球垫、减摩垫片、螺母三者外径、孔径皆相同时,如图 4-23(c)所示,预紧扭矩方能充分地转化成锚杆杆体的预紧力。

(a)　　　　　　　　　(b)　　　　　　　　　(c)

图 4-23　锚杆附件常见匹配问题及最佳匹配形式

(a) 球垫不平,垫片破坏;(b) 垫片孔径太大,挤出;(c) 球垫、螺母和垫片最佳匹配

4.2　锚杆(索)支护材料性能原位破坏性试验及评估优化

4.2.1　锚杆(索)现场力学特性拉拔试验

4.2.1.1　测试过程

在选定巷道按设计安装非支护范围内的锚杆、锚索,待第二天进行破坏性的拉拔试验。

试验过程如下：① 安装卡环：当锚杆外露段长度大于 8 cm 时，直接安装卡环，拧紧阻挡螺母，如图 4-24(a)所示，否则应该卸下原有螺母、球垫，以增加卡环安装所需的锚杆长度；② 安装拉杆：将拉杆的卡头插入卡环的槽型空间内，确保卡头和卡环紧密接触，如图 4-24(b)所示；③ 安装套筒、油缸：在此过程中，应量测套筒与卡头之间的自由行程，为锚杆的张拉提供充分的拉伸空间，如图 4-24(c)所示；④ 安装位移计及位移杆：记录张拉过程中锚杆的拉伸量值，如图 4-24(d)所示；⑤ 匀速摇动高压泵手柄，给油缸施加压力，测试锚杆锚固力的量值。

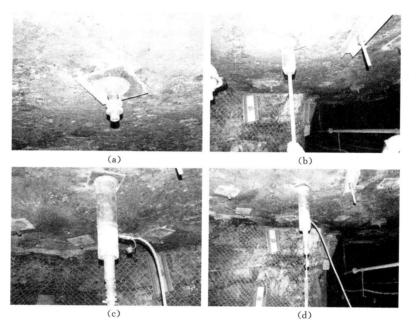

(a)　　　　　　　　　　　(b)

(c)　　　　　　　　　　　(d)

图 4-24　锚固力测试过程图

(a) 安装卡环；(b) 安装拉杆；(c) 安装套筒、油缸；(d) 安装位移计

4.2.1.2　实测结果汇总

本次测试首先对已施工锚杆(索)设计锚固力进行了检测，未发现异常，之后针对不同锚固长度的锚杆、锚索进行了破坏性试验，共完成了 75 根锚杆和 30 根锚索的拉拔试验，测试结果见表 4-8 和表 4-9。

4.2.2　测试结果分析

4.2.2.1　锚杆抗拔力影响因素分析

1. 岩体中锚杆抗拔力测试结果分析

通常情况下岩性对抗拔力的影响主要取决于岩石自身强度以及锚固剂与岩石间黏结力，当锚固端岩性较差时，岩性对抗拔力具有显著影响，但随着岩性的改善，其对抗拔力的影响将会减弱，这是因为此时岩性已不再是决定抗拔力的薄弱环节。

本节以四台矿测试结果为例，分析砂岩系列中不同岩性对锚杆抗拔力的影响，提取表 4-8 中的无时间等影响的测试结果，并进行汇总，结果见表 4-10。

表4-8 锚杆拉拔试验测试结果

矿区	序号	地点	锚固段所在围岩	锚杆型号	钻孔孔径/mm	锚固剂型号	锚固剂长度/cm	锚固长度/cm	拉拔力/t	备注
四台矿	1	12#层307盘区5723巷（帮）	12#煤	MSGM-235/18×1700	φ42钻头	MSZ3335×1	35	26.6	8.5	锚固段失效
	2								9.0	麻花头破断
	3								10.5	螺纹段破断
	4	14#层410盘区21029巷（帮）	14#煤	MSGM-235/18×1700	φ42钻头	MSZ3335×1	35	26.6	11.0	锚固段失效
	5								9.5	麻花头破断
	6								7.5	螺纹段破断
	7	14#404盘区轨道巷（帮）	14#煤	MSGM-235/18×1700	φ42钻头	MSZ3335×1	35	26.6	11.5	锚固段失效
	8								10.0	麻花头破断
	9								8.0	
	10	12#层412盘区21209巷	中细砂岩,灰色,水平层理,致密,呈坚硬	MSGLW-400/18×1700	φ28钻头	MSK2360×1	60	55.1	15.0	锚固段失效
	11								14.5	
	12	14#层412盘区21211巷	细砂岩,灰色,水平层理,平均厚度7.7m	MSGLW-400/18×1700	φ28钻头	MSK2360×1	60	55.1	15.0	
	13								15.5	
	14	14#层412盘区21202巷	砂页岩,灰色,含炭质及植物化石,坚硬	MSGLW-400/18×1700	φ28钻头	MSK2360×2	120	110.2	16.0	锚杆破断
	15							60	110.2	24.0	油缸压力不足,16t未破坏
	16	14#层410盘区21029巷		MSGLW-400/18×1700	φ28钻头	MSK2360×1	60	55.1	14.5	锚固段失效
	17							60	55.1	14.5	锚固段失效
	18								55.1	15.0	锚固段失效
	19	14#404盘区轨道巷	中砂岩,白色,以石英为主,巨粒结构,厚层状,间有包裹体	MSGLW-400/18×1700	φ28钻头	MSK2360×1	60	55.1	13.5	锚固段失效
	20								12.5	锚固段失效（施工稍差）
	21	12#层307盘区5723巷	粉砂岩,深灰色,质较纯,呈断续波状层理	MSGLW-400/18×1700	φ28钻头	MSK2360×1	60	55.1	14.0	锚固段失效,岩性较差,且已施工3个月
	22								14.0	
	23								14.5	
	24	14#层307盘区轨道巷	中粗砂岩,灰白色,成分石英长石,块状结构	MSGLW-400/18×1700	φ28钻头	MSK2360×1	60.0	55.1	14.0	锚固段失效
	25								13.5	

续表 4-8

矿区	序号	地点	锚固段所在围岩	锚杆型号	钻孔孔径/mm	锚固剂型号	锚固剂长度/cm	锚固长度/cm	拉拔力/t	备注
	26	2941巷(帮)	11#煤	MSGM-235/18×2000	φ42钻头	MSZ3535×1	35	26.6	9.0	麻花头破断
	27								10.0	麻花头破断
	28	2312巷(帮)	14#煤			MSZ3535×1	35		11.0	螺纹段破断
	29							26.6	10.0	锚固段失效
	30								7.0	麻花头破断
	31	5704巷(帮)	11#煤			MSZ3535×1	35		11.0	螺纹段破断
	32							26.6	10.5	螺纹段破断
	33								11.0	
	34	11#层2941巷	11#层煤	MSGLW-400/20×2000	φ28钻头	MSZ2330×1	27	28.6	7.5	
	35								7.0	
	36								7.5	
	37								10.0	锚固段失效
	38					MSZ2360×1 (截短10 cm)	47	49.7	9.6	
	39								9.5	
	40					MSZ2360×1 +MSZ2330×0.5	70.5	74.6	14.0	
	41								13.5	
	42					MSZ2360×1 +MSZ2330×1	84	88.9	16.0	
忻州窑矿	43	11#层5704巷	砂质页岩与细、中砂岩互层			MSZ2330×1	27	28.6	13.5	锚固段失效
	44								14.0	
	45								13.8	
	46								19.5	
	47					MSZ2330×1.5	40.5	42.8	20.0	锚杆拉断
	48								19.0	
	49					MSZ2330×2	54	57.1	18.0	一个标准螺母,螺母拉脱,丝扣破坏
	50								20.0	
	51								20.0	
	52	14#层2312巷	砂质页岩与细砂岩互层	MSGLW-400/22×2200	φ28钻头	MSZ2330×1	27	34.3	22.5	
	53								22.0	锚杆拉断
	54								22.7	

续表 4-8

矿区	序号	地点	锚固段所在围岩	锚杆型号	钻孔孔径/mm	锚固剂型号	锚固剂长度/cm	锚固长度/cm	拉拔力/t	备注
塔山矿	55	2214 皮带巷（帮）	3#~5#煤	MSGLW-500/22×2000	φ28钻头	MSK2335×1	35	44.5	10.0	锚固段失效
	56								17.0	
	57	8214 顶回风巷	灰黑色砂质泥岩	MSGLW-500/22×2000		MSZ2360×1			19.5	安装出现问题
	58						60	76.3	5.0	拉拔仪行程最大
	59					MSK2335×1	35	44.5	27.0	拉拔仪行程最大
	60								27.0	锚固段失效
	61	5214 回风巷	3#~5#煤	MSGLW-500/22×2000		MSK2335×1	35	44.5	24.0	锚固段失效
	62								20.0	锚固段失效
	63								26.0	锚固段失效
	64	2505 巷	5#煤	MSGLW-335/22×2200		MSK2335			11	锚固段失效
	65						10	12.7	11.5	
	66						MSK2335			10.5
	67						20	25.4	15	
	68								15	
	69				φ28钻头	MSK2335	30	38.1	14.6	
	70								21	
	71								22	
	72								20	
虎龙沟矿	73		5#煤	φ18×2000 玻璃钢锚杆		MSK2350	18	22.9	6.5	螺母拉脱
	74						28	35.6	7	
	75						50	63.6	8	

表 4-9　锚索拉拔试验测试结果

矿区	序号	地点	锚固段所在围岩	锚索型号	钻孔孔径/mm	锚固剂型号	锚固剂长度/cm	锚固长度/mm	拉拔力/t	备注
忻州窑矿	1	2941 巷	灰白色中砂、细砂岩互层	SKL17.8-7/1860	φ28 钻头	MSZ2360×1	57	51.7	18	锚固段失效
	2								19	
	3					MSZ2330×1 +MSZ2360×1	84	76.2	25	拉拔仪超行程
	4								27	
	5					MSZ2360×2	114	103.4	26	
	6								28	
	7	5704 巷	砂质页岩,细、中粒砂岩互层	SKL17.8-7/1860	φ28 钻头	MSZ2360×1	57	51.7	13.5	锚固段失效
	8					MSK2330×1 +MSZ2360×1	84	76.2	27	拉拔仪超行程
	9					MSZ2360×2	114	103.4	27	
塔山矿	10	8214 顶回风	砂砾岩,粗、中、细粒砂岩互层	SKL17.8-7/1860	φ28 钻头	MSZ2360×1	60	54.43	26.8	锚固段失效
	11								27	
	12								26.5	
	13	2214 皮带巷	3#~5# 煤	SKL17.8-7/1860	φ28 钻头	MSZ2360×1	60	54.43	15	锚固段失效
	14								17	
	15								16	
	16					MSK2335×1 +MSZ2360×1	95	86.18	27	拉拔仪超行程
	17								27	
	18								27.5	
	19	5214 回风巷	3#~5# 煤	SKL21.8-19/1860	φ28 钻头	MSK2335×1	35	43.60	27.5	拉拔仪超行程
	20								27	
	21								28	

续表 4-9

矿区	序号	地点	锚固段所在围岩	锚索型号	钻孔孔径/mm	锚固剂型号	锚固剂长度/cm	锚固长度/mm	拉拔力/t	备注
虎龙沟矿	22	5505-1顶回风	粗砂岩	SKL17.8-7/1860	φ28钻头	MSZ2350×1	50	45.40	17	拉拔仪超行程
	23								17	
	24								17.5	
	25	2505皮带巷	5#煤	SKL17.8-7/1860	φ28钻头	MSK2335×1＋MSZ2350×1	85	77.10	27	拉拔仪超行程
	26								26.5	
	27								27.5	
	28					MSZ2350×1	60	54.43	15	锚固段失效
	29								16	
	30								14.5	

表 4-10 四台矿不同岩性顶板锚杆抗拔力

锚固端岩性	中细砂岩		细砂岩		砂页岩		中砂岩		粉砂岩		中粗砂岩	
锚杆规格/mm	\$\phi 18 \times 1\,700\$											
锚固剂	MSK2360 一卷											
抗拔力/t	15	14.5	15	15.5	14.5	14.5	15	13.5	14	14.5	14	13.5
平均值/t	14.75		15.25		14.5		14.25		14.25		13.75	

由试验结果可知锚杆抗拔力在 13.5~15.5 t 之间,为了进一步研究不同砂岩对锚杆抗拔力的影响,采用统计学中应用最为广泛的单因素方差分析法对试验结果进行分析,分析步骤如下:

(1)列偏差平方和计算表,见表 4-11。

表 4-11 偏差平方和计算表

抗拔力 /kN 次数 岩性	中细砂岩	细砂岩	砂页岩	中砂岩	粉砂岩	中粗砂岩	求和
1	15	15	14.5	15	14	14	
2	14.5	15.5	14.5	13.5	14.5	13.5	
求和	29.5	30.5	29	28.5	28.5	27.5	173.5
和的平方	870.25	930.25	841	812.25	812.25	756.25	5 022.25
平方和	435.25	465.25	420.5	407.25	406.25	378.25	2 512.75

(2)计算统计量与自由度。

$$P = \frac{1}{nm}\left(\sum_{i=1}^{n}\sum_{j=1}^{m}x_{ij}\right)^2 = \frac{1}{6 \times 2} \times 173.5^2 = 2\,508.521 \tag{4-1}$$

$$R = \frac{1}{m}\sum_{i=1}^{n}\left(\sum_{j=1}^{m}x_{ij}\right)^2 = \frac{1}{2} \times 5\,022.25 = 2\,511.125 \tag{4-2}$$

$$W = \sum_{i=1}^{n}\sum_{j=1}^{m}x_{ij}^{\ 2} = 2\,512.75 \tag{4-3}$$

式中　n——计算水平数;

　　　m——实验组数;

　　　P,R,W——中间计算变量。

组间偏差平方和 $Q_A = R - P = 2.604$

组内偏差平方和 $Q_E = W - R = 1.625$

总偏差平方和 $Q_T = W - P = 4.229$

组间自由度 $f_A = n - 1 = 5$

组内自由度 $f_E = n \times (m-1) = 6$

总自由度 $f_T = n \times m - 1 = 11$

(3)求方差与统计量 F。

组间方差 $S_A^2 = \dfrac{Q_A}{f_A} = \dfrac{2.604}{5} = 0.520\,8$

组内方差 $S_E^2 = \dfrac{Q_E}{f_E} = \dfrac{1.625}{6} = 0.270\,8$

$$F = \frac{S_A^2}{S_E^2} = \frac{0.520\,8}{0.270\,8} = 1.923\,2$$

（4）列方差分析表，见表 4-12。

表 4-12　　　　　　　　　　　　　方差分析结果

方差来源	偏差平方和	自由度	方差估计值	F 值	临界值	显著性	判定条件
岩性	2.604	5	0.520 8	1.923 2		非显著性因素	$F < F_{0.05}(5,6)$ 为非显著性因素；$F_{0.01}(5,6) > F \geqslant F_{0.05}(5,6)$ 为显著性因素；$F \geqslant F_{0.01}(5,6)$ 为高度显著性因素
误差	1.625	6	0.270 8		$F_{0.05}(5,6) = 4.39$ $F_{0.01}(5,6) = 8.75$		
总和	4.229	11					

由表 4-12 可以看出，砂岩系列中岩性对锚杆抗拔力的影响统计量 $F = 1.923\,2 < F_{0.05}(5,6)$，为非显著影响因素，说明在以砂岩为主的岩体中，岩性对锚杆抗拔力的影响较小，数据之间的波动可以视为正常的试验现象。

2. 煤体和岩体中锚杆抗拔力测试结果对比分析

上一节分析了砂岩系列中不同砂岩对相同锚杆在相同锚固剂下抗拔力的影响，整个过程中岩性并未发生质的变化。由于天然沉积的过程不同，与砂岩相比，煤体疏松、节理裂隙发育、抗剪强度、黏结强度等均较低。为了弄清楚在煤体和岩体中锚杆抗拔力的差别，利用忻州窑矿的条件，对相同锚杆、树脂条件下煤体和岩体中的抗拔力进行了测试。

基本测试条件：

（1）锚杆：MSGLW-400/20×2000 锚杆。

（2）树脂：MSK2330 一卷。

（3）地点：煤体，2941 巷顶板；岩体，5704 巷顶板。

测试结果如图 4-25 所示。

由图 4-25 可知，直径 20 mm 的锚杆当锚固段为煤时抗拔力只有 7.5 t，相同直径与锚固长度情况下，若锚固段位于中砂岩中，则抗拔力有了显著提高达到 14 t，较前者提高了 87%，可见，当岩性发生质的变化时，岩体中锚杆的抗拔力也会发生巨大的变化，因此在设计时应尽量将锚固端放在稳定的岩层中。

3. 锚固剂长度与抗拔力的函数关系分析

（1）左旋无纵筋螺纹钢锚杆

由上节可知，相同锚固剂长度对同种锚杆在岩层中提供的抗拔力是煤层中的 1.87 倍，在岩层中锚杆的抗拔力很容易得到满足。对于 MSGLW-400/20×2000 锚杆，45 cm 树脂药卷的抗拔力已超过其杆体的抗拉强度而使其破断，如图 4-26 所示；对于 MSGLW-400/22×

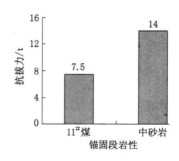

图 4-25　一卷 MSK2330 时煤岩体中
MSGLW-400/20×2000 抗拔力测试结果

2200 锚杆，一根 MSK2330 树脂药卷提供的抗拔力已能使锚杆杆体破断，如图 4-27 所示。

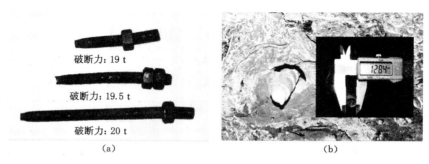

图 4-26　MSGLW-400/20×2000 锚杆破断形态
（a）破断形态；（b）断口特写

图 4-27　MSGLW-400/22×2200 锚杆破断形态
（a）破断形态；（b）颈缩特写

　　考虑到大同矿区绝大部分巷道均为煤巷，因此，该部分研究主要针对煤层中的锚杆进行。

　　在忻州窑矿 11# 层、塔山矿 3#～5# 层和虎龙沟矿 5# 层中，对直径 20 mm 和 22 mm 的左旋无纵筋螺纹钢锚杆在不同锚固剂长度下的抗拔力进行了测试，获得了锚固剂长度与抗拔力之间的函数关系，结果如图 4-28 所示。

　　分析图 4-28 可知：

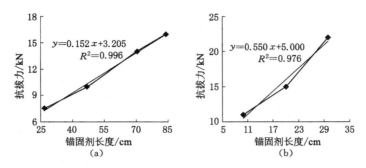

图 4-28 左旋无纵筋螺纹钢锚杆抗拔力-锚固剂长度关系

(a) $\phi 20$ mm 锚杆(忻州窑矿);(b) $\phi 22$ mm 锚杆(虎龙沟矿)

① 抗拔力与锚固剂长度呈线性函数关系。对关系曲线进行拟合,发现 $\phi 20$ mm 和 $\phi 22$ mm 锚杆的抗拔力与锚固剂长度之间均呈线性函数关系,关系式分别为式(4-4)和式(4-5),并且两条曲线的相关性系数均接近于 1.0,说明曲线拟合度较好。

$$y_{20} = 0.152x + 3.205 \quad (R^2 = 0.996) \tag{4-4}$$

$$y_{22} = 0.550x + 5.000 \quad (R^2 = 0.976) \tag{4-5}$$

② 随着锚杆直径的增加,锚杆抗拔力-锚固剂长度曲线斜率越大。$\phi 20$ mm 锚杆抗拔力-锚固剂长度函数关系斜率为 0.152 t/cm,而 $\phi 22$ mm 锚杆抗拔力-锚固剂长度函数关系斜率为 0.550 t/cm,是前者的 3.62 倍,可见,锚杆直径对锚固剂抗拔力的发挥具有较大的影响。

③ 虎龙沟矿测试结果在塔山矿也能得到很好的应用。在表 4-8 中,塔山矿 $\phi 22$ mm 左旋无纵筋螺纹钢锚杆在 1 根 MSK2335 锚固剂下的平均抗拔力为 23.3 t,根据式(4-5)计算,此时的计算抗拔力 $y_{22} = 0.55 \times 35 + 5.00 = 24.25$ t,与实测值较为接近,相对差值仅为实测值的 4.1%。

(2)麻花头圆钢锚杆

麻花头锚杆主要以高拉拔力著称,然而影响其锚固力的因素还有杆体自身强度、螺母强度等诸多因素,为了弄清这种锚杆的锚固力大小,本次针对采用 MSGM-235/18 麻花头圆钢锚杆作为支护材料的四台矿和忻州窑矿进行了测试,其主要支护部位为巷道两帮,为了提高测试结果的可比性,所有的测试均在煤体中进行,锚固剂均使用一卷 MSZ3535,测试结果见表 4-8 中序号 1~9 和 26~33,对测试结果进行分类汇总制图,如图 4-29 和图 4-30 所示。

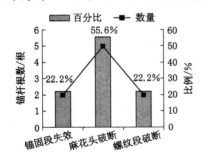

图 4-29 四台矿 MSGM-235/18 拉拔测试结果

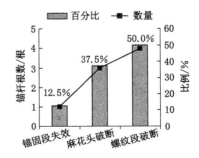

图 4-30 忻州窑矿 MSGM-235/18 拉拔测试结果

① 四台矿麻花头锚杆的锚固段失效、麻花头破断、螺纹段破断数量分别为 2 根、5 根和

2 根,占总数的比例分别为 22.2％、55.6％和 22.2％;忻州窑矿上述数量分别为 1 根、3 根和
4 根,所占比例分别为 12.5％、37.5％和 50％。

② 四台矿麻花头锚杆主要以麻花头破断为主,忻州窑矿麻花头锚杆主要以螺纹段破断
为主,但总的来看,两矿麻花头和螺纹段破断的比例分别达到 47.1％和 35.3％,麻花段破断
量将近一半,造成这一现象的主要原因是因为麻花头在加工中因淬火而使得强度降低。

③ 拉拔试验过程中,两矿麻花头锚杆锚固段失效的比例较小,占到 17.6％,也验证了麻
花头锚杆抗拔力相对容易达到较高水平的现象,但同时也可以看出,麻花段和螺纹段是该类
锚杆的薄弱位置,任何一个部位发生破断,都会造成锚杆的失效,破坏形态如图 4-31 所示。

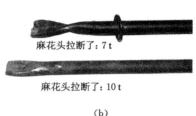

麻花头拉断了:7 t

麻花头拉断了:10 t

(a)　　　　　　　　　　　(b)

图 4-31　MSGM-235/18 破坏形态

(a) 螺纹段破断图;(b) 麻花头破断图

（3）玻璃钢锚杆

在调研过程中发现,在实际支护中,玻璃钢锚杆的用量较少,仅在虎龙沟矿两帮的支护
中有所应用。为了检验这种锚杆的锚固力,在虎龙沟矿 2505 巷顶板安装 3 根锚杆,锚固剂
长度分别为 18 cm、28 cm 和 50 cm,进行拉拔试验,当拉拔力达到 6.5 t、7 t 和 8 t 时,3 根锚
杆螺母的螺纹分别被剪坏,如图 4-32 所示,而杆体保持良好,锚固段也未发生滑动或破坏。
由此可知,玻璃钢锚杆支护系统中最薄弱的一个环节为螺母部分,其螺母与杆体螺纹之间的
抗剪强度是决定其锚固力大小的主要因素,推广该类锚杆应用之前,应解决材料的抗剪
问题。

抗拔力:8 t　　　　拉拔前　　　　抗拔力:6.51 t

图 4-32　玻璃钢锚杆螺母拉脱图

（4）锚索

在忻州窑矿、塔山矿、虎龙沟矿不同煤岩体中共进行了 30 根锚索的测试,拉拔结束后锚
索的变形如图 4-33 所示,详细结果见表 4-8。

图 4-33　拉拔结束锚索变形图

分析表 4-8 可知：

① 对于 SKL17.8-7/1860 锚索，煤体中 60 cm 树脂药卷提供的抗拔力能达到 14.5～17 t，在岩层中，相同的药卷提供的抗拔力达到 18～19 t，与锚杆相比，煤岩体对锚索的抗拔力影响较弱，究其原因，主要是由于锚索较长，其锚固段所在位置无论是煤体还是岩体，几乎都不受掘巷的影响，围岩比较稳定，且保持完整。

② 对于 SKL21.8-19/1860 锚索，在煤体中，一卷 MSK2335 药卷提供的锚固力已经超过 27 t，较 SKL17.8-7/1860 锚索有了巨大提高，造成这一现象的主要原因是锚索直径的增加，同时也说明了三径匹配的重要性。

4. 锚固剂长度以及岩性对锚杆(索)变形的影响

拉拔测试中，在记录拉拔力的同时也利用位移计同时记录锚杆、锚索拉出的位移，研究锚固剂长度以及岩性对锚杆变形的影响，以忻州窑矿 2941 巷、5704 巷和塔山矿 2214 巷测试结果为例，分析锚固剂长度以及岩性对锚杆、锚索变形的影响，测试结果如图 4-34 和图 4-35 所示。

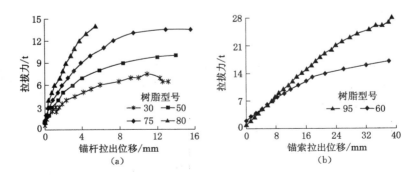

图 4-34　煤顶板锚杆(索)拉拔力-位移曲线

(a) 忻州窑 2941 巷；(b) 塔山矿 2214 巷

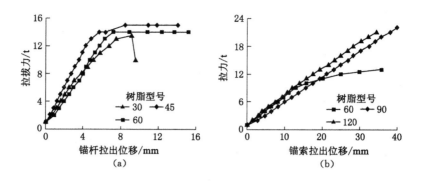

图 4-35　忻州窑矿 5704 巷岩石顶板锚杆（索）拉拔力-位移曲线

(a) 锚杆；(b) 锚索

由图 4-34(a)可知,随着锚固剂长度的增加,锚杆拉拔力-位移曲线的斜率逐渐增加,并趋于弹性变化,说明在煤体中,当锚固剂长度较短时,稍加拉力锚固段便开始滑动,拉拔力主要由锚固段的摩擦力提供,随着锚固剂长度的增加,锚杆拉拔过程中开始以弹性变形为主,当锚固剂长度达到一定值后,锚固段才开始滑动。

图 4-34(b)所示煤体中锚索的拉拔力-位移曲线与锚杆的相似,由于锚索最小锚固剂长度仍然较长,所以拉拔力在 0～13 t 范围时锚索就已呈现出弹性变形。

当岩性由煤变换成岩时,相同锚固剂提供的抗拔力大幅度提高,锚杆锚固段滑动变形消失,拉拔力-位移曲线斜率变化不大,当拉拔力达到一定值后锚杆进入屈服或失效阶段,如图 4-35(a)所示,而锚固段在岩体中的锚索,其拉拔力-位移曲线与煤体中的类似,如图 4-35(b)所示。

5. 锚杆直径对抗拔力的影响

(1) 煤体中锚杆直径对抗拔力的影响

由前文可知,煤体中 $\phi20$ mm 和 $\phi22$ mm 左旋无纵筋螺纹钢锚杆锚固剂长度与抗拔力均呈线性关系,并得到式(4-4)和式(4-5),将后者与前者相比,即可得到不同锚固剂长度下 $\phi22$ mmMSGLW 锚杆抗拔力与 $\phi20$ mmMSGLW 锚杆抗拔力的比值关系,令这一比值为 y',锚固剂长度仍为 x,则可得到:

$$y' = \frac{0.550x + 5.000}{0.152x + 3.205} \tag{4-6}$$

对式(4-6)作图,结果如图 4-36 所示,可以发现 $\phi22$ mm 和 $\phi20$ mmMSGLW 锚杆拉拔力比值随锚固剂长度的增加逐渐增大,但增加幅度逐渐减小,比值逐渐趋近于 3.6,可见增加锚杆直径能迅速提高其抗拔力。

(2) 岩体中锚杆直径对抗拔力的影响

在四台矿、忻州窑矿和塔山矿顶板为岩石的巷道中,对直径为 18 mm、20 mm 和 22 mm 的三种锚杆进行了测试,在砂岩系列的岩层中,岩性的变化对锚固剂长度提供抗拔力的量值影响较小,因此可以将上述三个矿区的测试结果进行联合分析,提取测试结果,见表 4-13。

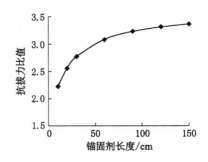

图 4-36   φ22 mm 和 φ20 mmMSGLW 抗拔力比值与锚固剂长度关系图

表 4-13   岩层中锚杆抗拔力测试结果汇总

矿区	锚杆型号	钻孔直径/mm	锚固剂型号	拉拔力/t	备注
四台矿	MSGLW-400/18×1700		MSK2360×1	13.5～15	锚固段失效
忻州窑矿	MSGLW-400/20×2000	φ28 钻头	MSK2330×1	13.5～14	锚固段失效
			MSK2330×1.5	19～20	锚杆拉断
塔山矿	MSGLW-500/22×2000		MSK2335×1	27	达到设备量程

由表 4-13 可知,相同的抗拔力,φ20 mm 锚杆所需树脂药卷长度仅为 φ18 mm 锚杆的一半,而对于 1 卷 MSK2335 药卷,对 φ22 mm 锚杆提供的抗拔力已经超过 27 t,为上述量值的 2 倍多,在岩体中,锚杆直径对其抗拔力仍有较大影响。

4.2.2.2 支护匹配性分析

1. 三径匹配

树脂锚杆支护三径匹配是指钻孔直径、锚杆直径、树脂药卷直径"三径"之间的最佳配合,从而使树脂锚杆支护结构整体达到最佳的支护状态。《煤巷锚杆支护技术规范》(MT/T 1104—2009)规定:钻孔直径、锚杆直径和树脂锚固剂直径应合理匹配,钻孔直径和锚杆杆体直径之差应为 6～10 mm,钻孔直径与树脂锚固剂直径之差应为 4～8 mm。

在虎龙沟矿测试过程中,2505 巷局部煤帮突然发生厚度约 1.8 m 的片帮现象,导致锚杆被整体拔出,从取上来的锚杆锚固段(如图 4-37 所示)分析,由于三径(孔径:30 mm,药卷直径:23 mm,锚杆直径:18 mm)不匹配,致使施工过程中锚杆从药卷中穿过,从而使锚固剂得不到充分的搅拌,从图上可以看出,速凝剂还有大量没有搅拌均匀,此外,由于锚杆较细,锚固剂与围岩之间得不到充分的挤压,使锚固剂封装袋不能很好地破碎,使锚固剂发挥不了应有的作用,从刻度尺上判断,约 55 cm 的锚固长度,被塑料薄膜包裹的部分约有 30 cm。

根据《树脂锚杆 第 2 部分:金属杆体及其附件》(MT 146.2—2011)的规定,对各种型号锚杆屈服荷载和破断荷载进行计算,如图 4-38 所示。由图可知,一定屈服或破断荷载下,均有一个高强度、小直径的锚杆和一个低强度、大直径的锚杆,因此,在设计锚固力一定的情况下,为了提高三径的匹配性,应选择大直径的锚杆。

2. 附件匹配

锚固力是整套锚杆所能提供的最大承载力,具有多种影响因素,三径匹配只是解决了其中抗拔力的问题,锚杆配套的螺母、托盘等均有可能成为制约锚固力的关键因素,在测试的

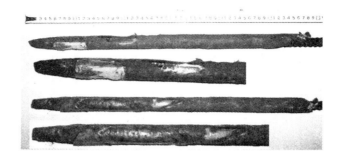

图 4-37 ϕ18 mm 锚杆锚固段破坏形态

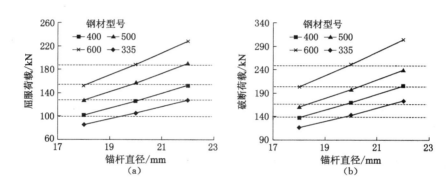

图 4-38 规范规定各型锚杆屈服荷载和破断荷载计算结果
(a) 屈服荷载;(b) 破断荷载

过程中,针对 20 mm MSGLW-400 锚杆,安装一个标准六角螺母,则在拉拔力达到 18 t 时,螺母脱落,螺杆、螺母丝扣被拉坏,如图 4-39 所示。

此外在实际工程中,由于托盘的不匹配造成托盘的折断(图 4-40)、托盘孔径过大造成螺母自身强度破坏(图 4-41)等都制约了锚杆锚固力的发挥。

图 4-39 锚杆丝扣破坏

图 4-40 托盘折断破坏

图 4-41　螺母压入卡环

4.3　新型支护材料及支护系统研发

4.3.1　概述

支护材料是巷道支护效果最为重要的影响因素之一，材料的合理与否直接决定着支护质量、施工效率、支护成本等的高低。目前，我国煤矿巷道的主要支护形式是锚杆支护。国有重点煤矿平均锚杆支护率已达到 60%，有些矿区锚杆支护率超过 90%，甚至达到 100%。锚杆支护技术的发展，大致经历了三代：

第一代为普强全螺纹钢锚杆。普强全螺纹钢锚杆在浅部地质条件好的地区支护效果较好，锚杆支护基本上代替了架棚支护。

第二代为普强滚丝锚杆。随着地质条件变得越来越复杂，特别是在工作面受动压影响的顺槽，第一代锚杆越来越不适应巷道压力和变形的要求。普强滚丝锚杆的引入增加了安装应力，解决了部分问题。然而由于其支护强度低，在地压大的状况下，支护效果仍然很差，没能真正解决问题。

第三代为高强滚丝锚杆。高强滚丝锚杆的引入改善了巷道的支护效果，巷道变形量明显降低。然而，锚杆在高应力煤矿掘进和回采过程中会大量破断，锚杆破断产生的冲击会带来人身伤害。高强滚丝锚杆仍然存在待解决的技术问题。

实践表明，针对高应力、大变形的巷道，往往采用提高锚杆钢材标号来加大支护强度，造成巷道支护成本高、掘进速度慢，但巷道支护效果仍然较差，甚至不能满足生产基本要求。因此，为解决困难巷道的支护问题，必须根据巷道围岩应力-变形特性和支护理论，研发新的锚杆、锚索及配套构件，找出最佳锚杆支护系统的最佳工况点，满足条件复杂、高应力的巷道支护要求。

根据大同矿区典型巷道破坏特征与失稳机理，针对大同矿区巷道支护的新型锚杆支护设计时应主要考虑以下几个因素：

① 锚杆的安装应力：锚杆的安装应力是控制围岩早期变形的重要参数。安装应力过小会使围岩发生过大的早期变形，松散破碎圈增大，围岩自身强度过度弱化，锚杆受力增加。

② 支护强度：在条件复杂、高地应力的条件下，支护强度必须提高，这就要求单根锚杆的强度足够大，使其与高地应力相适应。

③ 锚杆控制变形让压和均压性能：为了尽量保证每根锚杆都均匀受力，防止锚杆承受过度载荷而破断，锚杆必须有控制变形让压和均压性能，也就是说这种变形让压必须是有"控制"的让压，且必须是高阻力条件下让压。合理的让压应该做到锚杆在一定载荷上能稳定让压，以保证每根锚杆受力均匀，防止锚杆破断；又能保证避免围岩过度变形、破碎。

④ 配套构件：合理有效的辅助支护可以与锚杆支护形成一个整体，保障巷道支护的长期有效性和稳定性，适应地质和采矿条件的变化。

4.3.2 冲击地压巷道整体高位耦合防冲让均压支护系统研发

根据塔山煤矿综放工作面留巷的支护实践可知，此类型巷道在原支护系统下，巷道会出现很大的变形，巷道需要维修加固后才可以使用，影响了矿井的安全生产需要，增加了巷道的整体成本。在四台矿的留巷实践中，巷道在受一次动压影响后，顶板会出现比较大的"裂缝"，两帮出现明显的"炸帮"现象，矿方为保证安全，对巷道顶板进行补锚索与架棚加固，增加了巷道支护成本，巷道的维修工作量大。忻州窑矿部分巷道由于受到上部采空区边界煤柱的影响，部分巷道受到冲击地压的影响。

针对同煤集团冲击大变形回采巷道（主要包括小煤柱留巷、小煤柱对掘的情况及部分地质构造区域的巷道），为适应冲击倾向巷道动压及大变形的要求，需要研发与之相适应的整体高位耦合让均压支护系统（该支护系统主要包括锚杆、锚索及表面支护的相关产品）。

4.3.2.1 整体高位耦合防冲让均压支护理念

巷道锚杆（索）支护是按一定设计的间排距由数根锚杆（索）组成的，由于沿巷道周边变形大小不一，锚杆和锚索物理力学性质和几何尺寸不同，造成不同位置的锚杆（索）变形和载荷不同，为了达到充分发挥每根个体锚杆（索）的作用，防止锚杆（索）早期破断，达到共同支护围岩的作用，个体支护体间也必须达到变形和受力耦合（均压）。整体高位防冲耦合定义为：个体支护体和围岩间的耦合（让压）、防冲模块与集中冲击载荷之间的耦合（防冲）以及支护体和支护体之间的耦合（均压）。所以整体高位协同包括以下几方面的内容：

（1）锚杆系统和围岩耦合：锚杆支护系统的防冲击性能、支护强度和变形性能必须和围岩耦合以达到围岩的稳定平衡。

（2）锚索系统和围岩耦合：同样，锚索系统作为支护的一部分其防冲和变形性能必须和围岩耦合以达到围岩的稳定平衡。

（3）锚杆间的耦合：由于顶板和两帮在不同位置的锚杆所经受的位移和应力过程不同，所以受力差别很大，这有可能造成受力大的锚杆首先破断而把力传递到邻近的锚杆造成锚杆顺序分别破断。

（4）锚杆和锚索的耦合：锚杆和锚索间的变形耦合也非常重要。从支护体本身来讲，锚杆和锚索存在着物理力学性质和几何尺寸的差别，这种差别如果在设计和使用过程中不当，会引起锚杆或锚索由于变形协调不好造成受力不均甚至破断。常见以下几类情况：

① 延伸率：锚杆的延伸率远大于锚索的延伸率。

② 承载能力：锚杆的承载能力远小于锚索的承载能力。

③ 支护范围：锚索长度一般来说大于锚杆长度。

4.3.2.2 整体高位耦合让均压参数和确定原则

根据整体高位耦合让均压的设计理念，支护系统设计的五个参数：锚杆（索）的安装载荷、冲击载荷、支护系统的支护强度、围岩表面变形大小（支护系统协调变形量）、锚杆（索）的长度是相互关联的参数，任何一个参数的变化都会引起其他参数的变化。巷道支护的效果是这五个参数的函数，这五个支护参数的统称定义为五维耦合高位让均压工况点。

根据整体高位耦合让均压基本理念，在巷道支护设计中，必须根据具体的地质和采矿条件，对整体高位耦合让均压参数进行设计。相应的支护产品根据五维耦合工况点研制开发。

（1）锚杆的安装载荷以及防冲载荷

锚杆安装载荷是主动支护的源泉。分析和实践表明，通过适当地提高安装载荷可以更有效地提高松散围岩的黏聚力和内摩擦角，从而增强围岩的自承能力。适当提高安装载荷可以起到早期及时支护的作用，防止巷道围岩早期变形和离层。另外，针对冲击瞬间来压，锚杆让压模块还应具有卸载冲击集中载荷，保护杆体强度的能力。

（2）合理的支护强度和锚杆（索）变形延伸率

对于高应力变形大的巷道，特别是小煤柱掘巷的条件下，光靠强力刚性支护很难解决问题。根据围岩表面位移和支护强度特性曲线，需要设计一个合理的工况点。这就要求锚杆（索）支护系统一方面要有一定合理的支护强度达到应力耦合，同时锚杆必须具有一定的变形性能达到和围岩位移耦合。所以锚杆（索）必须具有耦合让均压性能。所要开发的耦合让均压锚杆是根据钢材的原始特性，通过耦合让均压元件改善锚杆（索）的工作特性曲线使其与围岩特性曲线耦合，达到安全、经济的支护目标（图4-42）。

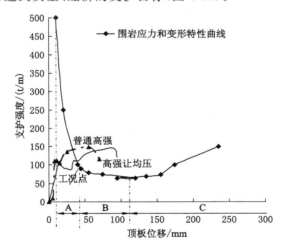

图 4-42　耦合让均压锚杆工作特性曲线

耦合防冲让压均压的基本设计参数包括：

① 让压点：让压点即让压均压环设计的起始让压载荷，让压点的大小应保证锚杆在巷道掘进过程中承受的总载荷小于锚杆的实际屈服极限，以保证锚杆在掘进过程中不发生屈服破坏，同时，为动压变形留有充分的余地。

② 让压载荷的稳定性：一旦让压均压环开始让压，载荷需基本保持稳定，过大的载荷下降会导致顶板支护效果不佳；让压稳定性的标准可以用让压稳定系数衡量：

$$W = (R_t - R_0)/D \tag{4-7}$$

式中　W——让压稳定系数，t/mm，W 应以不大于 0.2 t/mm 为宜；

R_t——让压终端载荷，t；

R_0——让压点起始载荷，t；

D——最大让压变形，mm。

③ 最大让压距离：耦合让均压环从稳定让压开始到载荷开始增加的距离，其大小根据巷道变形的具体情况按围岩应力-变形关系确定。

（3）锚杆和锚索间的耦合

锚杆和锚索是由不同性质的金属材料做成，本身的延伸率差别很大，在应用中其几何参数和安装载荷差别很大。所以在大采深高应力条件下，两者之间变形耦合和载荷耦合都很差，达不到共同支护围岩的效果。由于这种问题的存在，许多深井巷道在高支护强度下仍然发生大量支护体破断现象。图 4-43 是锚索延伸率 3％～5％和锚杆延伸率 15％试验室试验比较。如果锚杆锚索支护体系在井下的实际工作曲线和试验室一致的话，低延伸率锚索必然首先破断。然而，井下实际施工和试验室相差巨大，锚杆锚索的实际工作曲线比实验室复杂得多，这样更增加了锚索破断的概率。现场实际应用中经常发生下列情况：

① 无安装载荷锚杆和高安装载荷锚索。这种现象在现场很普遍，锚杆的安装载荷很小但锚索施加高安装载荷。图 4-44 是锚杆、锚索的工作曲线。可以看出，锚杆无安装载荷而锚索的安装载荷为 10 t。工作曲线表明，随着围岩变形，锚杆初期受力很小，而锚索载荷增加很快，围岩位移达到 40 mm 时，锚杆才真正受力，而这时锚索已经破断。锚杆和锚索耦合性能差起不到共同支护顶板的作用。

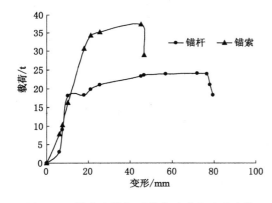

图 4-43　锚索和锚杆延伸率试验室试验比较

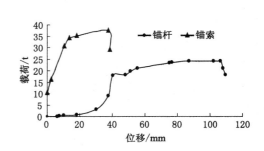

图 4-44　锚杆、锚索的工作曲线

② 锚杆安装载荷为 4～6 t，锚索为 20 t。图 4-45 为锚杆、锚索系统的实际工作曲线，可以看出：锚索施加 20 t 的安装载荷，使得锚索破断前允许的顶板下沉量更加小，允许变形量只为 34 mm。这间接减小了锚索的工作延伸率。锚杆的安装应力只有 4 t 时，其允许变形量为 75 mm。锚杆和锚索允许变形量的差别必然导致锚索首先破断。

为了解决这个问题，必须采取耦合措施使得锚杆和锚索实现变形和载荷耦合协调，达到共同支护围岩的目的。图 4-46 为一般锚索和耦合让压锚索的工作特性曲线比较。根据设计需要，锚索的耦合让压点，让压距离可以调整达到和锚杆耦合。

（4）锚杆和锚索的长度

锚杆支护系统的有效支护范围应该大于围岩松散破碎圈的范围。松散区范围的大小与

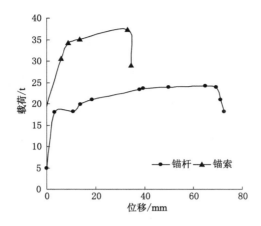

图 4-45　锚杆、锚索的实际工作曲线

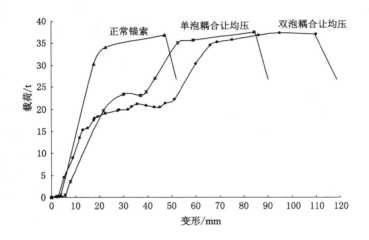

图 4-46　普通锚索和耦合让压锚索的工作特性曲线比较

围岩应力、支护方式和支护强度密切相关,因此必须通过理论研究和现场试验确定松散区半径和支护强度的关系

4.3.2.3　高强锚杆杆体研发

提高锚杆杆体强度主要有两种途径:其一是开发锚杆专用高强度钢材;其二是对普通建筑螺纹钢进行调质处理,提高杆体的强度。

本次研发联合捷马公司设计专用锚杆钢材的配方,并采用合理的轧制工艺,加工出符合技术指标的杆体,见图 4-47 和表 4-14。在大幅度提高杆体强度的同时,Q500、Q600 左旋螺纹钢延伸率保持不低于 18%,杆体具有足够的冲击韧性,防止杆体在受到冲击载荷、弯曲与剪切等载荷下破断。

图 4-47　高强锚杆

表 4-14		高强锚杆杆体主要技术参数			
钢材材质	直径/mm	长度/m	屈服吨位/t	抗拉吨位/t	延伸率/%
HBR500	20	2.0～2.5	18	24	25
	22	2.0～2.5	21	28	18
HBR600	20	2.0～2.6	22	27	20
	22	2.0～2.6	22	30	18

4.3.2.4 高预紧力结构设计

（1）新型载荷阻尼螺母

安装应力是实现锚杆主动及时和早期支护的源泉，其大小关系到巷道支护质量，其作用是可以压实浮煤、浮矸，以保证及时早期主动支护，防止顶板离层和消除顶板拉应力区，以提高围岩的自承载能力和稳定性。为了保证锚杆的高安装应力性能，锚杆采用先进的螺纹加工工艺，使得螺纹的阻力最小；螺母采用特殊材料制造的高安装应力阻尼螺母（图 4-48）；特殊设计的"三明治"减阻垫圈系统最大限度地把安装扭矩转化成安装应力，通过减小螺母与螺丝的阻尼系数，增加减摩垫片等手段，锚杆安装后预应力可比普通锚杆提高20%～30%。

图 4-48　阻尼螺母

国内很多矿井在锚杆施工过程中因所使用的螺母没有阻尼，在锚杆的安装过程中需要来回更换安装机具，施工非常烦琐，而且难以保证施工质量。为此出现了带销子或带铁片的阻尼螺母，这大大简化了锚杆的安装工序。但是，由于这两种类型的阻尼在加工过程中不容易控制，容易出现阻尼太小提前打开阻尼或者因阻尼太大难以打开阻尼的现象，为现场的施工带来了麻烦。

此次使用的阻尼螺母是在螺母中充填聚酸酯材料制作而成，通过对充填时的温度、材料配比以及充填厚度等因素控制可按需要生产 30～300 N·m 之间任何值的阻尼螺母。这样可以根据不同矿井所采用的钻孔直径、锚杆直径、锚固剂直径以及所使用的安装机具的情况确定最合理的阻尼值，实现阻尼大小的科学化。

应用阻尼螺母，在锚杆的搅拌过程中，杆体、托盘、钢带和螺母成为一个整体，一次安装即可，搅拌后也无须退下锚杆机，只需待锚固剂凝固后继续紧固螺母便可达到所需预紧力。使用阻尼螺母可省去安装托盘和钢带、人工紧固螺母的工序，大大提高锚杆的安装速度。

另外，本产品做工精细，阻尼系数小，配合精细的杆体螺丝可实现较小扭矩获得较大预紧力的效果。与同类产品相比，它技术参数稳定，杜绝了锚固剂凝固之前阻尼脱落的现象。

现阻尼螺母已在塔山矿、虎龙沟煤矿、忻州窑矿等进行了试验应用，显著缩短了锚杆的安装时间，节省了大量人力，取得了不错的效果。试验表明，和一般锚杆比，其安装应力可以提高 30%～50%。现场应用表明，在一般锚杆机的条件下，锚杆的安装载荷可以达到 5 t 以上。如果配以扭矩放大器，锚杆的安装载荷最大可以达到 12 t。高预紧力结构配件如图4-49、表 4-15 所示。

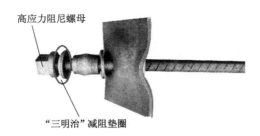

图 4-49　高预紧力结构配件

表 4-15　　　　　　　　　　　　　高强、高预应力锚杆配件

直径/mm	长度/m	延伸率/%	托盘/mm	垫圈	螺母
20	2.0～2.5	25	150×150×8 高强托盘	"三明治"减阻垫圈	M22 高应力阻尼螺母
22	2.0～2.5	18	150×150×10 高强托盘	"三明治"减阻垫圈	M24 高应力阻尼螺母

（2）高预应力载荷显示锚杆

针对锚杆安装过程中预紧力、安装质量等不统一的问题,研发了载荷显示锚杆（图 4-50）,通过在锚杆螺母与托盘之间安装应力大小符合要求的压力显现装置,当应力达到一定程度后,压力显现装置形态发生改变,说明锚杆的安装应力满足了设计要求,保证锚杆的安装质量,实现锚杆的主动支护效果。

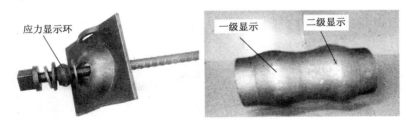

图 4-50　载荷显示锚杆

此锚杆根据支护设计中的安装预紧力大小设计了应力显示环,当应力显示环被压平时说明锚杆的安装应力满足了设计要求。见表 4-16 和图 4-51。

表 4-16　　　　　　　　　　高强、高预应力锚杆（Q500）载荷显示级别

直径/mm	长度/m	屈服吨位/t	抗拉吨位/t	延伸率/%	载荷显示
18	1.8～2.2	14	19	25	2 级显示,1——4～6 t、、2——10～12 t
20	2.0～2.5	18	24	25	3 级显示,1——4～6 t,2——13～14 t,3——17～18 t
22	2.0～2.5	21	28	18	3 级显示,1——4～6 t,2——16～18 t,3——20～21 t

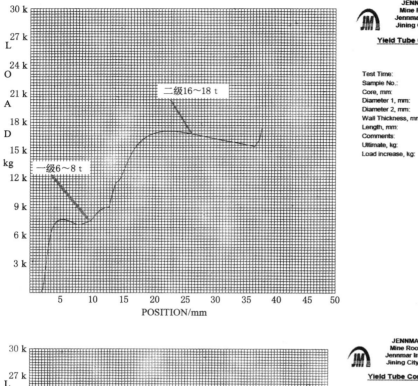

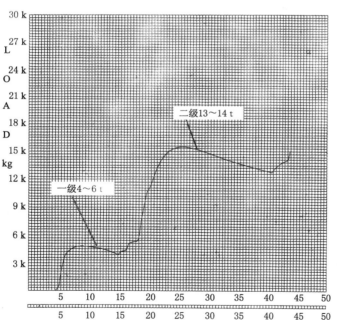

图 4-51　载荷显示锚杆测试曲线

（3）扭矩放大器

目前大同矿区锚杆钻机的输出扭矩多为 50～150 N·m,实际安装预紧力很难达到设计高预紧力的要求,为提高锚杆的预应力,同时降低工人的劳动强度,特引进了扭矩放大器(图4-52)作为锚杆的紧固机具。此放大器可以把锚杆钻机的输出扭矩放大3～5倍,锚杆的紧固效果好,施工简单,已在虎龙沟矿、忻州窑矿得到了应用。

 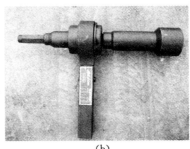

(a)　　　　　　　　　　　(b)

图 4-52　扭矩放大器

(a) 组合式;(b) 机械式

4.3.2.5　防冲让压鸟窝锚索

本研究提出了以吸收能量为核心的大变形耦合控制新理念,即支护结构既具有足够的强度和变形能力吸收围岩大变形过程中释放的能量,又具有恒定的支护阻力保持大变形后围岩的后续稳定,从而实现控制围岩大变形破坏的目标。

小孔径树脂锚固预应力锚索索体材料采用钢绞线。作为锚索索体,对钢绞线有以下要求:① 破断载荷大,以发挥锚索承载能力大的特点;② 具有一定的延伸率,保证在一定变形量下不破断;③ 直径应与钻孔直径匹配,保证锚索的锚固力;④ 应具有一定的柔性。

目前广泛采用的钢绞线是由 7 根 $\phi5$ mm 的钢丝组成[图4-53(a)],直径为 15.2 mm 和 17.8 mm。在井下使用中有以下弊端:① 索体直径偏小,与钻孔直径不匹配,明显影响锚固力,易出现锚固端滑动现象;② 索体破断载荷较小,经常出现拉断现象;③ 索体延伸率低,不能适应围岩的大变形;④ 预应力水平低,控制围岩离层的作用差。针对上述问题,开发了大直径、高吨位的强力锚索,形成直径 18～22 mm、破断载荷 400～550 kN 的系列锚索。其特点为:① 改变索体结构,采用新型的 19 根钢丝[图4-53(b)]代替原来的 7 根钢丝,索体结构更加合理,而且明显提高锚索的延伸率。② 加大锚索索体直径,从 15.2 mm 增加到 18 mm、20 mm、22 mm,提高索体的破断力,使索体直径与钻孔直径匹配。③ 钢绞线的延伸率明显提高,如直径 15.2 mm 的 1×7 结构钢绞线,其延伸率仅为 3.5%,直径 19 mm 的 1×7

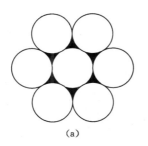 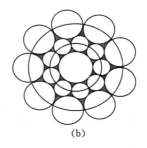

(a)　　　　　　　　　　　(b)

图 4-53　锚索结构

(a) 1×7 结构;(b) 1×19 结构

结构钢绞线的延伸率也仅为 4.5％；而直径 18 mm 的 1×19 结构钢绞线的延伸率达到 6.8％，直径 22 mm 的 1×19 结构钢绞线，其延伸率达到 7％，是直径 15.2 mm 钢绞线的 2 倍。

让压结构解决了锚索延伸率低、在大变形条件下容易破断的问题，同时使得每根锚索受力均匀，并且由于锚索在安装时所施加的安装应力小或无预应力，所以在受动压影响时锚索具有一定的变形和强度安全系数，不会由于动压影响而破断。

另外由于锚索的直径较小（直径为 15.24 mm、17.8 mm、18.9 mm 等），煤层软弱破碎，极易出现"三径比"不合理的情况。为了提高小直径锚索的支护效率、保证拉拔力，专门设计了"鸟窝"锚索，如图 4-54 所示。

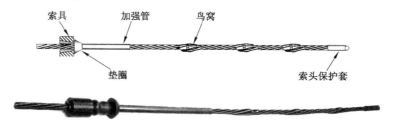

图 4-54　防冲让压鸟窝锚索示意图

鸟窝具有以下作用：① 鸟窝的大小一般设计制造的比钻孔小 2 mm，这样可以保证锚索在孔中对中，从而用较少的树脂用量取得最大的拉拔力；② 鸟窝可以起到均匀搅拌树脂的作用，从而增加锚索的拉拔力；③ 鸟窝是中空的，在树脂搅拌过程中，树脂充满鸟窝，可以使树脂和锚索成为一整体，从而进一步增加锚索的拉拔强度，减少树脂用量。

通过在虎龙沟矿对直径 15.24 mm 和 17.8 mm 锚索的拉拔试验确定，鸟窝锚索的锚固力比同样条件下的普通锚索的锚固力提高 38％。现在虎龙沟矿全部采用了鸟窝锚索，锚索的锚固力不足问题得到了很好的解决。后应力耦合让压鸟窝锚索主要技术参数见表 4-17。

表 4-17　　　　　　　　后应力耦合让压鸟窝锚索主要技术参数

直径/mm	抗拉强度/t	安装预紧力（后应力）/t	托盘/mm	让压装置	载荷显示配置
17.8	37	10～12	200×200×10	D_7(25～28 t)	D_{17}(10～12 t)
18.9	40	12～15	200×300×12	D_8(32～35 t)	D_{18}(12～14 t)

4.3.2.6　防冲让压管

在高地压情况下，地应力释放是不可抗拒的，为了实现地应力有控制释放和锚杆、锚索的稳定工作阻力，设计了系列新型让压构件——让压管，可实现动压及条件复杂巷道的有效支护。让压量和让压吨位可按地压情况设计调整。让压作用原理如图 4-55 所示。

曲线 1 为围岩特性曲线，曲线 2 为锚岩支护体的特性曲线，曲线 ABCD 为锚杆-锚索联合支护特性曲线，曲线 ABCEF 为安装让压管后锚杆-锚索联合支护特性曲线，ΔL_1 为锚索延伸量，ΔL_2 为让压管压缩量，U_0 为围岩变形量。在没安装让压管前，锚杆-锚索联合支护延伸量不能适应围岩的变形，承载能力小于控制围岩变形需要的支护载荷，过早地被拉断了，在图上表现为曲线 ABCD 与曲线 1 没有交点。安装让压管后，锚杆-锚索联合支护保持恒阻

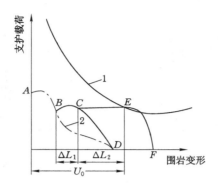

图 4-55　让压作用原理示意图

让压以适应围岩变形,改善了支护体的增荷特性,在交点 E 处,围岩变形破坏得到了控制,保持了围岩的稳定,在图上表现为曲线 $ABCD$ 在 C 点得到了延伸,延伸量为 ΔL_2,与曲线 1 交于点 E。巷道开挖初期,以锚杆支护为主,锚杆延伸量不能适应围岩变形时,锚索开始发挥支护作用,当锚杆-锚索联合支护还不能适应控制住围岩变形,后期让压管开始压缩变形,保护锚杆锚索不被拉断,同时保持支护体高支护阻力,三者之间相互配合,相互补充,从而大大改善了支护体的整体支护性能,达到控制围岩大变形的目的。让压管如图 4-56 所示。

图 4-56　让压管

4.3.3　火成岩侵入特厚煤层破碎围岩内外承载与整体结构匹配设计

4.3.3.1　高强锚杆配套附件研发

高强锚杆附件由螺母、托盘、调心球垫、垫圈、树脂锚固剂等组成。

（1）高强大托盘

锚杆托盘设计为拱形托盘。拱形托盘具有良好的力学性能,同时配用可调心垫圈,能够满足不同锚杆安装角度的需要。托盘的力学性能与锚杆强度相匹配。托盘的强度与钢板的厚度、材质、形状及加工工艺等有关。为了满足强力锚杆的要求,设计拱形托盘尺寸为 150 mm×150 mm×12 mm 和 150 mm×150 mm×10 mm,并考虑不同锚杆安装角度,设计与之对应的斜托盘(图 4-57)。另外在拱形巷道或两帮比较破碎、成形较差、采用钢带护帮护顶比较困难的情况下,开发了新型钢带托盘(图 4-58),规格为 280 mm×450 mm×5 mm。配合钢筋托梁,为增大锚杆护表面积,便于锚杆预应力实现有效扩散,开发了异型托盘,如图 4-58(b)所示,规格为 200 mm×200 mm×10 mm。

（2）高强调心球垫

(a)   (b)

图 4-57 拱形可调心托盘

（a）正托盘；（b）斜托盘

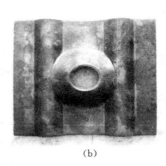

(a)   (b)   (c)

图 4-58 钢带托盘

（a）普通钢带托盘；（b）异型托盘；（c）火山口托盘

球形垫圈与拱形托盘配合使用，在一定锚杆安装角度下，改善锚杆受力状态，避免发生剪切与弯曲破坏。球形垫圈采用钢棒冲压而成，几何尺寸与托盘配合良好，强度满足设计要求，设计调心球垫如图 4-59 所示。

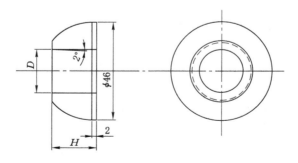

图 4-59 调心球垫

（3）"三明治"垫圈

减摩垫片的主要作用是减小锚杆构件中螺母与球形调心垫圈之间的摩擦系数，增大锚杆预紧扭矩和锚杆预紧力之间的转换系数。特殊设计的"三明治"减阻垫圈系统最大限度地把安装扭矩转化成安装应力。和一般锚杆比，其安装应力可以提高 30%～50%。在一般锚杆机的条件下，锚杆的安装载荷可以达到 5 t 以上。如果配以扭矩放大器，锚杆的安装载荷最大可以达到 12 t。因此,在高预应力、强力支护系统中,减摩垫片起着十分重要的作用。

球形垫圈的孔径和螺母垫片的大小对减摩垫片作用有很大影响。球形垫圈与锚杆直径间隙过大,螺母垫片过小,都会造成垫片被切成内外两圈,使减摩垫片在力矩达到 200～300 N·m 时被挤出,造成在大力矩时起不到良好的减摩作用。球形垫圈与锚杆直径间隙以 1～2 mm 为好,螺母垫片外径应与球形垫圈外径相近。

(4) 高刚度钢带的设计与制造

组合构件可将锚杆、锚索组合在一起,提高破碎岩体锚杆支护的整体支护效果。组合构件可分为三种:一种是钢带,包括平钢带、W 形钢带及 M 形钢带等;第二种是钢筋托梁;第三种为钢梁,如槽钢、扁钢。

钢筋托梁是用钢筋焊接而成的组合构件。钢筋托梁的突出优点是:加工简单,成本低,重量小,使用方便,因此得到比较广泛的应用。但是,钢筋托梁存在以下明显的弊端:

① 钢筋托梁采用焊接加工,整体力学性能差,焊接处容易开裂;

② 托梁宽度窄,护表面积小,作用差,而且钢筋与围岩表面为线接触,不利于锚杆预应力扩散和锚杆作用范围的扩大;

③ 托梁强度低,组合作用差;

④ 托梁刚度小,控制围岩变形的能力差。

平钢带由一定厚度和宽度的钢板制成,截面形状为矩形。平钢带有以下特点:

① 护表面积比较大,有一定的破断强度和支护顶板的能力;

② 加工简单,重量较小,成本较低;

③ 抗弯刚度小,控制围岩变形的能力较差;

④ 厚度较小,巷道压力大时托盘容易压入或压穿钢带,出现剪切和撕裂破坏,导致钢带失效。

W 形钢带是用薄钢板经多道轧辊连续进行冷弯、滚压成型的型钢产品。由于钢带在冷弯成型过程中的硬化效应,可使钢带强度提高 10%～15%。W 形钢带的几何形状和力学性能使其具有较好的支护效果,是一种性能比较优越的锚杆组合构件。

W 形钢带的主要优点是:护表面积大,护表作用强,有利于锚杆预应力扩散和作用范围扩大;强度比较高,组合作用强;刚度大,抗弯性能好,控制围岩变形的能力强。

W 形钢带的主要缺点是:当钢带较薄、巷道压力大时,与平钢带类似,易出现托盘压入或压穿钢带,导致钢带发生剪切和撕裂破坏。采用适当加大钢带厚度,如将钢带厚度增加到 4～5 mm,或选用强度更高的钢材可以解决这个问题。

为达到与强力锚杆力学性能匹配,本课题结合各种钢带的力学性能和特点,设计了厚 5 mm 的高强度 JW 钢带、J 强化钢带和 T 强化钢带(图 4-60),并对 W 钢带轧制设备进行了改进,生产出了 5 mm 厚的高强度 W 形钢带,破断强度达 590 kN。

4.3.3.2　高预应力蛇形锚杆

锚杆对围岩施加作用时,一方面改善围岩应力状态,另一方面增强裂隙岩体间挤压作用,从而提高围岩抗剪、抗压强度,进而提高了围岩自承能力。在设计和施工过程中,锚固力是影响支护效果的重要因素之一。在煤帮的支护过程中,各矿区主要采用麻花头锚杆,受制于圆钢自身的力学特性及麻花头的几何尺寸分布,锚杆自身强度低、锚固力差,现场拉拔实验结果表明,麻花头锚杆锚固力在 7.5 t 左右。针对上述问题,在螺纹钢锚杆的基础上研发

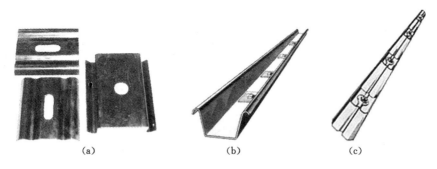

图 4-60 5 mm 厚高刚度钢带
(a) JW 钢带；(b) J 强化钢带；(c) T 强化钢带

了蛇形锚杆，如图 4-61 所示。

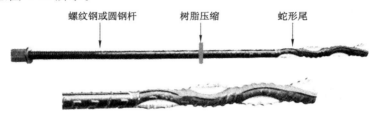

图 4-61 高预应力蛇形锚杆

破碎围岩巷道施工过程中，工具规格型号的选择以及与支护材料之间的搭配均会对锚杆锚固效果产生很大影响。

（1）锚固剂直径、钻头直径和锚杆直径三径不匹配时，锚杆的锚固长度、锚杆和围岩的结合程度就会偏离设计值，降低锚杆的锚固力，降低锚杆的锚固效果，围岩来压时，其至会造成锚杆失效。钻孔直径过大，搅拌时锚固剂从钻孔中流出，造成锚固剂固化疏松，降低黏结强度，减小锚固力。考虑锚固段岩性、环境温度、湿度及施工质量等因素，锚杆钻孔直径与杆体直径一般相差 6～10 mm。

（2）钻杆长度与钻杆直径的匹配程度。随着支护的需要，锚杆的直径和长度都在不断地增加，钻头的直径也在加大，钻杆长度在增加，但是钻杆的直径一直保持平稳，没有进行相应调整。在施工时，由于钻头大，阻力大，钻杆较长，挠度较大，扰动也较大，使得所打钻孔比实际设计要大，钻孔直径偏离设计值，三径不匹配，进而影响锚杆的锚固效果。同时，钻孔直径大、钻杆直径小，不能有效将钻孔内的煤岩粉带出，影响锚固剂的黏结力和锚固剂与锚固岩体之间的侧阻力，影响锚固效果。

为保证破碎围岩锚杆支护施工过程的锚固力，一方面从施工管理加以保障；另一方面，专门研发的高预应力蛇形锚杆的搅拌蛇形尾部设计成麻花状，可以防止锚固剂外皮套入杆体端部（穿糖葫芦现象），使锚固剂能在大于孔径内搅拌均匀。设计的树脂压缩器，可防止树脂漏出并将树脂压紧，保证和提高锚杆的拉拔力。通过对螺纹钢锚杆杆体尾部进行处理，使螺纹钢锚杆的尾部膨大，进而实现帮部锚杆在大钻孔直径的条件下使锚固剂充分搅拌。由于其凹凸结构增大了与锚固剂之间的摩擦力，从而达到了增大锚固力的效果。通过现场实践，同样的条件下，在三径比不合理的条件下，蛇形锚杆比普通锚杆可提高锚固力 55%。

与普通的麻花锚杆相比,蛇形锚杆具有以下三大优势:

① 可以实现锚杆的高强度,蛇形锚杆可以是高强锚杆或者是超高强锚杆,进而满足煤矿中高应力区或者动压影响区的支护强度要求。

② 可以实现更充分地搅拌锚固剂的要求,在同样的条件下比麻花锚杆的锚固效果更好。

③ 不降低锚杆杆体的强度,蛇形锚杆不会从蛇形结构区域断裂,麻花锚杆经常出现从麻花结构的端部破断。

5 大同坚硬顶板静动压巷道稳定性 评估方法与支护规范化设计

5.1 支护评价体系和巷道稳定评估模型

巷道围岩稳定性指数:巷道围岩稳定性指数的计算按两步进行:第一步求解基本巷道围岩稳定性指数,即巷道围岩开挖前所处位置的最大主应力(无法取得最大主应力时按照原岩应力 γH 计算)与巷道岩柱的加权平均强度 R'_c 的比值;第二步考虑动压影响、地应力场的影响,对其进行修正,得到修正的巷道围岩稳定性指数,计算公式见式(5-1)。根据修正值的大小将巷道围岩稳定性分为 4 类,见表 5-1。

表 5-1 巷道围岩稳定性指数

巷道稳定性	稳定	局部不稳定	一般不稳定	极不稳定
稳定性指数[S]	<0.2	0.2~0.4	0.4~0.6	>0.6

巷道围岩稳定性指数的修正值[S]:

$$[S] = SK_1K_2K_3 \tag{5-1}$$

式中 S——巷道围岩稳定性指数的基本值,可由 σ_{max}/R'_c 求得,无法获得 σ_{max} 时参考矿井周边矿井数据或用 γH 代替;

      R'_c——巷道岩柱的加权平均强度;

      K_1——层间距影响修正系数,其取值参照表 5-2;

      K_2——地应力影响修正系数,其取值参照表 5-3;

      K_3——动压影响修正系数,其取值参照表 5-4。

表 5-2 层间距影响修正系数 K_1

层间距/m	>30	30~10	10~5	5~3	<3
影响系数 K_1	1	1.1~1.2	1.2~1.5	1.5~2	>2

表 5-3 地应力影响修正系数 K_2

埋深/m	地应力场区划类型	
	自重应力区	构造应力区
<200	1.00~1.05	1.05~1.15
200~300	1.05~1.10	1.15~1.25
300~400	1.10~1.20	1.25~1.50
>400	>1.20	>1.50

表 5-4　　　　　　　　　　　　　　　动压影响修正系数 K_3

煤柱宽度/m	采动影响次数				
	0	1	2	3	>3
5～10	1	1.30～1.20	1.45～1.30	1.60～1.45	1.75～1.60
11～15	1	1.20～1.15	1.30～1.20	1.45～1.30	1.60～1.45
16～30	1	1.15～1.10	1.20～1.15	1.30～1.20	1.45～1.30
>30	1	1.10～1.05	1.15～1.10	1.20～1.15	1.30～1.20

根据巷道围岩松动圈和巷道围岩稳定性指数这两个综合指标对大同矿区不同类型巷道围岩稳定性进行等级划分,共分为稳定(Ⅰ)、局部不稳定(Ⅱ)、不稳定(Ⅲ)和极不稳定(Ⅳ)四大类、八亚类,如表 5-5 所示。

表 5-5　　　　　　　　　　　　　大同矿区巷道稳定性等级划分

稳定程度		围岩松动圈/m	稳定性指数[S]	围岩分级	备注
稳定	1	0～0.6	0～0.10	I_1	四台、云冈
	2	0.2～0.8	0.10～0.15	I_2	云冈、四台、马脊梁
	3	0.4～1.0	0.15～0.20	I_3	云冈、四台、马脊梁、同家梁
局部不稳定	4	0.5～1.0	0.20～0.30	II_1	王村、煤峪口、同家梁、忻州窑、马脊梁、晋华宫
	5	1.0～2.0	0.30～0.40	II_2	同家梁、忻州窑
不稳定	6	1.5～2.5	0.40～0.60	Ⅲ	燕子山、永定庄、忻州窑
极不稳定	7	2.0～3.0	0.6～1	IV_1	塔山、东周窑、虎龙沟、永定庄
	8	>3.0	>1	IV_2	塔山、永定庄

表 5-5 中的围岩分级是按无水考虑的,若进行具体设计时,应根据地下水的状态,适当降低围岩等级(降 1～2 级)。

5.2　分类设计方案

根据巷道围岩分级和各类巷道的特点,采用以下几种基本方案:

(1)稳定及局部不稳定巷道,建议采用锚网索耦合支护技术,锚杆直径 18～22 mm,锚杆间距 900～1 000 mm,巷道跨度大于 4 m 时巷中布置锚索。

(2)不稳定巷道是一次失稳破坏后围岩力学参数恶化导致强度不断衰减所致,建议采用复合锚注＋大刚度高强度 36U 联合支护方案。

(3)不稳定、极不稳定强动压巷道建议采用"钻孔卸压技术与柔性让压高强锚杆(索)支护技术",让压锚杆直径 22 mm。

(4)极不稳定碎裂围岩巷道建议采用全断面复合锚注支护一体化技术,锚杆直径 20～22 mm,并进行多次加压注浆。

(5)过上方采空区煤柱巷道支护应对支承压力影响范围内及应力降低区进行分段设

计,对上覆煤柱集中应力影响下巷道围岩支护方式应考虑应力集中系数的影响,适当增加锚杆(索)力学参数及减小间排距。

(6)对于冲击倾向巷道采用消-钻孔卸压法进行卸压及防-整体高位耦合让均压防冲支护系统,选用 HB500 高强左旋螺纹钢让均压锚杆及鸟窝锚索。

(7)近距离煤层巷道需根据层间距及巷道断面尺寸进行分段设计。

大同矿区稳定巷道、冲击地压巷道、近距离煤层巷道、过采空区煤柱巷道及厚煤层巷道等不同类型巷道具体支护方案及支护参数见支护优化设计方案。

锚网索带支护作为巷道的基本支护形式,其支护设计包括以下内容:

(1)巷道断面设计与层位选择。

(2)锚杆支护参数:

① 锚杆种类(高强度螺纹钢锚杆、普通圆钢锚杆、其他锚杆);

② 锚杆直径;

③ 锚杆长度;

④ 锚杆密度(即锚杆间排距);

⑤ 锚固方式(端部锚固、加长锚固、全长锚固)、锚固剂规格与数量;

⑥ 锚杆钻孔直径;

⑦ 锚杆角度,一般情况下顶板两角锚杆与垂线呈 25°±5°角,其余垂直顶板,两帮上部锚杆与水平线呈 10°角;

⑧ 组合构件的规格和尺寸。

(3)锚索支护参数:

① 锚索种类(树脂锚索、注浆锚索、锚索束);

② 锚索直径;

③ 锚索孔直径与锚固方式,锚固剂规格与数量;

④ 锚索长度;

⑤ 锚索密度,即锚索间排距;

⑥ 锚索组合构件规格和尺寸;

⑦ 锚索角度。

顶锚杆通过组合拱(梁)作用。采用左旋无纵筋螺纹钢锚杆(或让压锚杆)进行支护,加长锚固,直径不小于 20 mm,间排距不大于 800 mm×800 mm。紧靠巷道两帮的顶锚杆宜向煤帮倾斜,其倾斜角度与锚杆长度应在作业规程或措施中明确规定,其他顶锚杆应尽可能与岩层层面垂直,顶锚杆不得沿岩层层面布置。

巷帮锚杆通过加固帮体作用支护。除工作面切眼、服务年限小于 2 个月的煤层巷道可使用玻璃钢锚杆、可回收锚杆等护帮(靠工作面一侧)外,其余煤层巷道巷帮必须使用左旋无纵筋螺纹钢等强锚杆。围岩巷道两帮墙基锚杆距底板不大于 300 mm,该锚杆宜向底板倾斜,其倾斜角度应在支护设计中作出规定,倾斜锚杆宜与异形托板配套使用,以提高锚固效果。

巷道顶板必须施加锚索支护。Ⅲ级围岩顶板宜采用 $\phi17.8$ mm 预应力锚索;Ⅳ～Ⅴ级围岩顶板宜采用 $\phi21.6$ mm 预应力让压锚索或注浆锚索;巷道围岩稳定系数大于 1.0 时,优先考虑桁架锚索或三维锚索(束)。锚索间距为 1～2 倍锚杆间距。两帮煤体较为破碎、围岩稳定性系数大于 1 时,帮部宜采用 $\phi17.8$ mm 预应力锚索,长度为 4 000~6 000 mm,并用 14#~16# 槽钢形成桁架结构。

对于断层破碎带、围岩松软区、地质构造变化带、地应力异常区、动压影响区等围岩支护条件复杂区域,必须采取加密锚杆、全长锚固、锚索锚固、注浆及架棚等补强加固综合支护措施。特殊地点采用特殊支护及加强支护措施时,其加强支护范围应延伸至巷道正常段起点以外 15 m 以上。

对以下几种情况应采取注浆加固措施:① Ⅳ~Ⅴ级围岩永久巷道,或跨度大于 5 m 的Ⅲ级围岩巷道;② 15 m² 断面以上的岩石巷道、交岔点,横跨或穿越岩体断层落差大于 5 m 的巷道,或跨度大于 5 m 的硐室,或穿越破碎带的岩石巷道;③ 复修巷道,且围岩松动圈大于 2 m 的岩石巷道。

以围岩松动圈和巷道围岩稳定性指数两个综合分类指标对大同矿区巷道进行基本等级划分,结合大同矿区巷道的变形破坏特征及破坏模式进行等级细分,各级巷道的参考支护形式与支护参数见表 5-6。

表 5-6　　　　　　　　　　大同矿区巷道支护形式与主要支护参数选择

围岩级别	破坏模式	基本支护形式	主要支护参数
Ⅰ	Ⅰ₁、Ⅰ₂ (A)	锚杆+锚索+护帮菱形网(塑料网)	顶:左旋无纵筋螺纹钢; 帮:左旋无纵筋锚杆(煤柱帮)、玻璃钢锚杆(工作面帮); 顶帮锚杆直径:16、18 mm; 锚杆长度:1.7~2.0 m; 锚杆间距:0.9~1.2 m; 锚杆排距:1.0~1.5 m; 护帮金属网:菱形金属网; 锚索直径:15.24、17.8 mm; 锚索长度:4~8 m; 锚索间排距:每排 1~3 根,每 2~3 排锚杆 1 排锚索
	Ⅰ₃ (A、B)		顶锚杆直径:16、18、20 mm; 帮锚杆直径:16、18 mm; 其余参数参考 Ⅰ₁、Ⅰ₂
Ⅱ	Ⅱ₁ (A)	锚杆+锚索+W 钢带+顶、帮菱形网	顶:左旋无纵筋螺纹钢; 帮:左旋无纵筋锚杆(煤柱帮)、玻璃钢锚杆(工作面帮); 锚杆直径:16、18、20 mm; 锚杆长度:1.8~2.2 m; 锚杆间排距:0.9~1.1 m; 帮金属网:菱形金属网; 锚索直径:15.24、17.8 mm; 锚索长度:5.0~7.3 m; 锚索间排距:每排 1~3 根,每 2~3 排锚杆 1 排锚索

围岩级别		破坏模式	基本支护形式	主要支护参数
Ⅱ	Ⅱ₂	A、B	锚杆＋锚索＋W钢带＋顶、帮菱形网	顶:左旋无纵筋螺纹钢; 帮:左旋无纵筋锚杆(煤柱帮)、玻璃钢锚杆(工作面帮); 顶锚杆直径:18、20、22 mm; 帮锚杆直径:18 mm; 顶锚杆长度:2.0～2.2 m; 帮锚杆长度:1.7～2.0 m; 锚杆间排距:0.8～1.0 m; 顶帮金属网:菱形金属网; 锚索直径:15.24、17.8 mm; 锚索长度:5.0～7.3 m; 锚索间排距:每排2～3根,每2～3排锚杆1排锚索
Ⅲ		A、B	锚杆＋锚索＋W钢带＋顶、帮菱形网	顶:左旋无纵筋螺纹钢; 帮:左旋无纵筋锚杆(煤柱帮)、玻璃钢锚杆(工作面帮); 顶锚杆直径:20～22 mm; 帮锚杆直径:18 mm 锚杆长度:1.8～2.0 m; 间排距:0.8～1.0 m; 锚索直径:17.8 mm; 锚索长度:5.0～7.3 m; 锚索间排距:每排2～3根,每2～3排锚杆1排锚索
Ⅳ	Ⅳ₁	A、B	顶板:锚杆＋钢带＋锚索＋组合钢梁＋钢筋网 两帮:锚杆＋钢筋网	锚杆(让压、高强)直径:20～22 mm; 锚杆长度:2.0～3.0 m; 锚杆间排距:0.7～0.9 m; 让压锚索:ϕ21.6 mm,间排距1.2～1.5 m
	Ⅳ₂	D	顶板:高强让压锚索支护＋组合钢梁＋钢筋网＋大刚度型钢联合支护 两帮:锚杆＋钢筋网	锚索(让压、高强)直径:21.6 mm; 长度:4.5～8 m; 短锚索间排距:0.8～1.2 m; 长锚索间排距:每排2～3根,每2～3排短锚索1排长锚索; 锚杆(让压、高强)直径:20～22 mm; 锚杆长度:2.0～3.0 m; 锚杆间排距:0.8～0.9 m; 型钢:可缩36U; 反底拱:圆弧形,矢跨比1:6～1:9,矢高600 mm,拱厚为350～500 mm

煤层冲击倾向性按煤的冲击倾向指数值的大小分3类,类别、名称及指数见表5-7。

表 5-7 煤层冲击倾向性分类、名称及指数

类 别		1 类	2 类	3 类
冲击倾向		无	弱	强
指数	动态破坏时间/ms	$DT>500$	$50<DT\leqslant500$	$DT\leqslant50$
	弹性能量指数	$W_{ET}<2$	$2\leqslant W_{ET}<5$	$W_{ET}\geqslant5$
	冲击能量指数	$K_E<1.5$	$1.5\leqslant K_E<5$	$K_E\geqslant5$

注:当 DT、W_{ET}、K_E 的测定值发生矛盾时,应增加试件数量,其分类可采用模糊综合评判的方法或概率统计的方法进行。

顶板岩层倾向性按煤的冲击倾向指数值的大小分 3 类,类别、冲击倾向及指数见表 5-8。

表 5-8 顶板岩层冲击倾向性分类及指标

类别	Ⅰ	Ⅱ	Ⅲ
冲击倾向	无	弱	强
弯曲能量指数/kJ	$U_{WQS}\leqslant15$	$15<U_{WQS}\leqslant120$	$U_{WQ}>120$

当巷道煤层或顶板岩层冲击倾向性指标有一个达到Ⅱ级时,将表 5-8 中计算得到的围岩稳定性指数等级提升 1~2 个亚级。巷道锚杆及锚索均需安装防冲让压装置。锚杆需为左旋无纵筋螺纹钢锚杆,煤柱帮需设置卸压孔或卸压槽,卸压孔直径不小于 108 mm,长度不小于巷道直径 2 倍,间距不大于 0.8 m。另外,煤柱帮需施加 1~2 根锚索,防止冲击地压对帮部造成破坏。

对于层间距在 3 m 以下的巷道,主要采用双工字钢棚支护,每排由两架钢棚组成,排与排之间间距中对中为 0.8~1 m,工字钢棚规格强度不低于 11# 矿用工字钢。巷道跨度超过 4 m 后应采取减跨措施。

5.3 材料规范化

5.3.1 一般规定

各矿所用材料必须符合同煤集团支护材料企业标准和行业标准有关规定。有关部门负责对矿区内所有支护材料及产品进行监督、检验和检查。

新型支护材料试验时,由研究单位和技术中心提供技术可行性研究报告和技术参数,经公司和矿有关领导批准后,可在适合的试验地点试用。经技术鉴定或产品鉴定以后方可扩大应用范围。

锚杆、托板、螺母:金属杆体、托板、螺母应符合 MT 146.2—2011 的规定;普通锚杆杆体屈服强度不小于 335 MPa,高强锚杆或预应力让压高强锚杆屈服强度不小于 500 MPa;所有巷道禁止使用管缝锚杆;锚杆螺母必须采用扭矩螺母,并使用高效减摩垫片。

锚固剂:树脂锚固剂应符合 MT 146.1—2011 的有关规定,锚固剂生产厂家应提供质量合格证。

钢带:应根据巷道具体情况选用不同型号和规格的钢带,钢带材料抗拉强度应不低于375 MPa,煤巷锚杆支护巷道,必须使用 W 或 M 形钢带,V 级围岩建议采用 T 形钢带。

锚索:锚索用钢绞线应符合 GB/T 5224—2014 的规定;Ⅲ级围岩顶板宜采用 $\phi17.8$ mm 预应力锚索,Ⅳ～Ⅴ级围岩顶板宜采用 $\phi21.6$ mm 预应力让压锚索或注浆锚索,锚索束单索直径不小于 15.24 mm。与钢绞线配套的锚具应符合 GB/T 14370—2015 的规定。锚索托板的承载力应符合 MT/T 942—2005 的要求。

网:巷道顶帮宜选用圆钢焊接网,在条件允许的情况下,帮部可选用符合相应技术标准的编织金属网或其他材料的网。

喷射混凝土:服务期长的巷道或维修巷道可采用喷射混凝土等封闭措施,强度不小于 C15。

锚杆(锚索)杆体及性能、锚固剂、托板、螺母及其他组合构件等的规格和力学性能必须相互匹配。

普通锚杆材质为Ⅱ级或Ⅲ级螺纹钢,直径不小于 18 mm;高强锚杆材质采用Ⅳ级以上的螺纹钢,直径不小于 20 mm。

5.3.2　支护材料标准

为了提高支护效率,向科学化、标准化、规范化的目标努力,根据样品检测结果,对现有的支护产品的改进提出建议如下。

5.3.2.1　锚杆杆体

(1)杆体材料标准

①几何尺寸(表 5-9)。

表 5-9　　　　　　　　$\phi22$ mm 锚杆杆体几何标准(正差左旋无纵筋螺纹钢)

产品名称	公称直径/mm	内径 1/mm	内径 2/mm	外径/mm	肋高/mm	肋间距/mm	丝长/mm
锚杆	22	22 (+0.5,+0.1)	22 (+0.5,+0.1)	23.63	0.75 (±0.3)	13±0.5	120～300

②力学性能标准(表 5-10)。

表 5-10　　　　　　　$\phi22$ mm 锚杆杆体力学性能标准(正差左旋无纵筋螺纹钢)

产品规格	级别	抗拉强度		屈服强度		延伸率
$\phi22$ mm	MG500	≥25 t	≥660 MPa	≥18 t	≥500 MPa	≥15%

(2)杆体加工制造质量标准

主要检验杆体丝部加工质量标准,要求如下:

①螺纹钢切口垂直平滑。

②丝长不小于 120 mm。

③杆体丝部必须通过通止规检测。

5.3.2.2　螺母、球垫和减阻垫片

根据抽样试验结果,对螺母、球垫和减阻垫片建议如下:

（1）螺母、球垫和减阻垫片几何尺寸配合

建议使用带翼螺母，螺母，球垫和减阻垫片的外径相同，最大限度地发挥系统的减阻效果。带翼和无翼螺母比较如图 5-1 所示。其几何技术标准见表 5-11。

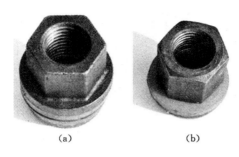

（a）　　　　　　　　　　（b）

图 5-1　带翼和无翼螺母比较

（a）带翼螺母；（b）无翼螺母

表 5-11　　　　　　　　　　　　　　**产品外形尺寸配合标准**

产品名称	外径/mm	内径/mm	高度/mm
螺母	45.00（翼外径）	20.90	33.00
减阻垫圈	46.00	26.00	5.00
球形垫圈	45.60	25.60	23.00

（2）螺母加工质量要求

螺母内丝应该通过标准通止规检验。实验室拉拔试验不能脱丝。同时为了提高安装质量和增加安装速率，建议使用高安装载荷阻尼螺母。

（3）球垫

球垫不能出现表面歪斜现象，表面应平滑。几何尺寸见表 5-11。

5.3.2.3　托盘

根据测试结果，托盘存在的问题很大，所有测试的锚杆托盘的承载能力都达不到要求。建议如下：

1. 锚索托盘

（1）ϕ17.8 mm 以下的锚索托盘

① 点锚索：在全煤巷道的条件下，建议使用 300 mm×300 mm×10 mm 高强球形托盘（强度性能见表 5-12）。

② 和钢带配合使用时，建议使用 150 mm×150 mm×12 mm 高强托盘。

（2）锚索托盘

① 点锚索：在全煤巷道的条件下，建议使用 300 mm×300 mm×14 mm 高强球形托盘（强度性能见表 5-12）。

② 堆锚索矿上目前的使用情况较好，不需要改变。

③ 辅助支护锚索托梁：目前矿上已经应用厚钢带、工字钢和 U 型钢等，但存在一些问题。目前 T 形钢带是较好的选择，但现有产品的外形尺寸和性能不能完全满足要求。正在设计一种适合于锚索的 T 形钢带，但还需要一段时间。

表 5-12   托盘几何和力学参数标准

产品名称	长度/mm	宽度/mm	厚度/mm	拱形高度/mm	拱形直径/mm	孔径/mm	承载力/t	材质
托盘	150±3	150±3	10 (+0.2,−0.8)	>33	>100	28	>26	Q345b
托盘	200±3	200±3	10 (+0.2,−0.8)	>33	>120	28	>32	Q345b
托盘	300±3	300±3	10 (+0.2,−0.8)	>55	>150	35	>45	Q345b
托盘	300±3	300±3	12 (+0.2,−0.8)	>55	>150	35	>52	Q345b
托盘	300±3	300±3	14 (+0.2,−0.8)	>55	>150	35	>52 >60	Q235b Q345b
托盘	300±3	300±3	16 (+0.2,−0.8)	>55	>150	35	>60	Q235b

2. 锚杆托盘

(1)建议锚杆托盘统一采用球形托盘,规格为 150 mm×150 mm×10 mm。

(2)托盘的几何参数和力学参数标准见表 5-12。

5.3.2.4　W 形钢带和护帮托盘

(1)W 形钢带:钢带的作用主要是护表,在全煤巷道的条件下,建议把所有钢带统一为 280 mm×3.75 mm 钢带。

(2)护帮托盘:为了增加护帮托盘的效能,建议使用横纵向双向加强的护帮托盘(见图 5-2)。几何尺寸标准见表 5-13。

图 5-2　护帮托盘

表 5-13   钢带几何尺寸标准

长度/mm	宽度/mm	厚度/mm	孔径/mm
450±5	280±5	4.75±0.3	32±2

5.4 锚杆、锚索支护施工

5.4.1 支护施工一般要求

支护施工应按掘进工作面作业规程的有关规定进行。

1. 锚杆孔施工

(1) 钻孔直径与杆体直径之差应控制在 6～10 mm 之间。

(2) 顶板锚杆孔应由外向掘进工作面逐排顺序施工,每排锚杆孔宜由中间向两帮顺序施工。

(3) 锚杆孔实际钻孔角度相对设计角度的偏差应不大于 5°。

(4) 锚杆孔的间排距误差应不超过 100 mm。

(5) 锚杆孔深度误差应在 0～30 mm 范围内。

(6) 锚杆孔内的煤岩粉应吹干净。

2. 锚杆安装

(1) 锚杆安装应优先采用快速安装工艺。

(2) 锚固剂使用前应进行检查,不应使用过期、硬结、破裂等变质失效的锚固剂。

(3) 当使用两卷以上不同型号的树脂锚固剂时,应按锚固剂凝固速度先快后慢的顺序,将锚固剂依次放入钻孔中,先将锚固剂推到孔底,再启动锚杆钻机搅拌树脂锚固剂。

(4) 加长或全长锚固时,至少使用一卷不小于 350 mm 长的超快或快速型锚固剂,并按以下标准掌握搅拌时间和等待时间:

① 超快速(CK),搅拌时间:10～15 s,等待时间:10～30 s。

② 快速(K),搅拌时间:15～20 s,等待时间:90～180 s。

③ 中速(Z),搅拌时间:20～30 s,等待时间:480 s

(5) 螺母应采用机械设备紧固,顶板高强锚杆安装扭矩不小于 150 N·m,两帮不低于 100 N·m。

(6) 托板应紧贴钢带、网或巷道围岩表面,当锚杆与巷道的周边不垂直时应使用异型托板;与 W 形钢带配合使用的托盘,规格尺寸不能大于钢带棱间宽,必要时可增加与钢带匹配的金属垫板以增大接触面积及支护强度。

3. 锚杆锚固力及预紧力的要求

(1) 井下施工中要采用的锚杆,其扭矩或预紧力大小、紧固时间应在作业规程、措施中明确规定。

(2) 锚杆锚固力不低于锚杆杆体材料本身屈服强度,在顶板和两帮设计锚固长度范围内进行拉拔试验,锚固力满足设计要求时,方能在井下使用。

(3) 锚杆预紧力不高于锚杆杆体材料本身屈服强度的 50%。

(4) 表 5-14 中给出了锚杆锚固力和预紧力取值范围,表中锚固力和预紧力在完整巷道取低值,在破碎围岩巷道取高值。

表 5-14			锚杆锚固力及预紧力			
编号	钢材型号	直径/mm	规范公称面积/mm²	锚固力/t	预紧力/t	预紧力矩/N·m
1	335	16	201.1	7～8	2～3	60～120
2		18	254.5	9～10	2.5～3.5	90～150
3		20	314.2	10～12	3～4	120～150
4		22	380.1	13～14	4～5	150～225
5	400	16	201.1	8～9	2～3	75～120
6		18	254.5	10～11	3～4	120～150
7		20	314.2	13～14	4～5	150～225
8		22	380.1	15～17	5～6	300～375
9	500	16	201.1	10～11	3～4	120～150
10		18	254.5	13～14	4～5	150～225
11		20	314.2	16～17	5～6	225～300
12		22	380.1	19～21	6～8	300～390
13	600	16	201.1	12～13	4～5	135～180
14		18	254.5	15～17	5～6	195～240
15		20	314.2	19～21	6～8	240～390
16		22	380.1	23～26	7～9	360～400

(5) 铺网搭接长度不得小于 100 mm,严禁对接,搭接处应用扎丝扭接联网,铺网必须拉紧并紧贴岩面,禁止卸掉第一排锚杆托盘重新压网。

4. 锚索施工

(1) 采用锚索钻机或锚杆钻机钻孔。

(2) 锚索孔深度误差应不大于 100 mm。

(3) 锚索宜垂直于顶板或巷道轮廓线布置,实际钻孔角度与设计角度的误差不大于 10°。

(4) 锚索间排距误差不大于 100 mm。

(5) 安装锚索应优先使用电动或气动张拉机具,不宜使用手动式张拉机具。

(6) 安装锚索时,钢绞线应推到孔底,安装后外露钢绞线长度不宜超过 300 mm。

(7) 锚索施工后,应及时对锚索进行检查,锚索预紧力的最低值应不小于设计预紧力的 90%。发现工作载荷低于预紧力时应及时进行二次张拉。

(8) 锚索钻孔中有淋水时,应采取补强措施。

5. 锚索锚固力及预紧力的要求

(1) 锚索锚固力和预紧力应在作业规程、措施中明确规定。常用锚索的锚固力和预紧力范围参考表 5-15。

表 5-15 锚索锚固力和预紧力建议取值

编号	型号	直径/mm	抗拉强度/MPa	规范公称截面积/mm²	锚索材料强度/t	锚索设计锚固力/t	锚索预紧力/t
1	SKP15-1/1860	15.24	1 860	140	25	20	6～8
2	SKP18-1/1860	17.8	1 860	191	34	27	8～11
3	SKP22-1/1860	21.8	1 860	286	51	40	12～16

（2）喷射混凝土的施工应按 GB 50086—2015 的规定执行。

6. 其他施工要求

（1）锚杆支护作业时，如遇复杂地段，应停止作业、分析原因，采取措施后方可施工。

（2）复杂地段应优先选用锚杆、锚索、锚注等支护形式进行支护，并适当加大支护密度，必要时应采用金属支架、支柱等进行加固。

（3）对失效、松动等不合格的锚杆、锚索应及时补打或紧固。

（4）采用锚杆支护的煤层巷道，应备有一定数量的其他支护材料作防范措施。

（5）任何煤巷作业地点，作为永久支护的锚杆、锚索、钢带、金属网等不应作为起吊设备或悬挂其他重物。

5.4.2　巷道支护施工质量检测

同煤集团下属各矿应加强各自不同类型、不同赋存条件巷道支护施工质量管理，严格检查验收制度，切实把支护质量检测作为日常工作进行有效管理。

巷道支护施工质量检测由各矿主管部门负责，每班都应对支护施工质量按设计要求进行检测。如果检测结果不符合设计要求，应立即停止施工，并根据具体情况进行处理，分析落实责任。

锚杆支护施工质量检测的内容包括锚杆锚固力、锚杆预紧力、锚杆安装几何参数、锚杆托板安装质量、组合构件和网安装质量、锚索安装质量检测。

1. 锚杆锚固力检测

（1）锚杆锚固力检测采用锚杆拉拔仪在井下巷道中进行。

（2）锚固力检测抽样率为 3%。每 300 根顶、帮锚杆抽样 1 组（9 根）进行检查；不足 300 根时，按 300 根考虑。

（3）锚杆锚固力不低于杆体屈服力的 80%。

（4）被检测的 9 根锚杆都应符合设计要求。只要有 1 根不合格，再抽样 1 组（9 根）进行试验。若还不符合要求，必须组织有关人员研究锚杆施工质量不合格的原因，并采取相应的处理措施。

2. 锚杆预紧力检测

（1）锚杆预紧力检测采用力矩扳手。

（2）每小班顶、帮各抽样 1 组（3 根）进行锚杆螺母扭矩检测，每根锚杆螺母拧紧力矩都应达到设计值。

（3）每组中有 1 个螺母扭矩不合格，就要再抽查 1 组（3 根）。若仍发现有不合格的，应将本班安装的所有螺母重新拧紧一遍。

3. 锚杆安装几何参数检测

（1）锚杆安装几何参数检测验收由班组完成。检测间距不大于 20 m,每次检测点数不应少于 3 个。

（2）几何参数检测内容包括锚杆间、排距,锚杆安装角度,锚杆外露长度等。

（3）锚杆间、排距检测:采用钢卷尺测量测点处呈四边形布置的 4 根锚杆之间距离。

（4）锚杆安装角度检测:采用半圆仪测量钻孔方位角。

（5）锚杆外露长度检测:采用钢板尺测量测点处一排锚杆外露长度最大值。

4. 锚杆托板安装质量检测

（1）锚杆托板应安装牢固,与组合构件一同紧贴围岩表面,不松动。对难以接触部位应楔紧、背实。

（2）锚杆托板安装质量检测方法采用实地观察和现场扳动。

（3）检测频度同锚杆几何参数,每个测点应以一排锚杆托板为一组检测。

5. 组合构件和网安装质量检测

采用现场观察方法检测;组合构件与金属网应紧贴巷道表面;尺量网片搭接长度,应符合设计要求;网间按设计要求连接牢固。

6. 锚索安装质量检测

（1）锚索安装几何参数,包括间、排距,安装角度及锚索外露长度等,由班组每班进行检查,检测方法同锚杆检测。

（2）锚索预紧力检测采用张拉设备进行,锚索预紧力的最低值应不小于设计值的 90%。

注浆巷道的施工质量的检验数量,应按照注浆加固面积每 100 m² 抽查 1 组,每组 10 m²,不少于 3 处。

5.5 巷道支护矿压监测

巷道支护矿压监测用于验证和修改锚杆支护初始设计、评价支护效果并及时发现异常情况,保证巷道安全。

5.5.1 井下矿压监测准备工作

（1）组织矿压监测队伍,要求监测工对监测工作认真负责,并具有一定支护知识和经验。

（2）按设计要求的规格和数量准备所需监测仪器和测站安设所需物品。

（3）准备矿压监测所需的记录表格。

（4）对监测工进行技术培训,使其掌握测站安设方法及仪器的使用和操作方法。

5.5.2 巷道表面位移监测要求

（1）巷道表面位移监测内容包括顶底板移近量、两帮移近量、顶板下沉量、底鼓量和帮位移量。

（2）采用测枪、测杆或其他有效仪器进行巷道表面位移测量。

（3）一般采用十字布点法安设测站,每个测站应安装两个监测断面。基点应安设牢固,防止在监测过程中脱落。

5.5.3　巷道顶板离层监测要求

（1）采用顶板离层指示仪监测顶板离层。

（2）顶板离层指示仪的安设应紧跟掘进工作面,根据巷道围岩条件每 30～50 m 安设一组顶板离层指示仪。

（3）每个巷道交岔点应安设顶板离层指示仪,复杂地段必须安设顶板离层指示仪,顶板离层指示仪应安设在巷宽的中部。

（4）双基点顶板离层指示仪,浅基点应固定在锚杆端部位置,深基点一般应固定在锚杆上方稳定岩层内 300～500 mm。若无稳定岩层,深基点在顶板中的深度不小于 6 m。

（5）所有存在缺陷、表面模糊不清的离层指示仪应立即更换。新指示仪安在同一孔和同一高度上,如果不可能安装在同一钻孔中,应靠近原位置钻一新孔。原指示仪更换后,要记录其读值,并标明其已被更换。

（6）掘进施工单位指派专人每班对距掘进工作面 50 m 内的顶板离层仪进行观测和记录。在 50 m 以外,除非离层仍有明显增长的趋势,顶板离层仪观测频率可减少为每周 1～2 次。

5.5.4　锚杆、锚索受力监测要求

（1）采用测力锚杆监测加长或全长锚固锚杆受力,采用锚杆（索）测力计监测端部锚固锚杆和锚索受力。

（2）锚杆受力监测仪器应在巷道支护施工过程中安设,根据巷道围岩条件每 30～50 m 安设 1 组（顶板 2～4 个,帮部 2～3 个）。

（3）加强巷道支护施工过程中锚索轴力的监测,根据巷道围岩条件及锚索间排距每 30～50 m 安装一组锚索测力计。

（4）应合理布置观测断面上测力锚杆或锚杆（索）测力计的数量与位置,以全面了解锚杆、锚索受力分布状况。

（5）每个测站的每根测力锚杆或每个锚杆（索）测力计都应有专门的标号,以便记录读数。

（6）观测频度为:距掘进工作面 50 m 和采煤工作面 100 m 内每天 1 次;其他时间为每周 1～2 次;若遇到特殊情况,应适当增加观测次数。

5.5.5　其他要求

（1）当巷道尺寸或掘进工艺改变,或观察到围岩地质条件发生变化时,应根据变化情况增加测站数。

（2）每个测站的位置、仪器分布都应绘图标明,并详细注明相关的地质与生产条件。每个测站都应设定专门的编号,以便用于读数时识别。

（3）应及时分析、处理综合监测数据,并进行信息反馈。分析判断锚杆支护初始设计是否合理,需要修正时,提出修正意见,并提交支护设计变更,掘进作业规程应作相应修改,审批通过后在井下实施,并继续进行监测。

（4）各矿应保存矿压监测数据,编制矿压监测报告,建立存档制度。

6 基于 B\S 架构的大同矿区坚硬顶板巷道支护专家系统

6.1 系统架构

6.1.1 系统理论架构

根据系统功能进行其总体架构设计(图 6-1),系统主要包括人机交互平台、知识库和推理机三部分。人机交互平台包括基础参数输入、咨询决策结果输出两部分。知识库和推理机是专家系统的核心部分,知识库用于存储大同矿区坚硬顶板巷道支护技术研究成果、成功支护案例、支护理论等知识,推理机则根据输入的基础参数进行逻辑推理和智能决策,给出最优支护方案。其中,知识库和推理机是专家系统最为核心的两部分,直接决定了智能决策结果的正确性。

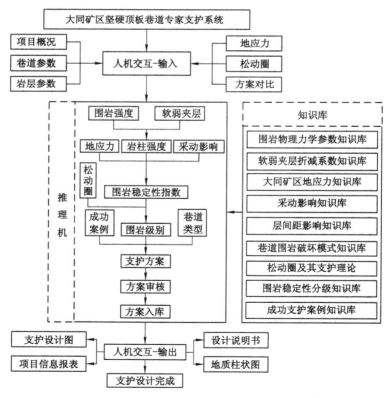

图 6-1 系统框架图

　　人机交互分为输入和输出两部分，输入部分主要包括项目概况、巷道与岩层参数、地应力与松动圈及方案对比，输出部分主要包括支护设计图、设计说明书、项目信息报表和地质柱状图。

　　知识库主要包括围岩物理力学参数知识库、软弱夹层折减系数知识库、采动影响系数知识库、层间距影响系数知识库、大同矿区地应力知识库、巷道围岩破坏模式知识库、松动圈及其支护理论知识库、围岩稳定性分级知识库和成功支护案例知识库。

　　推理机则根据输入的基本参数，计算岩柱强度、围岩稳定性系数等过程量，推理出围岩级别，结合巷道类型和成功支护案例给出支护方案并提交审核，审核通过后进行工业性试验，若证明方案经济合理则将方案加入成功支护案例数据库。

6.1.2　系统设计框架

　　系统采用 B/S 模式开发，可实现互联互通功能，方便支护案例库的扩充和用户交流设计经验、成果。此外，为提高系统安全性和使用效率，进行了系统用户权限设置和任务分工。

6.1.2.1　用户权限设置及分工

　　系统共设置 4 种类型的用户，分别为管理员、信息员、审核员和入库员（图 6-2），并分别赋予不同的权限。

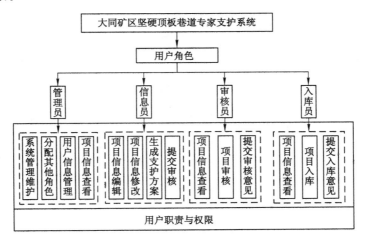

图 6-2　用户角色与职责、权限

　　（1）管理员。管理员负责整个系统的运行、管理与维护工作，向各个矿分配信息员、审核员和入库员角色并对其个人信息进行管理与维护，对各个矿的信息进行管理与维护，查看专家系统使用情况。

　　（2）信息员。信息员负责具体项目的支护方案设计工作，包括项目概况、巷道与岩层信息、地应力与松动圈信息的输入，负责生成初步方案与方案对比工作，并向审核员提交审核，修改审核未通过的项目，修改或者舍弃拒绝入库的方案。

　　（3）审核员。负责项目审核工作，对信息员提交给自己的项目进行审核，给出审核意见与结果，可查看项目基本信息，但不能修改、编辑项目信息。

　　（4）入库员。负责项目入库工作，将工程实践证明经济合理的支护方案加入成功支护案例数据库中,可查看项目基本信息与审核信息,但不能对其进行修改。

上述 4 种角色只能行使自己职责、权限范围内的权力,不能行使其他角色职责、权限范围内的权力。

6.1.2.2 系统设计框架

根据系统需求开发的系统总体设计框架如图 6-3(a)所示,系统登录界面如图 6-3(b)所示。

(a)

(b)

图 6-3 系统设计框架

(a)系统框架;(b)系统登录界面

系统左侧为项目栏,分为项目信息录入、待审核项目、审核通过项目和个人信息,左侧为信息编辑区。单击项目信息录入,显示出需要录入的项目概况、巷道、岩层、地应力、松动圈等基本信息,并可通过"项目详情"查看项目基本参数和过程量。单击"方案对比"弹出方案对比编辑区,用户可将系统生成的初步方案与成功案例数据库中的方案进行对比,智能决策出最优方案。

"待审核项目"栏用户显示信息员提交审核的项目,并可在此查看项目审核情况。"审核通过项目"栏用户显示已经审核通过的项目。个人信息用户修改、编辑信息员的个人注册信息。

6.2 支护专家系统理论基础

大同矿区坚硬顶板巷道专家支护系统,以巷道围岩松动圈支护理论和围岩稳定性级别为理论基础,根据《大同矿区坚硬顶板巷道支护技术规范》建立了系统知识库和推理机,并在此基础上开发。

6.2.1 系统知识库

知识库是专家系统进行推理的重要知识基础,本系统知识库主要包括以下几方面内容:

(1)大同矿区地应力知识库。在大同矿区地应力实测基础上,经过统计分析,建立了大同矿区地应力数据库,并构建地应力影响修正系数知识库。

(2)围岩物理力学参数数据库。围岩物理力学参数是巷道稳定性的最重要的影响因素之一,专家系统的围岩物理力学参数数据库根据大同侏罗系和石炭系坚硬顶板巷道顶底板基本岩性力学参数建立,增强了针对性。

(3)复合顶板折减系数知识库。复合顶板折减系数知识库主要考虑了软弱夹层数量和厚度的综合影响。

(4)围岩破坏模式知识库。根据大同矿区巷道的破坏位置及具体破坏特征,将其划分为顶板破坏、底鼓破坏、片帮和全断面破坏四大类,并细化为 11 个亚类,在进行大同矿区不同类型巷道支护设计时按相应类别进行检索使用。表 6-1 为大同矿区部分巷道支护形式与主要支护参数。

表 6-1   **大同矿区巷道支护形式与主要支护参数选择(部分)**

围岩级别	破坏模式	基本支护形式	主要支护参数
I	I_1、I_2	A	顶:左旋无纵筋螺纹钢; 帮:左旋无纵筋锚杆(煤柱帮)、玻璃钢锚杆(工作面帮); 锚杆直径:16、18 mm,长度:1.7～2.0 m,间距:0.9～1.2 m,排距:1.0～1.5 m; 护帮金属网:菱形金属网; 锚索直径:15.24、17.8 mm,长度:4～8 m,间排距:每排 1～3 根,每 2～3 排锚杆 1 排锚索
	I_3	A、B	锚杆+锚索+护帮菱形网(塑料网)
			顶锚杆直径:16、18、20 mm; 帮锚杆直径:16、18 mm; 其余参数参考 I_1、I_2
II	II_1	A	锚杆+锚索+W钢带+顶、帮菱形网
			顶:左旋无纵筋螺纹钢; 帮:左旋无纵筋锚杆(煤柱帮)、玻璃钢锚杆(工作面帮); 锚杆直径:16、18、20 mm,长度:1.8～2.2 m,间排距:0.9～1.1 m; 帮金属网:菱形金属网; 锚索直径:15.24、17.8 mm,长度:5.0～7.3 m,间排距:每排 1～3 根,每 2～3 排锚杆 1 排锚索

（5）松动圈知识库。系统根据规范构建的不同类型巷道、不同位置的松动圈厚度的知识库。

（6）采动影响修正系数知识库。采动对巷道围岩稳定性有重要影响，系统的采动影响修正系数知识库综合考虑了煤柱宽度和采动影响次数。

（7）围岩稳定性分级知识库。围岩级别是进行支护方案设计的重要依据，系统建立的围岩稳定性分级知识库按照开拓巷道、火成岩侵入、冲击性、近距离和普通回采巷道共五类进行构建。

收集大同矿区忻州窑矿、云冈矿、塔山矿、四台矿、虎龙沟矿、煤峪口矿、白洞矿、永定庄矿、晋华宫矿、同家梁矿等 14 个矿井近 3 年共 102 条各类巷道成功案例，形成专家系统中的初始案例库，并能够利用系统方便查询相关信息。表 6-2 是部分案例围岩稳定性计算结果。

表 6-2　　　　　　　　　　　　围岩稳定性分级知识库（部分）

巷道类型	围岩级别	煤柱宽度/m	采动次数	岩柱强度/MPa	最大主应力/MPa	层间距/m	案例名称	稳定性指数
冲击型巷道	II_1	30	2	104.19	12.95	100	煤峪口矿 14# 层 410 盘区 21004 巷	0.22
冲击型巷道	III	20	2	43.54	12.95	140	忻州窑西二盘区 11# 层 8937 工作面 2937 巷	0.44
冲击型巷道	III	20	2	49.43	12.95	140	忻州窑西二盘区 11# 层 8937 工作面 5937 巷	0.42
火成岩侵入巷道	IV_2	38	2	23.35	15.79	80	塔山矿 3#～5# 层二盘区 8210 顶板高抽巷	1.12
火成岩侵入巷道	IV_1	38	2	42.35	15.79	90	塔山矿 3#～5# 层二盘区 2212 巷	0.62
火成岩侵入巷道	IV_2	30	2	21.06	12.43	31	虎龙沟 3#～5# 煤层瓦斯抽放巷	1.02
近距离巷道	I_3	38	2	106.85	6.37	3	云冈矿 11-2# 层 311 盘区 511-4 回	0.16
近距离巷道	I_3	38	2	109.21	6.37	2.5	云冈矿 11-2# 层 311 盘区 21117 巷	0.15
近距离巷道	I_3	30	2	104.53	6.37	3	云冈矿 11-2# 层 311 盘区 21109 巷	0.18
开拓与准备巷道	I_3	30	1	97.16	6.37	120	四台矿 307 辅助盘区回风巷	0.17
开拓与准备巷道	I_3	30	1	59.34	6.37	120	四台矿 404 盘区皮带巷、轨道巷、回风巷	0.18
开拓与准备巷道	IV_2	20	1	12.15	12.95	30	永定庄 3#～5# 层轨道巷	1.60
回采巷道	I_3	30	2	97.16	6.37	120	四台矿 307 辅助盘区皮带巷	0.17
回采巷道	I_1	18	2	102.9	6.37	130	四台矿 410 盘区 51017 巷	0.10
回采巷道	I_3	18	2	70.25	6.37	120	四台矿 412 盘区 21204、51204 巷	0.16

对计算结果进行了统计分析，得到了大同矿区典型巷道稳定性指数分布图如图 6-4 所示。

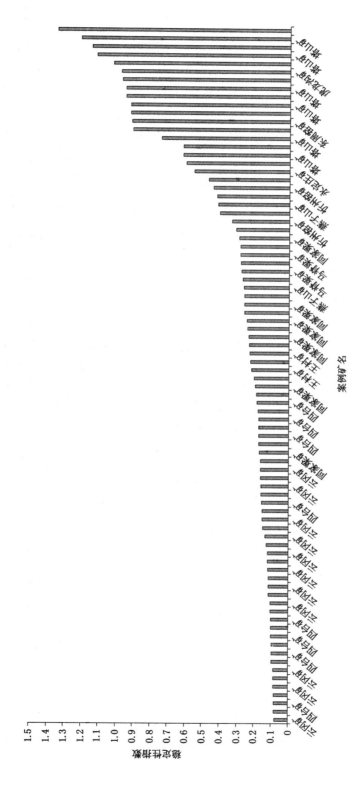

图6-4 大同矿区典型巷道稳定性指数分布图

结合对 102 条巷道支护参数的分析归类,发现支护难度与围岩稳定性支护吻合度较高,验证了利用围岩应力与围岩综合强度比作为本次稳定性评价标准的可行性。在此基础上,结合主要支护参数等级根据围岩稳定性指数对围岩稳定性进行分级。分级结果见表 6-2。

(8)成功案例知识库。根据该矿区多年成功支护实践,结合具体工程地质条件,进行大量数值计算与成本优化分析,初步形成了大同矿区成功支护案例标准知识库,见表 6-3。

表 6-3　　　　　　　　　　成功案例标准知识库(部分)

SupportParamID	RoadwayType	ParamType	ParamName	ParamValue
1	回采巷道	顶板锚杆	锚杆类型	左旋无纵筋螺纹钢
2	回采巷道	顶板锚杆	屈服强度/MPa	335
3	回采巷道	顶板锚杆	锚杆长度/mm	1 700
4	回采巷道	顶板锚杆	锚杆直径/mm	18
5	回采巷道	顶板锚杆	锚杆间距/mm	1 000
6	回采巷道	顶板锚杆	锚杆排距/mm	1 000
7	回采巷道	顶板锚杆	锚固力/kN	100
8	回采巷道	顶板锚杆	预紧力/kN	30
9	回采巷道	顶板锚杆	预紧力矩/N·m	120
10	回采巷道	顶板锚杆托盘	托盘类型	高强球形托盘
11	回采巷道	顶板锚杆托盘	托盘规格/mm	150×150×8
12	回采巷道	顶板网	菱形金属网	8#铁丝编制
13	回采巷道	顶锚杆钢带	W 钢带/mm	无
14	回采巷道	工作面帮锚杆	屈服强度/MPa	335
15	回采巷道	工作面帮锚杆	锚杆类型	玻璃钢锚杆
16	回采巷道	工作面帮锚杆	锚杆长度/mm	1 700
17	回采巷道	工作面帮锚杆	锚杆直径/mm	18
18	回采巷道	工作面帮锚杆	锚杆间距/mm	1 000
19	回采巷道	工作面帮锚杆	锚杆排距/mm	1 000
20	回采巷道	工作面帮锚杆	锚固力/kN	60
21	回采巷道	工作面帮锚杆	预紧力/kN	30
22	回采巷道	工作面帮锚杆	预紧力矩/N·m	50
23	回采巷道	工作面帮锚杆托盘	托盘类型	高强球形托盘
24	回采巷道	工作面帮锚杆托盘	托盘规格/mm	150×150×8
25	回采巷道	工作面帮网	菱形金属网	8#铁丝编制
26	回采巷道	煤柱帮锚杆	屈服强度/MPa	335
27	回采巷道	煤柱帮锚杆	锚杆类型	左旋无纵筋螺纹钢

案例库在系统使用过程中能根据审核通过的设计实例自动进行更新和扩充,为专家系统进行推理提高了重要的知识基础。

6.2.2 系统推理机

推理机采用基于规则的正向推理和基于成功案例的两种推理方式,以提高系统决策的可信度,系统推理过程如图 6-5 所示。

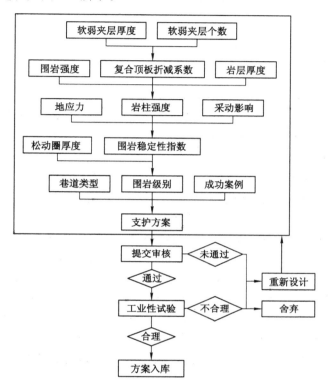

图 6-5 系统推理过程示意图

系统推理过程可分为以下几步:

第一步:复合顶板折减系数计算。根据输入的软弱夹层厚度、个数,结合复合顶板折减系数知识库,计算该系数。

第二步:岩柱强度计算。根据输入的巷道断面尺寸、围岩强度、岩层厚度,计算巷道顶板两倍巷道宽度和底板一倍巷道宽度及巷道所在层岩柱加强平均强度,并考虑复合顶板的影响。

第三步:围岩稳定性指数计算。根据岩柱强度、地应力(与巷道埋深等价)、采动影响系数,计算出巷道围岩稳定性指数。

第四步:围岩稳定性分级。根据围岩稳定性指数计算、松动圈厚度值并结合围岩稳定性分级知识库,进行围岩稳定性分级。

第五步:生成支护方案。根据巷道围岩级别和类型,并结合系统中的成功案例数据库,生成支护方案。

第六步:提交审核。支护方案生成后,提交进行审核,若审核通过则进行工业性试验,若审核未通过则返回重新进行设计。

第七步：工业性试验。支护方案通过审核后，进行工业性试验，进一步验证支护方案是否经济合理。

第八步：方案入库。工业性试验证明经济合理的方案进入成功案例数据库，未经证明或证明不合理的方案返回重新设计和舍弃。

至此，推理过程完成。

6.3 系统特点

本系统与其他专家系统相比主要具有以下特点：

（1）针对性强。系统根据《大同矿区坚硬顶板巷道支护技术规范》开发，建立了具有符合大同矿区坚硬顶板巷道支护要求的知识库和推理机，如特别考虑了近距离开采、火成岩侵入与冲击型巷道的知识库与支护对策。

（2）架构先进。系统采用 B/S 模式开发，进行了用户权限设置，提高了系统运行的安全性和效率；具有通过互联网上网功能，实现了矿、集团公司的互联互通，方便了各个矿之间以及矿方设计人员与集团管理人员的交流、学习。

（3）知识库针对性强。系统知识库具有良好的针对性，系统建立了大同矿区地应力、采动影响系数、双系煤层围岩物理力学参数、层间距影响系数、松动圈、复合顶板折减系数、成功支护案例等知识库，为保证系统智能决策结果的正确性提供了知识保证。

（4）双向推理机理。系统采用基于规则产生式、正向推理规则和基于成功案例的逆向推理机理，系统首先根据输入的围岩、巷道、地应力和围岩松动圈等正向推理出岩柱强度、围岩稳定性指数与级别、初步支护方案，其次结合成功案例数据库逆向寻找围岩级别、稳定性指数、岩柱强度等最匹配巷道支护案例并进行比较，决策出最优支护方案并向审核人员提交审核。

（5）可扩充的成功案例数据库。系统具有可扩充的成功案例数据库，凡是经工业性试验证明经济合理的支护方案都将加入成功案例数据库，而未经工业性试验证明经济合理或证明非经济合理的支护方案不得入库，从而保证了数据库的动态扩容和实用性

7　大同矿区坚硬顶板静动压巷道稳定控制工业性试验

7.1　极近距离煤层巷道支护设计工业性试验

7.1.1　工程概况

大同煤矿集团公司云岗矿位于山西省大同市西郊云岗沟内,距大同市区 18 km,1973年投产,至 2013 年产量连续 7 年突破 500 万 t,是全国著名特大型矿井和煤炭行业特级安全高效矿井。该矿主要开采大同侏罗系煤层,井田南北长 13.1 km,东西宽 5.75 km,面积59.000 3 km²。矿井属于高瓦斯矿井,采用立井、斜井混合式开拓方式开拓,分区抽出式通风方式,主运输水平为＋980 m 水平,辅助运输水平为＋1 030 m 水平。311 盘区 11-2# 层东至北 1030 大巷,南至 307 盘区边界,西至大同社队小窑区,北至大同市南郊区解放煤矿,上限标高＋1 167.0m,下限标高＋976.0 m,地面标高＋1 220～1 339.1 m,走向长 2 933～2 945/2 939 m,倾向长 2 800 m,面积 8.23 km²。

目前井田北部 311 盘区主采 11-2# 煤层,开采深度 220～290 m,与上部 11-1# 煤层为近距离煤层,层间距和煤层厚度均极不稳定,受此影响,巷道在掘进和工作面回采时顶板难以维护,极易发生漏顶事故,严重影响工人安全和生产效率,亟须对该类问题进行系统研究。

7.1.1.1　地层

由于云冈矿北部接近大同煤田最北部的沉积边缘,冲刷构造影响严重。北部 11# 煤层厚度起伏变化大,褶曲发育,煤层赋存极不稳定。煤层伪顶为灰白色～深灰色粉砂岩,厚度0.1～0.4 m,薄层状构造,层面含大量煤屑、植物化石。直接顶为中～粗砂岩,灰白色,厚度0.4～10.14 m,局部相变为黑灰色炭质泥岩与粉、细砂岩互层,最下层为炭质泥岩或粉砂岩,层理极为发育。直接底岩性为粗～粉砂岩,灰白色,厚度为 0.6～8.54 m,岩性变化较大。煤层硬度 $f＝3～4$,节理发育,煤层局部含夹层,夹层为粉砂岩,厚 0～0.1 m,有少量结核。

11-2# 煤层 311 盘区位于矿井北翼,东西走向长约 2 050 m,南北倾向长平均 2 100 m;本区地层大致为一单斜构造,走向近似东西向,倾向南,倾角 2°～6°,面积 430.5×10⁴ m²,布置普通综采工作面。

本区煤层除东南部不可采外,其余全部可采,煤层厚度 2.01～2.7 m,平均 2.46 m。西北部与 11-1# 层合并,合并区内煤厚最大 5.13 m,最小 4.61 m,平均 4.93 m,有 1～3 层夹石,夹石总厚度最大 0.68 m,单层厚度 0.1～0.42 m,在分叉线厚度为 0.8 m。钻孔柱状图如图 7-1 所示。

地层			柱状 1:200	岩层名称	层厚/m	岩性描述
系	统	组	钻探		最小～最大 平均	
侏 罗 系	侏 罗 系 中 统	大 同 组		粉细砂岩 互层	$\dfrac{27.95\sim39.68}{33.97}$	粉细砂岩互层,水平层理,细腻光滑,南部局部含砂质页岩,根据48505号钻孔分析,工作面北部局部顶板含两层0.1～0.3 m的煤线
				10-11-1#煤	$\dfrac{2.01\sim2.8}{2.43}$	煤,黑色,半暗型
				粉细砂岩 互层	$\dfrac{0.4\sim10.14}{3.89}$	灰色粉细砂岩互层,水平层理,细腻光滑,南部局部含砂质页岩
				11-2#煤	$\dfrac{2.01\sim2.7}{2.46}$	煤,黑色,半暗型
				粗中细粒 砂岩	$\dfrac{5.8\sim16.26}{11.45}$	灰白色粗中细粒砂岩,水平层理,含煤屑,具节理构造

图 7-1　钻孔柱状图

7.1.1.2　构造

地质资料显示,11#煤层除了厚度变化较大外,冲刷、陷落柱、断层及尖灭等地质构造也十分发育。目前 311 盘区 81111、81113 以及 81115 工作面自 311 盘区回风大巷向切眼方向 160～170 m 范围均为陷落柱影响区。典型工作面剖面图如图 7-2 所示。

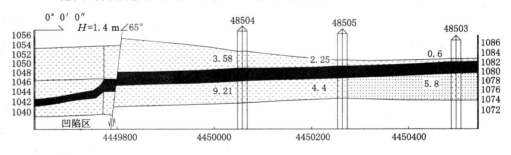

图 7-2　81113 工作面剖面图

7.1.1.3　巷道概况及破坏情况

巷道概况参见 2.1.1.1 节。

目前 81111 工作面已回采结束,81113 工作面已经圈出。受顶板岩性差、构造复杂、厚度薄、上部采空区煤柱集中压力以及 81111 工作面回采压力等多方面因素的影响,51113 巷顶板出现层状剥离破坏,下沉严重,闷墩不断,冒漏不绝。W 形钢带挤压出现 V 字形,工字钢棚被压弯曲,中间下沉量可达 20～30 cm,严重时出现翻转,与棚腿仅有点接触,极易失稳。典型破坏情况如图 2-3 所示。

2014 年 1 月 8 日早班与中班换班期间,51113 巷在距离盘区回风大巷约 630 m 处出现了一次较大规模冒漏,形成了直径和巷道宽度一致(4 m),高度约为 1.5～2 m 的穿顶结构。巷道其他位置顶板破坏多在靠煤柱侧靠近边角位置。

7.1.2　支护专家系统方案设计

首先将 51115 巷基本工程地质信息录入系统,计算得到基本参数如图 7-3 所示。

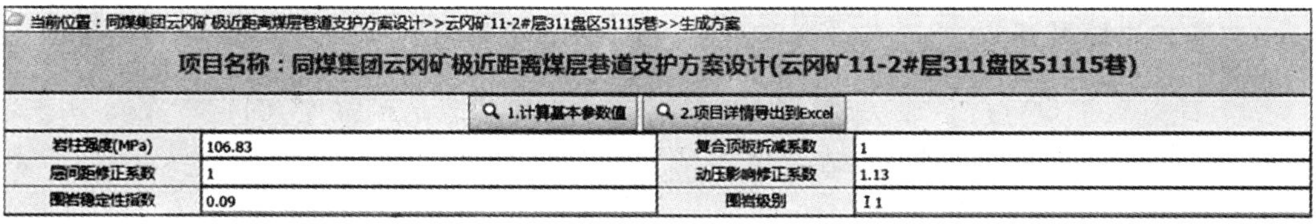

当前位置:同煤集团云冈矿极近距离煤层巷道支护方案设计>>云冈矿11-2#层311盘区51115巷>>生成方案				
项目名称:同煤集团云冈矿极近距离煤层巷道支护方案设计(云冈矿11-2#层311盘区51115巷)				
	Q 1.计算基本参数值	Q 2.项目详情导出到Excel		
岩柱强度(MPa)	106.83		复合顶板折减系数	1
层间距修正系数	1		动压影响修正系数	1.13
围岩稳定性指数	0.09		围岩级别	I 1

图 7-3　51115 巷支护设计基本参数及围岩级别

近距离煤层巷道 I₁ 级围岩对应的支护方案及参数见表 7-1。

表 7-1　　　　　　　　近距离煤层巷道 I₁ 级围岩条件下巷道支护建议表

参数类型	参数名称	参数值	参数类型	参数名称	参数值
顶板锚杆	锚杆类型	高强让压锚杆	工作面帮锚杆	锚杆类型	玻璃钢锚杆
	屈服强度/MPa	335		屈服强度/MPa	335
	锚杆长度/mm	1 700		锚杆长度/mm	1 700
	锚杆直径/mm	18		锚杆直径/mm	18
	锚杆间距/mm	1 000		锚杆间距/mm	1 000
	锚杆排距/mm	1 000		锚杆排距/mm	1 000
	锚固力/kN	100		锚固力/kN	60
	预紧力/kN	30		预紧力/kN	30
	预紧力矩/N·m	120		预紧力矩/N·m	50
顶板锚杆托盘	托盘类型	高强球形托盘	工作面帮锚杆托盘	托盘类型	高强球形托盘
	托盘规格/mm	150×150×8		托盘规格/mm	150×150×8
顶板网	菱形金属网	8# 铁丝编制	帮锚杆钢带	W 钢带/mm	无
顶锚杆钢带	W 钢带/mm	无	煤柱帮锚杆	屈服强度/MPa	335
顶锚索	锚索类型	无		锚杆类型	左旋无纵筋螺纹钢
	锚索直径/mm	无		锚杆长度/mm	1 700
	锚索长度/mm	无		锚杆直径/mm	18
	锚索排距/mm	无		锚杆间距/mm	1 000
	锚固力/kN	无		锚杆排距/mm	1 000
	预紧力/kN	无		锚固力/kN	100
	屈服强度/MPa	无		预紧力/kN	30
锚索托盘	托盘类型	无		预紧力矩/N·m	120
	托盘规格/mm	无	煤柱帮锚杆托盘	托盘类型	高强球形托盘
顶板锚索钢带梁	梁类别	无		托盘规格/mm	150×150×8
	梁型号	无	煤柱帮网	塑料网	阻燃塑料网

对于层间距在 3 m 以下的巷道,主要采用双工字钢棚支护,每排由两架钢棚组成,排距为 0.8～1 m,工字钢棚规格强度不低于 11# 矿用工字钢。巷道跨度超过 4 m 后应采取减跨措施。

7.1.3 支护思路及建议

(1)针对支护设计的两个关键问题——围岩压力和承载结构强度,确定本次支护思路:

① 首先利用理论反演方法,结合现场围岩原位强度实测确定巷道顶板水平压力量值范围。

② 利用等效强度的概念确定不同层间距段支护形式及支护参数。

③ 现场矿压监测及方案评估。

(2)支护建议。结合前文分析,确定本次 51115 巷主要支护原则和注意事项:

① 分段支护。

② 减跨或改变巷道形状。

③ 提高锚杆强度、刚度以及预紧力从而增加岩梁强度,充分调动围岩自身承载能力。

④ 高阻让压,在满足高支护阻力的前提下,支护系统具有让压功能抵抗邻近及本工作面采动压力的影响。

⑤ 护表,防止碎石冒漏伤人。

7.1.4 工业性试验方案

结合支护专家系统建议支护方案以及上述支护原则,制定本次工业性试验方案。

7.1.4.1 支护形式及参数

1. 分段支护参数

(1)层间距小于 3 m

① 巷道荒断面为矩形,宽×高为 4 000 mm×2 800 mm。

② 支护方式为 11# 工字钢对棚支护。

③ 钢棚排距 0.7 m,每排两架,工字钢梁长 3.8 m,棚腿 2.75 m,棚腿底部向两侧偏 5 cm。

④ 钢棚之间设置防倒装置。顶梁与顶板之间用刹顶木刹紧背牢,刹顶木使用 60 mm 木板,间距 800 mm。

⑤ 当顶板破碎或压力增大时,顶板铺 $\phi6.5$ mm 钢筋片网,并将网压紧压实。视破碎情况,当现有支护不能满足时及时补强支护。

⑥ 当层间距低于 1 m 时,顶板留有一定的顶煤,保证层间距在 1 m 以上。

(2)层间距 3～4 m

① 巷道断面为矩形,宽×高为 3 600 mm×2 600 mm,支护形式为高阻让压锚杆＋让压鸟窝锚索梁＋帮让压鸟窝锚索。支护断面示意图如图 7-4 所示。

② 锚杆支护系统参数。

锚杆参数包括:锚杆长度、锚杆安装载荷、锚杆布置、锚杆直径和强度、锚杆延伸性能、托盘尺寸及强度、锚固剂等。

a. 锚杆长度:结合类似条件下的巷道支护经验、钻孔摄像、理论分析结果及现场施工条

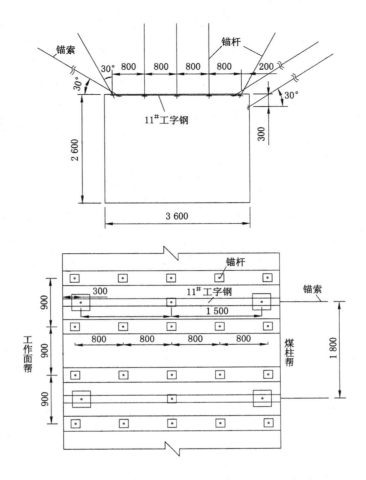

图 7-4　层间距 3～4 m 以下巷道支护断面示意图

件,顶板锚杆长度选择为 1.8 m。

　　b. 锚杆的安装载荷:顶板锚杆的安装载荷为 6 t。

　　c. 锚杆直径和强度:顶板锚杆选用直径为 18 mm 的高强(HRB500)蛇形锚杆作为锚杆的杆体,其屈服强度大于 12 t,抗拉强度大于 16 t。

　　d. 让压管:锚杆使用让压点 9～12 t、让压距离为 23 mm 的让压管。

　　e. 间排距:锚杆间排距为 800 mm×900 mm,靠帮部最近的锚杆与垂直方向夹角为 30°。

　　f. 锚固长度和锚固力:每套锚杆采用 1 卷 K2335 和 1 卷 Z2335 树脂药卷,锚固力大于16 t。日常监测锚杆的锚固力不小于 12 t。

　　g. 托盘尺寸和强度:为适应锚杆强度需要及提高护顶面积,同时为提高锚杆的施工效率,顶板锚杆采用 150 mm×150 mm×8 mm 的高强球形托盘与 W 钢带(2.75 mm×275 mm×3 400 mm)联合支护,托盘强度大于 16 t。

　　h. 表面控制:为了控制松散岩块的脱落,采用金属网与 W 钢带联合支护作为表面控制的方式。

③ 锚索支护系统参数。

锚索参数包括：锚索长度、锚索直径、锚索安装载荷、锚索布置、托盘尺寸及强度、锚固剂等。

a. 锚索类型：采用 $\phi17.8$ mm×5 000 mm 鸟窝耦合让均压锚索作为辅助支护。

b. 让压管：锚索使用让压点 21～25 t，让压距离为 35 mm 的让压管（双泡）。

c. 间排距：顶板每断面各布置 2 根锚索，煤柱帮每断面布置 1 根锚索，顶帮锚索与水平方向夹角均为 30°，顶帮排距均为 1 800 mm。

d. 安装载荷：预紧力 10～12 t。

e. 锚固剂：每套锚索采用 2 卷 Z2360 树脂锚固剂。

f. 托盘：锚索托盘为 300 mm×300 mm×10 mm 的高强球形托盘。

④ 锚索梁排距 1 800 mm，11# 工字钢梁长度 3.2 m，设置 3 个孔，孔间距 1 500 mm，中间孔用锚杆固定，两边孔用锚索固定。

⑤ 当顶板破碎或巷道压力显现明显时，使用单体柱对锚索梁进行补强。

（3）层间距 4 m 以上

① 支护形式为锚网索支护，支护断面示意图如图 7-5 所示。

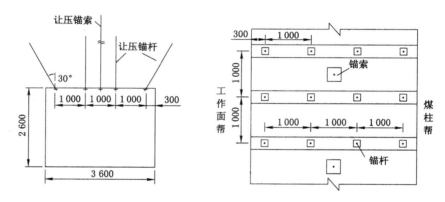

图 7-5 层间距 4 m 以上巷道支护断面示意图

② 锚杆间排距为 1 000 mm×1 000 mm，靠帮部最近的锚杆与垂直方向夹角为 30°，其余参数与层间距 3～4 m 段锚杆相同。

③ 锚索：沿巷道中心线布置 1 根，排距为 2 000 mm，层间距在 4～5 m 用 4 m 锚索，5～6 m 用 5 m 锚索，6 m 以上用 6 m 锚索，其余参数与层间距 3～4 m 段锚索相同。

2. 特殊位置支护

（1）巷道遇顶板淋水、帮渗水较大的施工巷道，应在该区域进行锚杆安装抗拔力试验，来监测锚杆的锚固情况，并根据试验情况及时采取针对性措施。

（2）施工中遇到顶板破碎带煤层松软区、地质构造变化带、断层等围岩支护条件复杂区域，可将锚杆间排距调至 700 mm×700 mm，锚索排距适当调小，并辅助采用点柱、套棚等强化支护措施，此种支护形式应延至断层带范围以外 20 m 及以上，具体加强支护参数以实际情况为准，并及时补充相应的技术安全措施。

（3）巷道穿层施工范围，锚索长度根据巷道顶部上覆煤岩层厚度变化情况及时调整，并确保锚入稳定岩层不少于 1 000 mm。

（4）煤巷锚杆支护巷道局部掉顶、片帮时，宜优先采用锚杆进行支护，并采用"掉到那里锚到哪里"的支护方法，不得置之不理。

（5）巷道压力较大地段，巷道施工负责人必须经常观察顶板变化，发现顶板下沉、锚杆折断、铁托板变形、穿透等异常情况时，应及时套棚、打点柱，或采取其他措施，必须制定相应的技术安全措施。

（6）巷道掘进如遇岩性改变，根据所遇岩性具体力学特性进行合理的支护。如所遇岩性其力学特性相近或好于原巷道煤岩，可继续采用原支护参数；如所遇岩性其力学特性比原巷道煤岩差，可适当补强加固，加固方法可参考破碎带补强加固。

（7）当掘进与支护过程中遇到构造带等特殊情况时应及时告知项目乙方（中国矿业大学），然后根据现场具体条件提出相应的治理对策。

（8）未尽事宜参见《煤矿安全规程》、《岩土锚杆与喷射混凝土支护工程技术规范》（GB 50086—2015）和大同市煤矿顶板管理相关规定，若有与以上规程和规范相冲突的地方以规程和规范为准。

7.1.4.2　试验地点及支护材料消耗

本试验段为 51115 巷 50～250 m，共 200 m。根据 11-2# 层 81113 工作面掘进期间层间距探测资料及上覆 11-1# 层层间距等值线图分析，预计 51115 巷 50～185 m 区间层间距大于 4 m，按 7.1.4.1 节"（3）层间距 4 m 以上"中支护方案施工；185～235 m 区间层间距在 3～4 m，按 7.1.4.1 节"（2）层间距 3～4 m"中支护方案施工；235 m 以后层间距小于 3 m，按 7.1.4.1 节"（1）层间距小于 3 m"中支护方案施工。每一段的具体支护方案要根据掘进过程中实测层间距决定。试验段巷道支护材料消耗表见表 7-2 和表 7-3。

表 7-2　　　　　　　　　　　　**层间距 4 m 以上巷道支护材料消耗表**

序号	材料名称	规格尺寸	配置	每米材料消耗量	总量
1	高强蛇形锚杆	ϕ18 mm×1 800 mm	500# 杆体，三明治垫圈，阻尼螺母，球形垫圈，150 mm×150 mm×8 mm 高强托盘	4 套	540 套
2	鸟窝锚索	ϕ17.8 mm×4 000 mm ϕ17.8 mm×5 000 mm ϕ17.8 mm×6 000 mm	钢绞线，索具，球形垫圈，300 mm×300 mm×10 mm 高强锚索托盘	0.5 套	68 套
3	让压管	9～12 t（锚杆）	锚杆让压点 9～12 t，让压距离 23 mm	4 个	540 个
		21～25 t（锚索）	锚索让压点 21～25 t，让压距离 23 mm	0.5 个	68 个
4	W 钢带	2.75 mm×275 mm ×3 400 mm	孔间距为 1 000 mm（四孔钢带）	1 条	135 条
5	锚固剂	K2335、Z2335、Z2360	锚杆使用 K2335、Z2335 各 1 卷，锚索使用 2 卷 Z2360	支	
6	菱形金属网	3 700 mm×2 200 mm	每 2 排 1 片	4.07 m²	

表 7-3　　　　　　　　　　　**层间距 3～4 m 巷道支护材料消耗表**

序号	材料名称	规格尺寸	配置	每米材料消耗量	总量
1	高强蛇形锚杆	$\phi18$ mm×1 800 mm	500# 杆体,三明治垫圈,阻尼螺母,球形垫圈,150 mm×150 mm×8 mm 高强托盘	6.12 套	306 套
2	鸟窝锚索	$\phi17.8$ mm×5 000 mm	钢绞线,索具,球形垫圈,300 mm×300 mm×10 mm 高强锚索托盘	1.67 套	84 套
3	让压管	9～12 t(锚杆)	锚杆让压点 9～12 t,让压距离 23 mm	6.12 个	306 个
		21～25 t(锚索)	锚索让压点 21～25 t,让压距离 23 mm	1.67 个	84 个
4	W 钢带	2.75 mm×275 mm×3 400 mm	孔间距为 800 mm(五孔钢带)	1.12 条	56 条
5	11# 工字钢梁	3.2 m	排距为 1.8 m	1.78 m	89 m
6	锚固剂	K2335、Z2335、Z2360	锚杆使用 K2335、Z2335 各 1 卷,锚索使用 2 卷 Z2360		
7	菱形金属网	3 700 mm×2 000 mm	每 2 排 1 片	4.12 m²	

7.2　火成岩侵入厚煤层巷道支护工业性试验

7.2.1　工程概况

5216 顺槽属于同煤集团塔山矿 3#～5# 层二盘区 8216 工作面的回风巷,井下标高 968～1 050 m,地面标高 1 445.5～1 582.4 m,沿煤层底板掘进。根据提供的资料,5216 巷掘进前方预计将揭露 24 条正断层及 1 条火成岩墙(宽 1.00～2.40 m)。此外,3#～5# 煤层含多层夹矸,结构较复杂,平均厚 8.62 m,属厚煤层,由于受到火成岩侵入的影响,煤层受热发生变质、硅化,巷道顶煤稳定性很差,容易发生断裂,煤层巷道围岩松软破碎,煤层和岩层的不连续面容易发生离层。煤层顶、底板情况见表 7-4。

表 7-4　　　　　　　　　　　**煤层顶、底板情况**

顶、底板名称		厚度/m	岩性描述
顶板	基本顶	$\dfrac{5.92～18.90}{9.76}$	灰白色、灰色、浅灰色、粗砂岩、砂砾岩、中粒砂岩、细砂岩交替赋存,成分以石英、长石为主
	直接顶	$\dfrac{4.28～20.50}{12.71}$	浅灰色、深灰色煌斑岩,灰黑色泥岩、砂质泥岩、炭质泥岩,黑灰色、黑色天然焦交替赋存。炭质泥岩、砂质泥岩大多为平坦状断口,含植物茎叶化石,煌斑岩为半晶质结构坚硬,天然焦硅质充填,较硬。其上为 2# 煤层,厚 0.75～2.78 m,平均 2.04 m
	伪顶	$\dfrac{0～0.77}{0.40}$	局部有伪顶,其岩性为灰黑色炭质泥岩、砂质泥岩,泥质胶结,含大量煤屑

续表 7-4

顶、底板名称		厚度/m	岩性描述
底板	直接底	$\dfrac{0.90\sim3.58}{2.49}$	灰黑色、黑色砂质泥岩,泥质胶结,贝壳状断口,含大量煤屑和植物化石碎片。顶部局部有黑褐色高岭岩、灰黑色高岭岩泥岩、黑色炭质泥岩、灰黑色泥岩,底部局部有厚度为0.30 m 左右的煤层
	基本底	$\dfrac{3.40\sim24.59}{15.06}$	灰白色、灰色粗砂岩,以石英为主,长石次之,分选磨圆度好,胶结较疏松,局部含大量黄铁矿,明显接触。局部有黑色泥岩、深灰色砂质泥岩、灰色粉砂岩

7.2.2 支护专家系统方案设计

首先将 5216 巷基本工程地质信息录入系统,计算得到基本参数如图 7-6 所示。

当前位置：塔山矿二盘区3-5#层 5214巷支护方案>>塔山矿二盘区3-5#层 5216回风巷>>生成方案			
项目名称：塔山矿二盘区3-5#层 5214巷支护方案(塔山矿二盘区3-5#层 5216回风巷)			
	Q 1.计算基本参数值	Q 2.项目详情导出到Excel	
岩柱强度(MPa)	29.8	复合顶板折减系数	1
层间距修正系数	1	动压影响修正系数	1.13
围岩稳定性指数	0.91	围岩级别	Ⅳ1

图 7-6　5216 巷支护设计基本参数及围岩级别

火成岩侵入巷道Ⅳ₁级围岩对应的支护方案及参数见表 7-5。

表 7-5　火成岩侵入巷道Ⅳ₁级围岩条件下巷道支护建议表

参数类型	参数名称	参数值	参数类型	参数名称	参数值
顶板锚杆	锚杆类型	高强让压锚杆	工作面帮锚杆	锚杆类型	高强让压锚杆
	屈服强度/MPa	500		屈服强度/MPa	500
	锚杆长度/mm	2 500		锚杆长度/mm	2 500
	锚杆直径/mm	22		锚杆直径/mm	22
	锚杆间距/mm	800		锚杆间距/mm	800
	锚杆排距/mm	900		锚杆排距/mm	900
	锚固力/kN	200		锚固力/kN	200
	预紧力/kN	60		预紧力/kN	60
	预紧力矩/N·m	300		预紧力矩/N·m	300
顶板锚杆托盘	托盘类型	高强球形托盘	工作面帮锚杆托盘	托盘类型	高强球形托盘
	托盘规格/mm	150×150×10		托盘规格/mm	150×150×10
顶板网	菱形金属网	钢筋网	工作面帮网	菱形金属网	钢筋网

参数类型	参数名称	参数值	参数类型	参数名称	参数值
顶锚杆钢带	W 钢带/mm	长度×250×3.75	顶锚索	锚索类型	1×7 钢绞线（让压）
煤柱帮锚杆	锚杆类型	高强让压锚杆		锚索直径/mm	21.8
	屈服强度/MPa	500		锚索长度/mm	8 300
	锚杆长度/mm	2 500		锚索排距/mm	1 800
	锚杆直径/mm	22		锚固力/kN	400
	锚杆间距/mm	800		预紧力/kN	140
	锚杆排距/mm	900		屈服强度/MPa	1 860
	锚固力/kN	200	锚索托盘	托盘类型	高强球形托盘
	预紧力/kN	60		托盘规格/mm	300×300×14
	预紧力矩/N·m	300	顶板锚索钢带梁	梁类别	工字钢梁
煤柱帮锚杆托盘	托盘类型	高强球形托盘		梁型号	11#
	托盘规格/mm	150×150×10	煤柱帮锚索	锚索类型	1×7 钢绞线（让压）
煤柱帮网	菱形金属网	钢筋网		锚索直径/mm	21.8
帮锚杆钢带	W 钢带/mm	450×280×4.75		锚索长度/mm	8 300
钢棚	钢棚类型	工字钢		锚索排距/mm	1 800
	钢棚型号	11#		锚固力/kN	400
	钢棚排距/mm	1 000		预紧力/kN	140

7.2.3 支护思路及原则

针对塔山煤矿 3#～5# 煤层结构复杂、厚度大、煤层松软、煤体比较破碎的特点，采用耦合让均压支护系统进行支护，支护的关键因素主要包括以下几方面：

（1）表面控制：在煤层较为松软的条件下，巷道表面控制非常重要。根据现场观测5214 巷道支护情况，巷道顶板施工的连接锚索的 11# 工字钢梁大部分已弯曲变形，不能很好地将锚索组合成一体，本设计采用 JW 型强化钢带（U 型钢或槽钢）来代替现用的11# 工字钢。

（2）锚固力与安装载荷：锚杆（索）系统必须有足够的锚固力和支护系统匹配，安装载荷通过应力显示环来保证。

（3）合理的支护参数：锚杆长度、间排距和支护强度等。锚杆的长度对其支护效果有一定影响。锚杆越长，"组合梁"作用越明显，预应力施加的范围越大，由于预应力的存在，使每根锚杆周围均形成锥形体压缩区，随着锚杆的增长，这些锥形体压缩区也越宽，在锚杆间排距不变的情况下，这些锥形体压缩区彼此重叠连接，便在围岩中形成一个一定厚度的均匀的连续压缩带。如图 7-7 所示。

（4）辅助支护：组合锚索束作为辅助支护手段，是保证在动压（交峰）影响下巷道稳定的

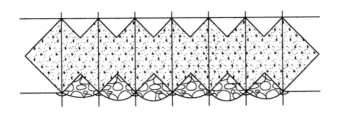

图 7-7 组合梁支护效果图

重要措施。

考虑到巷道动压(交峰)的影响,将巷道支护方案分为交峰前和交峰后段两类进行设计。

7.2.4 工业性试验方案

7.2.4.1 巷道断面几何参数

5216 巷道设计断面为矩形断面,净宽 5.3 m、净高 3.3 m,相应的净断面面积为 $5.3 \times 3.3 = 17.49$ m²。考虑到锚杆(索)外露厚度 100 mm 及底板 200 mm 铺设层厚度,则巷道毛断面宽 5.5 m、高 3.6 m,毛断面面积为 $5.5 \times 3.6 = 19.8$ m²。

7.2.4.2 交峰前段支护方案

(1)顶板支护

锚杆杆体为 $\phi 22$ mm 耦合让均压高强锚杆,长度 3 000 mm,锚杆间距为 1 000 mm,排距为 800 mm,每排 6 根锚杆;2 卷树脂药卷,1 卷 K2335、1 卷 Z2360,上部快速,下部中速;采用 W 形钢带(6 眼)护顶,钢带厚度 4 mm,宽 280 mm,长 5 300 mm;螺母采用 M24 型高强螺母;托盘采用高强球形托盘(150 mm×150 mm×10 mm)并配合使用高强调心球垫;为了控制巷道表面松散煤体的脱落,采用金属网进行护表,金属网为 8# 铅丝制作的菱形网,规格为 50 mm×50 mm。

顶板锚索为 $\phi 22$ mm、1×19 耦合让均压锚索,长 8 300 mm,每 2 排锚杆打 3 根锚索,排距 1 600 mm,间距 2 000 mm;端头锚固,3 卷树脂药卷,1 卷 K2335、2 卷 Z2360,上部快速,下、中部中速;采用专用 JW 锚索托梁作为每排锚索的组合构件,每根钢梁长 4 500 mm。顶板支护平面图如图 7-8 所示。

(2)巷帮支护

锚杆为 $\phi 22$ mm 耦合让均压高强锚杆,煤柱一侧锚杆长度 3 000 mm,工作面帮一侧为 2 000 mm,锚杆间排距为 800 mm×800 mm,每排 4 根锚杆;采用钢带托盘,规格为 450 mm×280 mm×4 mm。

腮角打一根 $\phi 22$ mm、1×19 耦合让均压锚索,长度 4 300 mm,与顶板成 45°夹角,排距 1 600 mm。

辅助(加强)支护:根据动压情况,辅助组合锚索(锚索墩)支护。

煤帮支护平面图如图 7-9 所示。

交锋前段巷道支护剖面图如图 7-10 所示,材料消耗表见表 7-6。

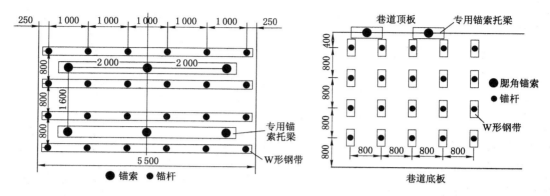

图 7-8　顶板支护平面图　　　　　　　　　　图 7-9　煤帮支护平面图

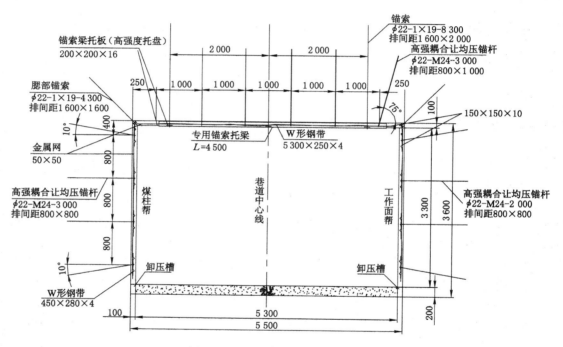

图 7-10　交峰前段巷道支护剖面图

表 7-6　　　　　　　　　　交峰前巷道支护材料消耗表

序号	材料名称	规格尺寸	配置	100 m 材料消耗量	备注
1	顶板锚杆	$\phi22$ mm×3 000 mm	M24 型高强螺母,高强球形垫圈,150 mm×150 mm×10 mm 高强球形托盘	125×6＝750 套	耦合让均压高强锚杆
2	煤柱帮锚杆	$\phi22$ mm×3 000 mm	M24 型高强螺母,高强球形垫圈,150 mm×150 mm×10 mm 高强球形托盘	125×4＝500 套	耦合让均压高强锚杆

序号	材料名称	规格尺寸	配置	100 m 材料消耗量	备注
3	工作面帮锚杆	φ22 mm×2 000 mm	M24 型高强螺母,高强球形垫圈,150 mm×150 mm×10 mm 高强球形托盘	125×4＝500 套	耦合让均压高强锚杆
4	顶板 W 形钢带	5 300 mm×280 mm×4 mm	孔间距 1 000 mm	125×1＝125 条	6 眼
5	帮部 W 形钢带	450 mm×280 mm×4 mm	单孔	125×8＝1 000 条	
6	顶、帮锚杆锚固剂	K2335、Z2360		各 125×14＝1 750 只	上快速、下中速
7	顶板锚索	φ22 mm×8 300 mm	索具,高强球形垫圈,200 mm×200 mm×16 mm 高强锚索托盘	63×3＝189 套	耦合让均压锚索
8	帮锚索	φ22 mm×4 300 mm	索具,高强球形垫圈,200 mm×200 mm×16 mm 高强锚索托盘	63×2＝126 套	与顶板成 45°夹角
9	专用 JW 锚索托梁	长 4 500 mm	孔间距 2 000 mm	63×1＝63 条	3 眼
10	顶板专用锚索托梁	长 800 mm	单孔	63×2＝126 条	
11	顶、帮锚索锚固剂	K2335、Z2360	单根锚索消耗 1 卷 K2335,2 卷 Z2360	63×2＝126 卷 K2335,63×2×2＝252 卷 Z2360	上部快速,下、中部中速
12	金属网	50 mm×50 mm		约 1 300 m²	顶、帮为一整张网

7.2.4.3　交峰后段支护方案

顶板锚杆采用 φ22 mm 耦合让均压高强锚杆,长度 2 500 mm,锚杆其他参数及锚索参数同交峰前段,巷帮参数同交峰前段。交峰后段巷道支护剖面图如图 7-11 所示。

7.2.4.4　特殊地段巷道支护方案

由于煤矿地质条件复杂,在巷道掘进过程中不可避免会遇到各种各样的地质构造,如断层、向背斜等,这些地段往往是事故的多发地段。因此,必须对这些地段采取针对性的加强支护措施,确保巷道安全。

(1)断层破碎带

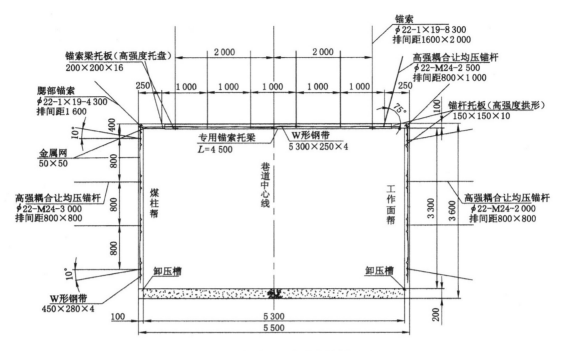

图 7-11　交峰后段巷道支护剖面图

5216 巷道掘进前方预计将揭露 24 条正断层,为了防止事故发生,在这些地段需要加强支护措施。

若断层落差较小、破碎范围较小,采用缩小锚杆、锚索间排距即可通过;若断层落差较大、破碎带范围较大,可采用在顶板补打锚索墩的方式进行巷道加固。根据现有研究成果,锚索可以深入到围岩弹塑性区以充分调动深部围岩强度,使主承载区加宽、内移,承载范围更大,提高主承载区的承载能力。

（2）褶曲构造轴部

褶曲构造是煤矿生产中经常遇到的地质构造,褶曲构造主要是轴部的应力集中或煤岩层破碎对巷道支护造成一定的影响。在这些地段,一般采用缩小锚杆、锚索间排距即可通过。

（3）联络巷穿煤层巷道

根据顶部硅化煤的可锚性及顶板窥视情况,采用长短锚索相结合的方法通过。具体锚索长度根据现场具体条件确定。

7.3　冲击倾向巷道支护工业性试验

7.3.1　工程概况

8939 工作面相对位置为原南郊区云岗镇刘官庄村与荣华皂村保护煤柱内（现已搬迁）,煤层埋藏深度 300～340 m,工作面标高 956～996 m。工作面位于 903 盘区西部,东邻矿界及 8941 工作面(本区第七工作面,未掘),南接 903 轨道、皮带及回风大巷,西为 8937 工作面(回采),北部为矿界保护煤柱,西北部之上 140 m 为原总公司刘官庄矿 3# 采空区。工作面整体位于忻州窑向斜西翼,工作面中部低、两边高,大致呈一小向斜构造。工作面走向长 1 334 m,倾向长 94.5 m,煤层最小 7.7 m,最大 9.8 m,平均煤厚 8.31 m,煤层结构为简单结构,为低灰、低硫、高发热量优质动力煤,煤层 $f=4.5$。局部含有两层灰白色细砂岩夹矸,但不连续,厚 0.14~0.25 m,夹矸 $f=10.7$。

结合综合钻孔柱状图(图 7-12),该工作面煤层直接顶普氏硬度 $f=8.8$,直接底 $f=11.6$。

层厚/m $\left(\dfrac{最小~最大}{平均}\right)$	柱状	岩性描述
$\dfrac{0.20~0.60}{0.4}$		10# 层煤暗淡型
$\dfrac{3.15~3.70}{3.43}$		灰色细、粉砂岩,成分石英长石为主,含少量的云母,有植物碎屑化石
$\dfrac{6.45~16.75}{11.60}$		浅灰色细砂岩,成分石英长石为主,含少量的云母及深灰色粉砂岩,有植物碎屑化石
$\dfrac{3.50~4.70}{4.10}$		灰白色粗砂岩~灰白色细砂岩,成分主要为石英,次为长石,局部夹粉砂薄层
$\dfrac{14.02~17.51}{15.77}$		灰白色中砂岩~灰白色细砂岩,成分石英、长石为主,含少量的云母,暗色矿物及煤层,水平层理泥质及 FeS_2 结核,分选较差,次棱角状,空隙式钙质胶结
$\dfrac{2.1~3.26}{2.68}$		灰色粉、细砂岩,成分石英、长石为主,含少量的云母暗色矿物,水平层理,泥质胶结,较坚硬,底部渐变为粉砂岩
$\dfrac{7.7~9.8}{8.31}$		11#~12# 煤层,煤层为简单结构,根据 49382 号钻孔局部含有两层灰白色细砂岩夹石但不延续,厚 0.14~0.25 m
$\dfrac{1.68~5.02}{3.35}$		灰色及灰白色粉~细砂岩,水平层理,节理构造,含少量云母及暗色矿物泥质胶结,较坚实

图 7-12 综合钻孔柱状图

8939 工作面为综放工作面,共布置 4 条巷道,其中 2 条巷道沿煤层底板掘进,为工作面进风运输巷和回风运料巷;2 条巷道沿煤层顶板掘进,其中 1 条巷道为中间巷,1 条为顶回风巷。

5937 回风巷自 901 集中轨道巷开口沿顶板掘进 15 m 后，掘回风绕道，然后以 $-8°$ 坡向下掘进，见煤层底板后沿底板掘进，5939 回风巷正巷与西侧 8937 工作面 2937 运输巷预留 20 m 宽度煤柱，平行 2937 巷沿底板掘进，东侧与 8939 顶回风巷平行，预留 6 m 煤柱，正巷全长 1 417 m。截至 2014 年 1 月 1 日，8937 工作面回采至 80 通尺点，工作面机采高度 2.8～3.4 m，循环进度 0.55 m，每日完成 2 个大循环，月回采进尺 33 m 左右。

5939 巷预计 2014 年 3 月中旬开始掘进，5 月中旬与相邻 8937 采煤工作面采掘交峰，且在 8939 工作面回采期间将二次承受采动影响，因此发生冲击地压可能性较高，支护难度大。

为从根本上解决忻州窑矿 11# 煤层冲击倾向巷道支护难题，实现矿井的安全生产和高产、高效，在对现有的地质和采矿条件进行充分研究的基础上，提出适合其特点的巷道支护理念，提出合理的巷道支护工艺和支护参数，并在 5939 巷进行现场支护试验，以探索一条解决此支护难题的巷道支护新技术和新工艺，实现巷道在回采动压影响下安全服务的目标，使该技术对类似条件巷道支护和施工具有较好的示范推广意义。

7.3.2 支护专家系统方案设计

首先将 5939 巷基本工程地质信息录入系统，计算得到基本参数如图 7-13 所示。

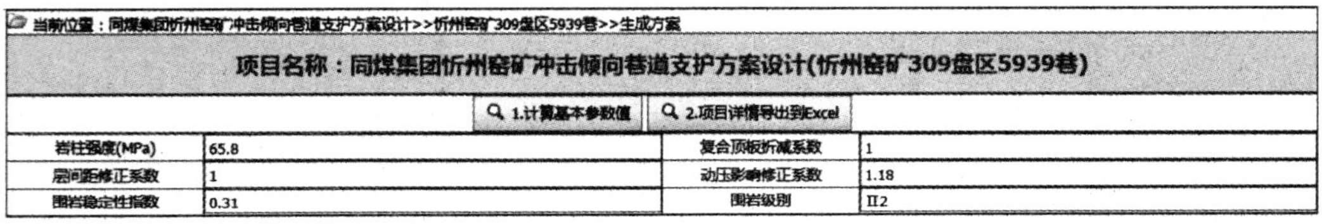
当前位置：同煤集团忻州窑矿冲击倾向巷道支护方案设计>>忻州窑矿309盘区5939巷>>生成方案

项目名称：同煤集团忻州窑矿冲击倾向巷道支护方案设计(忻州窑矿309盘区5939巷)

1.计算基本参数值　2.项目详情导出到Excel

岩柱强度(MPa)	65.8	复合顶板折减系数	1
层间距修正系数	1	动压影响修正系数	1.18
围岩稳定性指数	0.31	围岩级别	II2

图 7-13　5939 巷支护设计基本参数及围岩级别

冲击型巷道 Ⅱ_2 级围岩对应的支护方案及参数见表 7-7。

表 7-7　冲击型巷道 Ⅱ_2 级围岩条件下巷道支护建议表

参数类型	参数名称	参数值	参数类型	参数名称	参数值
顶板锚杆	锚杆类型	高强让压锚杆	工作面帮锚杆	锚杆类型	高强让压锚杆
	屈服强度/MPa	400		屈服强度/MPa	400
	锚杆长度/mm	2 200		锚杆长度/mm	2 200
	锚杆直径/mm	20		锚杆直径/mm	20
	锚杆间距/mm	900		锚杆间距/mm	900
	锚杆排距/mm	1 000		锚杆排距/mm	1 000
	锚固力/kN	130		锚固力/kN	130
	预紧力/kN	40		预紧力/kN	40
	预紧力矩/N·m	150		预紧力矩/N·m	150
顶板锚杆托盘	托盘类型	高强球形托盘	工作面帮锚杆托盘	托盘类型	高强球形托盘
	托盘规格/mm	150×150×8		托盘规格/mm	150×150×8
顶板网	菱形金属网	8# 铁丝编制	工作面帮网	菱形金属网	8# 铁丝编制

参数类型	参数名称	参数值	参数类型	参数名称	参数值
顶锚杆钢带	W 钢带/mm	长度×275×2.75		锚索类型	1×7 钢绞线（让压）
煤柱帮锚杆	锚杆类型	高强防冲让压锚杆		锚索直径/mm	17.8
	屈服强度/MPa	400		锚索长度/mm	7 300
	锚杆长度/mm	2 200	顶锚索	锚索排距/mm	3 000
	锚杆直径/mm	20		锚固力/kN	270
	锚杆间距/mm	900		预紧力/kN	100
	锚杆排距/mm	1 000		屈服强度/MPa	1 860
	锚固力/kN	130	锚索托盘	托盘类型	高强球形托盘
	预紧力/kN	40		托盘规格/mm	300×300×10
	预紧力矩/N·m	150	顶板锚索钢带梁	梁类别	W 钢带
煤柱帮锚杆托盘	托盘类型	高强球形托盘		梁型号/mm	长度×300×3.75
	托盘规格/mm	150×150×8		锚索排距/mm	3 000
煤柱帮网	菱形金属网	8# 铁丝编制	煤柱帮锚索	锚固力/kN	270
帮锚杆钢带	W 钢带/mm	400×275×2.75		预紧力/kN	100
煤柱帮锚索	锚索类型	1×7 钢绞线（让压）		卸压孔直径/mm	130
	锚索直径/mm	17.8	帮卸压孔	卸压孔深度/mm	10 000
	锚索长度/mm	7 300		卸压孔排距/mm	0.5

7.3.3 支护思路及原则

5939 巷为 4.0 m×3.35 m 矩形断面，位于冲击地压频发的 903 区，在掘进过程中将与 8937 采煤工作面采掘交峰，并在 8939 工作面回采期间承受二次采动压力影响，发生冲击地压几率较高，为典型冲击倾向巷道。

7.3.3.1 防冲控制理念

对于冲击倾向巷道的防冲控制主要分三方面进行：

（1）消：主动措施，即通过技术措施，快速释放煤岩体内弹性能，以便煤柱帮或工作面帮在超前压力作用下不会形成高能量（微震事件）集中区，使冲击地压不具备发生条件；或尽量减小冲击地压发生的强度。如卸压、煤层弱化等措施。

（2）防：采用合理支护结构，在强度较小的冲击地压发生时，遵循其演化规律，在允许两帮释放能量的同时达到一定的支护强度，减小两帮移近量，控制底鼓，保证巷道在使用期间的安全。

（3）治：被动措施，即冲击地压发生破坏后对巷道的返修治理等技术（"亡羊补牢"，不在本研究考虑范围内）。

本设计的目的是在消、防措施的协同作用下，解决冲击地压对顺槽的危害，避免发生大的生产安全问题，保证顺槽的使用安全。

7.3.3.2 消-钻孔卸压法

根据之前的调查，两硬条件下冲击地压发生的关键点为两帮，结合矿方的生产熟练程度和施工水平,本设计方案中仍采用钻孔卸压技术。

钻孔卸压是在有冲击危险区域打一定数量的钻孔,降低此区域的应力集中程度或改变此区域的煤体力学特性,使可能发生的煤体不稳定破坏过程变为稳定破坏过程,起到消除或减缓冲击地压危险的作用。此法基于钻屑法施工钻孔时产生的钻孔冲击现象,由于煤体积聚的能量愈多,钻孔愈接近高应力带,钻孔冲击频度愈高,强度愈大。尽管钻孔直径不大,但钻孔冲击时的煤粉量显著增多。因此每一钻孔周围都形成一定的破碎区,这些破碎区连在一起在煤层中形成一条破碎带。这种破碎带的形成可以从两个方面消除煤层的冲击危险性。一方面钻孔起到了卸压作用,破碎带降低了煤层的应力集中度、释放能量,消除冲击危险;另一方面钻孔改变煤层的受力破坏过程,破碎带的形成改变了煤层的受力性质,避免了煤层破坏时抗压强度的急剧降低,消除了煤层失稳破坏的条件,从而降低了冲击地压发生的可能性。

钻孔卸压技术在防治冲击地压中有两点必须关注:

(1)卸压孔直径不能太小,根据格里菲斯准则,太小的直径可能在"应力降低→扩容→压密→应力升高"成为深部高应力区扩容新的自由面,非但不能达到卸压的作用,还可能会凝聚为新的能量集中区,诱发冲击地压,而钻孔直径大则面临钻进难度增加的问题。

(2)煤具有较高的硬度,并与顶底板形成相对软硬结构是发生冲击地压的一个必要条件,冲击地压的发生与浅部煤柱结构的刚度相关,并且主要是冲剪破坏,较浅的卸压孔可能降低浅部围岩的整体刚度,为深部的能量集中区能量释放提供了冲剪路径,因此卸压孔必须有一定的深度,至少要达能量(应力)集中区内部。

因此,从卸压、保持浅部煤帮刚度、形成宏观破碎卸压带的角度出发,卸压孔的设计需要考虑卸压孔的直径、孔间距、位置、密度和经济性(钻孔工作量和钻孔难度)等因素。

通过数值模拟 3 m、5 m、8 m 不同深度卸压孔,得出钻深越大卸载效果越明显的结论,并在某巷道试验钻孔直径 130 mm、孔深 7.5 m,布置在距煤层底板 1.6 m 高度位置的参数组合,有力控制了该巷道冲击地压的发生。

7.3.3.3　防-整体高位耦合防冲让均压支护系统

巷道冲击地压因其发生的瞬间性、突然性和巨大破坏作用,使普通支护形式不堪一击,巷道的破坏机理和破坏特点也与通常静载状态下的巷道破坏不尽相同。冲击地压破坏巷道的特点是巷道围岩在强大冲击载荷作用下瞬间部分或全部失效,围岩快速挤向自由空间,发生的是一种高能量、强冲击、短历时的突变性破坏,这个瞬间的灾变过程中,支护构件连同巷道周边围岩整体挤向巷道自由空间。可以说,冲击地压过程中伴随着高能量的释放、巷道围岩产生一定的变形以及支护构件的屈服收缩,这就要求支护系统不仅要像普通巷道支护一样提供一定程度的静态抗力,同时还要具有适当的屈服和让压特性,吸收煤岩体突然破坏过程中释放的动能量,即支护系统同时具备高支护强度、适当的刚度和一定的柔度。

我们根据对冲击地压发生机理及过程的研究,结合新型材料及在其他矿区试验巷道的成功经验,拟提出针对忻州窑两硬条件冲击倾向巷道的整体耦合让均压防冲支护系统。该系统包含两层内涵。

(1)耦合

支护系统的耦合包括支护系统与围岩的耦合、支护系统中各构件的耦合。

支护系统与围岩的耦合：主要指支护系统整体强度、刚度、形变释能能力与围岩（煤帮）冲击变形潜力之间的耦合。

支护系统中各构件的耦合：主要指系统中各支护构件强度、刚度、延伸率等参数之间的相互匹配和协调，使系统构件在荷载作用下能够协调变形，共同承受矿压冲击。

（2）让压

冲击倾向巷道，为调动其自承能力，应当使支护结构充分发挥吸收和转移能量的功能，保证巷道两帮能量得到合理释放，同时煤帮包括一部分不可控制的变形，支护系统必须具有让压变形功能以释放此部分的变形，减少支护体的破坏。

目前实现锚杆让压功能的途径有两种：一种是把杆体本身做成可变形结构，但由于造价偏高、变形参数研究成果不成熟、施工难度大，应用不广泛，如恒阻大变形锚杆；另一种是保持杆体本身不变，利用让压环进行让压，其中高强让压锚杆在许多煤矿得到应用，取得了较好的技术及经济效果。

7.3.3.4 "先控后让再抗"的整体高位耦合防冲让均压支护理念

基本理念：煤岩体与支护结构形成统一耗能防冲结构。

首先，支护系统保证初期支护刚度与强度，有效控制两帮煤岩体非连续变形，保持煤岩体的整体性，提高两帮煤岩体自承能力；其次，支护系统具有定量让压性能，能够进行合理有效的让压，允许两帮有较大的连续变形，使巷道两帮能量通过支护系统得到转移和释放，保证支护系统完整性的同时提高围岩自承能力；再次，适度让压后支护系统仍能提供高的支护阻力，最终使两煤帮及顶板趋于稳定。

7.3.3.5 整体高位耦合防冲让均压支护系统组成

整体高位耦合防冲让均压支护系统由让均压锚杆及其附件、鸟窝锚索及其附件、W形钢带、菱形金属网组成。

（1）让均压锚杆

执行标准：MT/T 146.2—2011《树脂锚杆 第2部分：金属杆体及其附件》。

杆体材料：HB500高强左旋螺纹钢，屈服荷载大于160 kN，抗拉荷载大于210 kN。锚杆配件：阻尼螺母、三明治垫片（2个铁垫圈和1个蓝色塑料垫圈）、让压管和高强托盘。

让均压锚杆装配图及工作曲线如图7-14和图7-15所示。

图7-14 让均压锚杆装配图

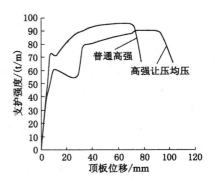

图7-15 让均压锚杆试验曲线

（2）鸟窝锚索

锚索类型为鸟窝耦合让均压锚索,配件包括:索具、锚索让压管、半圆球形垫圈、高强托盘和锚索索体(含加强管和索头保护套),如图 7-16 所示。

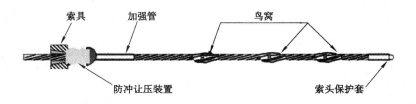

图 7-16　鸟窝让均压锚索装配图

鸟窝的作用:

① 对中,鸟窝的大小设计制造成比钻孔小 2 mm,这样可以保证锚索在孔中对中,使得树脂在锚索周围均匀分布,从而用较少的树脂取得最大的拉拔力;

② 更好地搅拌树脂,鸟窝可以起到均匀搅拌树脂的作用,从而增加锚索的拉拔力;

③ 树脂-锚索有机结合,鸟窝是中空的,在树脂搅拌过程中,树脂充满鸟窝,可以使树脂和锚索成为一体,从而进一步增加锚索的拉拔强度。

（3）W 形钢带

顶板锚杆钢带型号为 3 600 mm×2.75 mm×275 mm,两帮锚杆钢带型号为 500 mm×2.75 mm×275 mm。

顶板锚索钢带型号为 1 900 mm×3.75 mm×300 mm,两帮锚索钢带型号为 500 mm×3.75 mm×300 mm。

（4）菱形金属网

菱形金属网由 8# 铁丝扎制而成,网孔为 40 mm×40 mm,强度性能基本未受损失,铺平张紧后不仅对巷道煤帮具有很高的护表支承作用,且在冲击荷载袭击时,其良好的弹性张拉性能可随围岩鼓出而"顺势"位移,起到一定的让压缓冲和网兜吸能作用,同时全封闭的护表金属网还有防止煤块弹射崩落的作用,避免因煤岩块弹射而伤人的事故发生。

7.3.3.6　整体高位耦合防冲让均压支护系统实施要点

（1）合理选择锚杆(索)的长度和强度,在保证安装应力的前提下,合理的长度及强度可以控制围岩塑性变形、减小围岩松动圈。

（2）锚杆的变形性能应保证支护体受力均匀,使支护系统能够适应冲击条件下两帮煤体的破坏。

（3）合理的间排距,保证锚杆及锚索形成协同作用,形成整体性强、刚度大的支承结构。

（4）保证支护体各部件的配套,锚杆配套的托盘、螺母、垫圈、锚固剂及杆体丝扣强度满足杆体的强度要求。

（5）加强施工质量和矿压监测。

7.3.4 工业性试验方案

7.3.4.1 卸压孔参数

卸压孔设计参数:孔径 130 mm;孔深 10 m;孔间距 0.5 m。两帮各设单排卸压孔,安装位置距底板 1.7 m,卸压孔单孔垂直煤帮。

7.3.4.2 锚杆支护系统参数

锚杆参数包括:锚杆长度、锚杆安装载荷、锚杆布置、锚杆直径和强度、锚杆延伸性能、托盘尺寸及强度、锚固剂等。

① 杆体直径和强度:选用直径为 18 mm 的高强(HB500)蛇形锚杆作为锚杆的杆体,其屈服强度大于 120 kN,抗拉强度大于 160 kN。

② 其他配件及让压要求:阻尼螺母、三明治垫片(2 个铁垫圈和 1 个蓝色塑料垫圈)以及让压管。锚杆使用让压点 90~120 kN、让压距离为 35 mm 的让压管(双泡)。

③ 锚杆长度:结合类似条件下的巷道支护经验、钻孔摄像、理论分析结果及现场施工条件,锚杆长度选择为 2.2 m。

④ 间排距:锚杆间排距为 850 mm×1 000 mm。

⑤ 安装载荷:顶板锚杆的安装载荷为 60 kN。

⑥ 锚固长度和锚固力:每套锚杆采用 1 卷 K2335 和 1 卷 Z2335 树脂药卷,锚固力大于 160 kN,日常监测锚杆的锚固力不小于 120 kN。

⑦ 托盘尺寸和强度:为适应锚杆强度需要及提高护表面积,同时为提高锚杆的施工效率,锚杆采用 150 mm×150 mm×8 mm 的高强球形托盘与 W 钢带(3 600 mm×275 mm×2.75 mm)联合支护,托盘强度大于 160 kN。帮锚杆使用的 W 钢带规格为 500 mm×275 mm×2.75 mm。

⑧ 表面控制:为了控制松散岩块的脱落,采用金属网与 W 钢带联合支护作为表面控制的方式。菱形金属网由 8# 铁丝扎制而成,网孔为 40 mm×40 mm,全断面敷设(除底板),网必须铺平、铺展,紧贴顶帮,搭接长度 200 mm,连网要孔孔相连,丝丝双扣,绑扎牢固,绑死扭结不少于 3 圈,巷道顶角处帮网、顶网不得搭接,必须铺设整体网。

7.3.4.3 锚索支护参数

① 锚索类型:采用 φ17.8 mm 鸟窝耦合让均压锚索作为辅助支护。

② 让压管:锚索使用让压点 210~250 kN、让压距离为 35 mm 的让压管(双泡)。

③ 锚索长度:顶板为 7 300 mm,煤柱帮为 12 000 mm。

④ 间排距:顶板每断面各布置 2 根锚索,间距 1 300 mm,煤柱帮每断面布置 2 根锚索,顶帮排距均为 2 000 mm。

⑤ 安装载荷:预紧力 100~120 kN。

⑥ 锚固剂:顶板每套锚索采用 1 卷 CK2350 和 2 卷 K2350 树脂药卷,煤柱帮每套锚索采用 1 卷 CK2350+3 卷 K2350 的树脂药卷。

⑦ 托盘及钢带:顶板锚索托盘为 300 mm×300 mm×10 mm 的高强球形托盘与 W 形钢带(1 900 mm×300 mm×3.75 mm),孔间距 1 300 mm,煤柱帮锚索采用 300 mm×300 mm×10 mm 的高强球形托盘与 W 形钢带(500 mm×300 mm×3.75 mm),排距 2 000 mm。

5939 巷道整体防冲支护结构如图 7-17 所示。

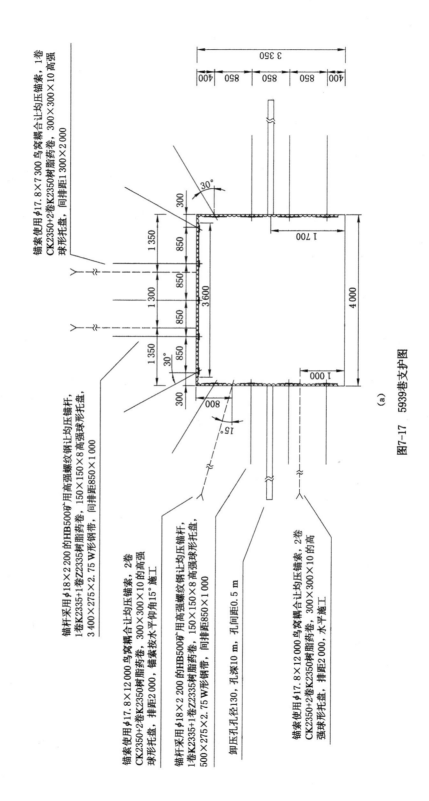

锚索使用 ϕ17.8×7 300 鸟窝耦合让均压锚索，1卷 CK2350+2卷K2350树脂药卷，300×300×10 高强 球形托盘，间排距1 300×2 000

锚杆采用 ϕ18×2 200 的HB500矿用高强螺纹钢让均压锚杆，1卷K2335+1卷Z2335树脂药卷，150×150×8 高强球形托盘，3 400×275×2. 75 W形钢带，同排距850×1 000

锚索使用 ϕ17.8×12 000 鸟窝耦合让均压锚索，2卷 CK2350+2卷K2350树脂药卷，300×300×10 的高强 球形托盘，排距2 000，锚索按水平仰角15°施工

锚杆采用 ϕ18×2 200 的HB500矿用高强螺纹钢让均压锚杆，1卷K2335+1卷Z2335树脂药卷，150×150×8 高强球形托盘，500×275×2. 75 W形钢带，同排距850×1 000

卸压孔孔径130，孔深10 m，孔间距0. 5 m

锚索使用 ϕ17.8×12 000 鸟窝耦合让均压锚索，2卷 CK2350+2卷K2350树脂药卷，300×300×10 的高 强球形托盘，排距2 000，水平施工

(a)

图7-17　5939巷支护图

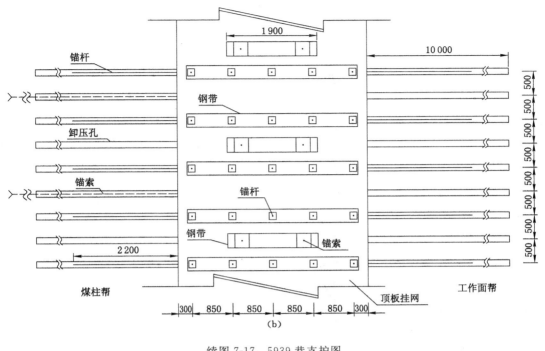

续图 7-17　5939 巷支护图

（a）支护剖面图；（b）俯视图

7.4　过煤柱巷道支护工业性试验

7.4.1　工程概况

忻州窑矿位于大同组侏罗系煤田北东部边缘，北邻云岗井田和晋华宫井田，东邻大同市城区地方煤矿及古窑采空区，南部和西部与煤峪口井田搭界，东西长 5.7 km，南北宽 6.08 km，井田面积 18.105 2 km²。主采侏罗系 11# 煤层和 14-3# 煤层。

14-3# 煤层 8704 工作面煤层厚度最大 7.73 m，最小 1.2 m，平均 3.8 m，煤层结构相对复杂，局部含有一层 0.4 m 左右的夹石。工作面中部低两边高，大致呈一向斜构造，煤层倾角 2°～6°，平均 3°，综合钻孔柱状图如图 7-18 所示。其中 5704 巷存在与相邻工作面采掘交峰及过煤柱的问题，在与相邻 8706 工作面交峰期间，5704 巷局部有炸帮现象，并伴随有煤炮声，帮部锚杆托盘与煤壁接触困难，锚杆支护能力大大降低。同时该巷上部 11～16 m 分布 14-2# 煤层 6 个工作面的 6 个采空区煤柱，局部压力较大，围岩变形严重。回采期间，当工作面推到过上方采空区煤柱时，煤壁炸帮严重，支架压力大，两巷超前段顶板破碎，局部伪顶掉落，巷道维护困难。

根据矿方提供的 5704 巷围岩支护结构及支护参数可知，在支护参数选取时并没有考虑上方采空区煤柱对巷道围岩稳定性产生的负面影响而进行支护补强设计，从而导致过煤柱段围岩变形破坏严重，尤其可能导致该巷道在工作面回采过程中不能满足正常工作的要求。因此，研究过煤柱巷道的围岩支护设计并提出合理的优化方案对维护巷道围岩稳定性和安

层厚/m $\left(\dfrac{最小\sim最大}{平均}\right)$	柱状	岩性	岩性描述
$\dfrac{2.02\sim2.75}{2.38}$		煤	14-2#煤,已采空
$\dfrac{10.26\sim10.52}{10.39}$		砂质页岩～细中粒砂岩	黑色砂质页岩～灰白色、细中粒砂岩互层,含炭质物Fe₂S结核
$\dfrac{1.3\sim1.45}{1.38}$		砂岩、泥岩	中粒砂岩及砂质泥岩
$\dfrac{0.2\sim0.5}{0.35}$		砂质页岩	易垮落
$\dfrac{1.2\sim7.73}{3.8}$		煤	14-3#煤,
$\dfrac{0.12\sim0.45}{0.28}$		砂质页岩	灰黑色砂质页岩
$\dfrac{1.3\sim2.0}{1.65}$		砂岩	粗粒砂岩

图 7-18 5704 巷综合钻孔柱状图

全生产具有重要意义。

7.4.1.1 支护专家系统方案设计

首先将 5704 巷基本工程地质信息录入系统,计算得到基本参数如图 7-19 所示。

当前位置:同煤集团忻州窑矿冲击倾向巷道支护方案设计>>忻州窑矿309盘区5704巷>>生成方案

项目名称:同煤集团忻州窑矿冲击倾向巷道支护方案设计(忻州窑矿309盘区5704巷)

Q 1.计算基本参数值   Q 2.项目详情导出到Excel

岩柱强度(MPa)	65.8	复合顶板折减系数	1
层间距修正系数	1	动压影响修正系数	1.18
围岩稳定性指数	0.31	围岩级别	II₂

图 7-19 5704 巷支护设计基本参数及围岩级别

过煤柱巷道 II_2 级围岩对应的支护方案及参数见表 7-8。

7.4.2 支护思路及原则

从 5704 巷过煤柱段及远离煤柱影响范围段两个断面围岩松动圈测试结果可知:① 同一测试断面下煤柱帮松动圈厚度大于工作面帮松动圈厚度,尤其是过煤柱段测试断面;② 过煤柱段巷道围岩松动圈厚度远大于普通段巷道围岩松动圈厚度;③ 巷道围岩顶板相对完整,松动圈厚度较小。因此,对该测试巷道进行支护设计时,应首先考虑上覆煤柱的影响,对煤柱影响范围内外的巷道围岩分开进行支护设计;同时应对工作面帮及煤柱帮两帮的护帮支护结构进行分别设计。

表 7-8　　　　　　　　过煤柱巷道Ⅱ₂级围岩条件下巷道支护建议表

参数类型	参数名称	参数值	参数类型	参数名称	参数值
顶板锚杆	锚杆类型	左旋无纵筋螺纹钢	工作面帮锚杆	锚杆类型	左旋无纵筋螺纹钢
	锚杆长度/mm	2 200		屈服强度/MPa	400
	屈服强度/MPa	400		锚杆长度/mm	2 200
	锚杆直径/mm	20		锚杆直径/mm	20
	锚杆间距/mm	900		锚杆间距/mm	900
	锚杆排距/mm	1 000		锚杆排距/mm	1 000
	锚固力/kN	130		锚固力/kN	130
	预紧力/kN	40		预紧力/kN	40
	预紧力矩/N·m	150		预紧力矩/N·m	150
顶板锚杆托盘	托盘类型	高强球形托盘	工作面帮锚杆托盘	托盘类型	高强球形托盘
	托盘规格/mm	150×150×8		托盘规格/mm	150×150×8
顶板网	塑料网	阻燃塑料网	工作面帮网	菱形金属网	8#铁丝编制
顶锚杆钢带	W 钢带/mm	长度×275×2.75	顶锚索	锚索类型	1×7 钢绞线
煤柱帮锚杆	锚杆类型	左旋无纵筋螺纹钢		锚索直径/mm	17.8
	屈服强度/MPa	400		锚索长度/mm	7 300
	锚杆长度/mm	2 200		锚索排距/mm	3 000
	锚杆直径/mm	20		锚固力/kN	270
	锚杆间距/mm	900		预紧力/kN	100
	锚杆排距/mm	1 000	锚索托盘	托盘类型	高强球形托盘
	锚固力/kN	130		托盘规格/mm	300×300×10
	预紧力/kN	40	顶板锚索钢带梁	梁类别	W 钢带
	预紧力矩/N·m	150		梁型号/mm	长度×300×3.75
煤柱帮锚杆托盘	托盘类型	高强球形托盘	煤柱帮网	菱形金属网	8#铁丝编制
	托盘规格/mm	150×150×8	帮锚杆钢带	W 钢带/mm	400×275×2.75

　　巷道围岩原位强度测试结果同样表明,上部采空区煤柱对下部巷道实体煤帮影响较小,对煤柱帮影响较大。因此,在进行支护设计时应对上部采空区煤柱下方巷道煤柱帮予以重视。

7.4.3　工业性试验方案

7.4.3.1　支护参数优化

　　根据 8704 工作面的工程地质资料,通过现场的松动圈测试、原位强度测试以及锚杆(索)轴力测试,并结合理论分析可知,在 5704 过煤柱巷道围岩支护设计时,应该分别考虑煤柱影响范围内顶板、煤柱影响范围外顶板、煤柱影响范围内两帮以及煤柱影响范围外两帮的支护参数选取。因此,在远离煤柱影响范围支护方案优化设计时,顶板锚杆由原来 $\phi20$ mm×1 850 mm 优化为 $\phi18$ mm×1 800 mm 的高强蛇形锚杆,顶板锚索长度由原支护 7 300 mm 优化到 5 300 mm,同时去除顶板钢带;帮部设计同样由原来 $\phi20$ mm×1 850 mm

优化为 ϕ18 mm×1 800 mm 的高强蛇形锚杆,间排距不变。煤柱影响范围内巷道围岩支护设计顶板锚杆为 ϕ18 mm×2 000 mm 的高强蛇形锚杆,托盘型号为 150 mm×150 mm×8 mm,顶板钢带及顶板锚索保持原支护方式不变;两帮采用锚杆+菱形网联合支护,工作面帮锚杆采用 ϕ18 mm×2 000 mm 的高强蛇形锚杆,煤柱帮锚杆采用 ϕ18 mm×2 400 mm 的高强蛇形锚杆,两帮采用钢带托盘,型号为 450 mm×280 mm×3.75 mm。

7.4.3.2　煤柱影响范围外巷道支护方案

煤柱影响范围外巷道支护方案及支护参数设计如图 7-20 所示。

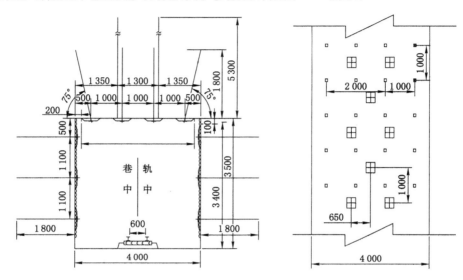

图 7-20　煤柱影响范围外巷道围岩支护设计

具体支护参数如下:巷道顶板采用锚杆、锚索联合支护。其中锚杆型号为 MSGLW-500/18×1800 高强蛇形锚杆,间排距为 1 000 mm×1 000 mm,托盘尺寸为 150 mm×150 mm×8 mm,锚固剂采用 1 卷 MSZ2360;锚索型号为 SKL17.8-7/5300,锚固剂为 1 卷 MSK2335+1 卷 MSZ2360,锚索采用五花布置,间排距为 1 300 mm×1 000 mm。巷道帮部支护设计采用锚杆+金属网联合支护,其中锚杆型号为 MSGM-500/18×1800 高强蛇形锚杆,锚固剂采用 1 卷 MSZ2350,间排距为 1 100 mm×1 000 mm。

7.4.3.3　煤柱影响范围内巷道支护方案

煤柱影响范围内巷道支护方案设计如图 7-21 所示。

具体支护参数如下:顶板采用锚杆+锚索+钢带联合支护。其中顶板锚杆型号为 MS-GLW-500/18×2000 高强蛇形锚杆,间排距为 1 000 mm×1 000 mm,锚固剂采用 1 卷 MSZ2360;顶板锚索及钢带与原支护相同,锚索型号为 SKL17.8-7/7000,锚固剂为 1 卷 MSK2335+1 卷 MSZ2360,间排距为 1 300 mm×1 000 mm。两帮护帮支护采用锚杆+菱形网联合支护,工作面帮锚杆采用 MSGLW-500/18×2000 高强蛇形锚杆,间排距为 1 100 mm×1 000 mm,煤柱帮锚杆采用 MSGLW-500/18×2400 高强蛇形锚杆,间排距为 1 100 mm×1 000 mm,两帮采用钢带托盘,型号为 450 mm×280 mm×3.75 mm,锚固剂采用 1 卷 MSK2335×1+MSZ2350。

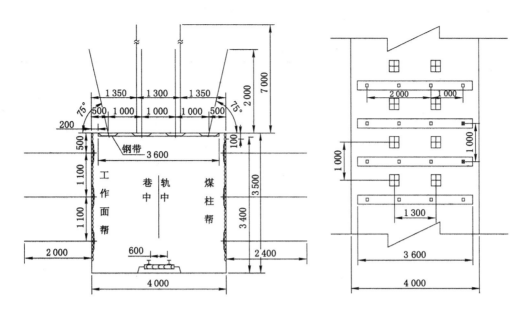

图 7-21　煤柱影响范围内巷道围岩支护设计

7.5　普通回采巷道支护优化工业性试验

7.5.1　工程概况

同煤集团四台矿 81220 工作面位于 12-1# 煤层 412 盘区,西起 412 盘区大巷,东部为 11# 煤层 410 盘区采空区,南部为 412 盘区的 81218 工作面,北部未开采,井下标高为 1 046~1 059.8 m,地面标高为 1 215~1 392.1 m,埋深约 250 m,工作面总长 1 726 m。煤层倾角总体变化不大,但局部煤层倾角变化较大,最大煤层倾角为 9°,煤层平均倾角为 3°。煤层与上覆 8# 煤层层间距最大 62 m,最小 52 m,平均间距为 56 m;煤层最薄 1.2 m,最厚 2.7 m,平均厚度 2 m。根据已有的工程地质资料可知,51220 巷煤层直接顶为细砂岩,平均厚度为 0.51 m;基本顶为粉砂岩,平均厚度为 2.19 m;直接底为粉细砂岩,平均厚度为 7.22 m。

7.5.2　支护专家系统方案设计

首先将 51220 巷基本工程地质信息录入系统,计算得到基本参数如图 7-22 所示。

当前位置：四台矿81220工作面521220巷支护技术>>81220工作面521220巷>>生成方案				
项目名称：四台矿81220工作面521220巷支护技术(81220工作面521220巷)				
	Q.1.计算基本参数值	Q.2.项目详情导出到Excel		
岩柱强度(MPa)	91.79		复合顶板折减系数	1
层间距修正系数	1		动压影响修正系数	1.18
围岩稳定性指数	0.13		围岩级别	I2

图 7-22　51220 巷支护设计基本参数及围岩级别

普通回采巷道Ⅰ₂级围岩对应的支护方案及参数见表7-9。

表 7-9 普通回采巷道 I₂级围岩条件下巷道支护建议表

参数类型	参数名称	参数值	参数类型	参数名称	参数值
顶板锚杆	锚杆类型	左旋无纵筋螺纹钢	工作面帮锚杆	锚杆类型	玻璃钢锚杆
	屈服强度/MPa	335		屈服强度/MPa	335
	锚杆长度/mm	1 700		锚杆长度/mm	1 700
	锚杆直径/mm	18		锚杆直径/mm	18
	锚杆间距/mm	900		锚杆间距/mm	900
	锚杆排距/mm	1 000		锚杆排距/mm	1 000
	锚固力/kN	100		锚固力/kN	60
	预紧力/kN	30		预紧力/kN	30
	预紧力矩/N·m	120		预紧力矩/N·m	50
顶板锚杆托盘	托盘类型	高强球形托盘	工作面帮锚杆托盘	托盘类型	高强球形托盘
	托盘规格/mm	150×150×8		托盘规格/mm	150×150×8
顶板网	菱形金属网	8#铁丝编制	工作面帮网	菱形金属网	8#铁丝编制
顶板锚杆钢带	W钢带/mm	长度×275×2.75	顶锚索	锚索类型	1×7钢绞线
煤柱帮锚杆	锚杆类型	左旋无纵筋螺纹钢		锚索直径/mm	15.24
	屈服强度/MPa	335		锚索长度/mm	6 300
	锚杆长度/mm	1 700		锚索排距/mm	3 000
	锚杆直径/mm	18		锚固力/kN	200
	锚杆间距/mm	900		预紧力/kN	70
	锚杆排距/mm	1 000	锚索托盘	托盘类型	高强球形托盘
	锚固力/kN	100		托盘规格/mm	300×300×10
	预紧力/kN	30	顶板锚索钢带梁	梁类别	W钢带
	预紧力矩/N·m	120		梁型号	长度×300×3.75
煤柱帮锚杆托盘	托盘类型	高强球形托盘	煤柱帮网	菱形金属网	阻燃塑料网
	托盘规格/mm	150×150×8	帮锚杆钢带	W钢带/mm	无

7.5.3 支护思路

为了满足巷道支护的要求,充分发挥锚杆的支护能力,需要锚杆在具有较高强度的同时必须具有较大的变形性能,使围岩的能量在可控变形中得到部分释放。因此,要求所采用的锚杆材质具有高强度、大延伸率的功能特性。

根据矿方提供的相关资料及相邻巷道支护情况工程类比,设计锚杆直径为18 mm,而矿用锚索钻机的钻头直径一般是28 mm,锚杆钻孔直径与杆体直径相差10 mm,即钻孔直径过大。受此影响,搅拌时锚固剂会从钻孔中流出,造成锚固剂固化疏松,降低黏结强度,减小锚固力。为此专门研制了高强蛇形锚杆来消除该不利因素。根据相关的测试结果可知,直径为18 mm的高强(HRB500)蛇形锚杆屈服强度大于120 kN,抗拉强度大于160 kN,且其具有较强的冲击韧性,防止杆体在受到冲击载荷、弯曲与剪切等载荷下破断,为此最终确定锚杆材料选取 ϕ18 mm 的高强(HRB500)蛇形锚杆。

7.5.4 工业性试验方案

7.5.4.1 顶板锚杆支护参数设计

根据计算结果,锚杆材料设计为 ϕ18 mm 高强(HRB500)蛇形锚杆,锚杆长度 1 700 mm,锚杆间距为 900 mm,排距为 1 000 mm,每排布置 6 根锚杆,其中在顶板与两帮交汇处布置 2 根角锚杆,与垂直线夹角为 30°;单根锚杆消耗 2 卷树脂药卷,1 卷 K2335、1 卷 Z2335,上部快速、下部中速;采用 W 形钢带(4 眼)护顶,钢带厚度 3.75 mm,宽 275 mm,长度 3 000 mm;螺母采用 M24 型高强螺母,托盘采用 150 mm×150 mm×10 mm 高强球形托盘,并配合使用高强调心球垫。类比以往相邻巷道的工程经验可知巷道两帮通常具有较好的完整性,本次设计两帮不采取支护。

7.5.4.2 顶板锚索支护参数设计

根据现场观测可以发现,巷道顶板岩石具有较好的完整性,为了防止顶板岩石整体性垮落,进一步确保巷道安全,在巷道顶板增设规格为 ϕ17.8 mm×6 000 mm 的锚索,锚索间距为 1 800 mm,排距为 2 000 mm,成三花形布置。每根锚索消耗 2 卷 Z2360 树脂药卷进行锚固,安装预紧力不低于 100 kN,不高于 120 kN。锚索托盘为 300 mm×300 mm×10 mm 的方形钢板,其中心孔径为 19 mm。巷道掘进及使用过程中若围岩出现失稳征兆,应及时采取相关加强支护手段,如缩小锚杆(索)间排距。顶板支护平面图如图 7-23 所示,巷道支护剖面图如图 7-24 所示,巷道支护材料消耗表见表 7-10。

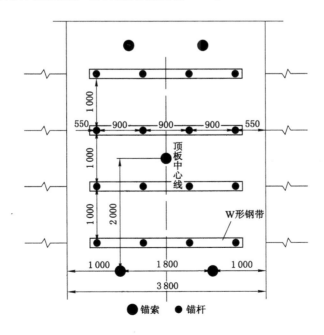

图 7-23 顶板支护平面图

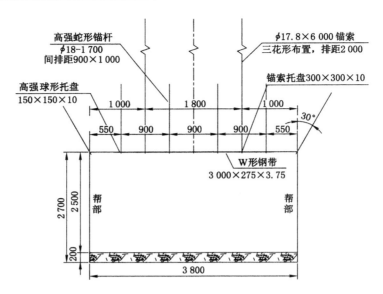

图 7-24　51220 巷道支护剖面图

表 7-10　　　　　　　　　　　　　**51220 巷道支护材料消耗表**

序号	材料名称	规格尺寸	配置	100 m 材料消耗量	备注
1	顶板锚杆	ϕ18 mm×1 700 mm	高强球形垫圈, 150 mm×150 mm×10 mm 高强球形托盘	100×6=600 套	高强蛇形锚杆
2	顶板 W 形钢带	3 000 mm×280 mm ×4 mm	孔间距 900 mm	100×1=100 条	4 眼
3	顶板锚杆锚固剂	K2335、Z2335		100×6=600 卷	上快速,下中速
4	顶板锚索	ϕ17.8 mm× 4 000 mm	索具, 300×300×10 mm 锚索托盘	75 套	
5	顶板锚索锚固剂	Z2360	单根锚索消耗 2 卷 Z2360	2×75=150 卷 Z2360	中速锚固

附　　录

大同煤矿集团有限责任公司巷道锚杆支护技术规范
(试行)

大同煤矿集团有限责任公司
2015 年 9 月

1 总则

1.1 本规范针对大同煤矿集团有限责任公司(以下简称同煤集团)大同矿区现有生产矿井开采的侏罗系、石炭系煤层地质与生产条件编制,旨在促进下属各煤矿巷道锚杆支护技术的发展,为实现安全、高效、绿色开采创造良好条件。

1.2 本规范适用于同煤集团大同矿区侏罗系及石炭系煤层煤巷及半煤岩巷。

1.3 与锚杆支护技术有关的各级管理、技术人员、操作工人以及安全监察人员,都应进行锚杆支护技术培训。

1.4 坚持科学态度,依靠科技进步,高度重视锚杆支护的技术问题,积极推广应用新技术、新工艺、新机具、新材料。

1.5 本规范未涉及的有关技术,应按国家及煤矿安全监察局等上级部门的有关规定执行,同煤集团原有关规定与本规范相抵触的,以本规范为准。

2 巷道围岩地质力学评估及稳定性分级

2.1 巷道围岩地质力学评估与稳定性分级是锚杆支护设计、施工与管理的基础依据,锚杆支护设计之前应完成巷道围岩地质力学评估及稳定性分级。

2.2 巷道围岩地质力学评估与稳定性分级首先应确定评估区域,且锚杆支护设计应该限定在这个区域内,应考虑巷道服务期间影响支护稳定性的主要因素。

2.3 巷道围岩地质力学评估主要内容:

(1)巷道围岩岩性与强度。包括巷道所在煤岩层及顶、底板各岩层的岩性、厚度、倾角和强度。

(2)围岩结构与地质构造。包括巷道围岩内节理、裂隙等不连续面的分布对围岩完整性的影响,巷道附近较大断层、褶曲等地质构造与巷道的位置关系及其对巷道围岩稳定性的影响程度。

(3)地应力。包括巷道原岩应力的大小和方向、与巷道轴线的夹角,采动对巷道围岩应力的影响程度。

(4)环境影响。包括巷道水文地质条件、涌水量、瓦斯涌出量对围岩强度的影响程度以及围岩的风化特性等。

(5)锚杆锚固力。施工采用的锚杆,宜以端部锚固的方式进行拉拔试验,锚固力满足设计要求时,方能在井下使用。

2.4 巷道围岩地质力学参数的测点应具有代表性,应能最大限度地反映整个巷道围岩地质力学评估与稳定性分级限定区域的情况。

2.5 巷道围岩地质力学参数包括地应力、围岩强度和围岩结构。

(1)地应力测量宜优先采用应力解除法或水压致裂法。当现场无法取得地应力数据时,可采用下式计算最大主应力作为参考:

$$\sigma_1 = 0.034H + 0.607 \tag{1}$$

式中 H——巷道埋深,m;

σ_1——最大主应力，MPa。

(2) 巷道支护设计所需的围岩强度、变形模量等参数可通过井下采集岩样，然后进行实验室试验的方式获得。当无实测数据时，可参照附录 B 中不同岩性取值。

(3) 围岩结构测量应采用表面观察、钻孔取芯测量和钻孔窥视等方法进行。

2.6　巷道围岩地质力学参数有一定的适用范围。当在一个地点获取的参数用于同一煤层的其他地点时，宜进行充分的现场调研、分析和评估，以保证参数适用的可靠性。

2.7　当巷道围岩岩性、结构和应力条件发生较大变化时，如遇到大型地质构造，开采新的煤层，矿井开拓延深至深部等，应对地质力学参数进行重新测定。

2.8　应重新进行围岩稳定性分类的情况：

(1) 巷道围岩条件、开采深度、开采范围与原分类差异较大。

(2) 新采区各煤层巷道首次采用锚杆支护。

(3) 矿井新开拓盘区。

2.9　巷道围岩强度。

选取顶板上巷道宽度 2 倍范围、底板下巷道宽度范围内岩柱的加权平均强度作为围岩强度指标，计算公式见式(2)。

$$R'_c = (2BR_{c1} + BR_{c2} + HR_{c3})K_0 D/(3B+H) \tag{2}$$

式中　R'_c——岩柱的抗压强度，MPa；

R_{c1}——巷道上方 2 倍巷道宽度范围内岩体的单轴抗压强度，MPa；

R_{c2}——巷道下方巷道宽度范围内岩体的单轴抗压强度，MPa；

R_{c3}——巷道帮部岩体的单轴抗压强度，MPa；

B——巷道的宽度，m；

H——巷道的高度，m；

K_0——复合顶板折减系数，取值建议见表 1；

D——围岩完整性指数，取值建议见表 2。

表 1　　　　　　　　　复合顶板折减系数 K_0 的确定

软弱夹层个数	每层最小厚度		
	0～0.15 m	0.15～0.30 m	>0.3 m
1	0.80～0.90	0.70～0.80	0.60～0.70
2	0.70～0.80	0.60～0.70	0.40～0.60
>2	0.50～0.70	0.40～0.60	0.30～0.40

表 2　　　　　　　　　围岩完整性指数 D

节理发育程度	很不发育	不发育	中等发育	发育	很发育
节理间距/m	>3	1～3	0.4～1	0.1～0.4	<0.1
D	1～0.95	0.95～0.8	0.8～0.6	0.6～0.45	0.45～0.1

2.10　巷道围岩稳定性指数。

巷道围岩稳定性指数按式(3)计算，并按式(4)进行动压、层间距、地应力场的影响修正。

大同矿区巷道围岩稳定性指数分级标准见表3。

巷道围岩稳定性指数：

$$S = \sigma_1 / R'_c \tag{3}$$

无法获得 σ_1 时参考附录(周边矿井数据)或用式(1)计算结果代替。

修正的巷道围岩稳定性指数：

$$[S] = SK_1K_2K_3 \tag{4}$$

式中　K_1——层间距影响修正系数,其取值参照表4;

　　　K_2——地应力影响修正系数,其取值参照表5;

　　　K_3——动压影响修正系数,其取值参照表6。

表 3　　　　　　　　　　　　　　巷道围岩稳定性指数

巷道稳定性	稳定	局部不稳定	一般不稳定	极不稳定
稳定性指数[S]	<0.2	0.2~0.4	0.4~0.6	>0.6

表 4　　　　　　　　　　　　层间距影响修正系数 K_1 的确定

层间距/m	>30	30~10	10~5	5~3	<3
影响系数	1	1.1~1.2	1.2~1.5	1.5~2	>2

表 5　　　　　　　　　　　　地应力影响修正系数 K_2 的确定

埋深/m	地应力场区划类型	
	自重应力区	构造应力区
<200	1.00~1.05	1.05~1.15
200~300	1.05~1.10	1.15~1.25
300~400	1.10~1.20	1.25~1.50
>400	>1.20	>1.50

表 6　　　　　　　　　　　　动压影响修正系数 K_3 的确定

煤柱宽度/m	采动影响次数				
	0	1	2	3	>3
5~10	1	1.30~1.20	1.45~1.30	1.60~1.45	1.75~1.60
11~15	1	1.20~1.15	1.30~1.20	1.45~1.30	1.60~1.45
16~30	1	1.15~1.10	1.20~1.15	1.30~1.20	1.45~1.30
>30	1	1.10~1.05	1.15~1.10	1.20~1.15	1.30~1.20

2.11　在支护设计时,应采用超声波法或地质雷达法现场测定,无实测结果时可参考表7或根据松动圈预测软件进行计算。

表 7　　　　　　　　　　大同矿区巷道围岩松动圈大小判断表　　　　　　　单位:m

岩性 \ 地应力	地应力场类型					
	自重应力区			构造应力区		
	埋深			埋深		
	200～300	300～400	400～600	200～300	300～400	400～600
粗砂岩	0.40～0.65	0.90～1.40	1.35～1.80	0.55～0.75	1.05～1.45	1.35～1.95
中砂岩	0.20～0.40	0.70～1.10	0.90～1.45	0.20～0.55	0.80～1.25	1.00～1.50
细砂岩	0.30～0.55	0.80～1.15	1.05～1.60	0.40～0.70	0.90～1.30	1.05～1.65
粉砂岩	0.50～0.80	1.05～1.35	1.05～1.75	0.55～0.85	1.15～1.40	1.20～1.95
高岭岩	0.45～1.05	1.15～1.50	1.25～2.35	0.65～1.10	1.20～1.65	1.40～2.15
砂质泥岩	0.80～1.25	1.10～1.75	1.40～2.10	0.90～1.45	1.20～1.90	2.00～2.65
泥岩	0.95～1.20	1.20～2.00	1.55～2.50	1.05～1.50	1.25～2.15	2.25～3.25
煤	0.70～1.15	1.00～1.85	1.35～2.40	0.80～1.35	1.10～1.95	1.75～3.20

2.12　根据巷道围岩松动圈和巷道围岩稳定性指数这 2 个综合指标对大同矿区不同类型巷道围岩稳定性进行等级划分,共分为非常稳定(Ⅰ)、稳定(Ⅱ)、局部不稳定(Ⅲ)、不稳定(Ⅳ)和极不稳定(Ⅴ)五大类、八亚类,如表 8 所示。

表 8　　　　　　　　　　大同矿区巷道稳定性等级划分

稳定程度		围岩松动圈/m	稳定性指数[S]	围岩分级	顶板岩性特征描述	岩层举例
非常稳定	1	0～0.6	0～0.10	Ⅰ	坚硬、完整、整体性强,不易风化,R_c>80 MPa	侏罗系 11-2#、12#、14-3#煤层,中细砂岩、粉细砂岩互层
稳定	2	0.2～0.8	0.10～0.15	Ⅱ₁	层状、层间结合好,无软弱夹岩,R_c=60～80 MPa	侏罗系 11-2#、12#煤层,中砂岩、粉细砂岩互层
	3	0.4～1.0	0.15～0.20	Ⅱ₂	层状、层间结合好,比较坚硬,含部分中等硬度夹层,R_c=40～60 MPa	侏罗系 11-2#、12#、14#、14-2#煤层,细砂岩、砂质泥(页)岩、粉细砂岩互层
局部不稳定	4	0.5～1.0	0.20～0.30	Ⅲ₁	坚硬块状岩层,裂隙面闭合无泥质充填,R_c=60～80 MPa	侏罗系 11-2#、12-3#、14#、14-3#煤层,细砂岩、粉细砂岩互层
	5	1.0～2.0	0.30～0.40	Ⅲ₂	中硬层状岩层,R_c=40～60 MPa	侏罗系 11#、14#、14-3#煤层,砂质泥(页)岩、粉细砂岩互层
不稳定	6	1.5～2.5	0.40～0.60	Ⅳ	中硬块状,夹有少数软岩层,R_c=40～60 MPa	侏罗系 11#煤层砂质页岩,石炭系 4#煤层泥岩、高岭岩、砂岩互层,C5#煤层粗砂岩、砂质泥岩互层

稳定程度	围岩松动圈/m	稳定性指数[S]	围岩分级	顶板岩性特征描述	岩层举例
极不稳定	7	2.0～3.0	0.6～1	V_1	较软层状，局部火成岩侵入岩层，$R_c=20～40$ MPa	石炭系 3#～5# 煤层泥岩、砂质泥岩、炭质泥岩、高岭岩、硅化煤、煌斑岩、天然焦交替赋存
	8	>3.0	>1	V_2	高风化、泥化松软岩层，松散、破碎岩层，大面积火成岩侵入岩层，$R_c<20$ MPa	石炭系 3#～5# 煤层泥岩、砂质泥岩、炭质泥岩、高岭岩、硅化煤、煌斑岩、天然焦交替赋存，存在火成岩侵入体

2.13 表 8 中的围岩分级根据无水条件划分，进行具体设计时，应根据地下水的状态适当降低围岩等级。

3 支护设计

3.1 锚杆支护设计应采用动态设计方法，设计前应详细地收集相关地质资料、巷道围岩地质力学评估结果证明锚杆支护可行后，进行锚杆支护设计。按照围岩地质力学评估与稳定性分级→初始设计→方案实施→现场监测→信息反馈→完善设计六个步骤完成最终支护设计。

3.2 各矿锚杆支护设计方案由主管开拓掘进的副总工程师负责，由主管技术部门主持设计，报矿总工程师组织审批。

3.3 根据地质力学评估结果，进行锚杆支护初始设计。初始设计应包括以下内容：

（1）巷道地质与生产条件及地质力学评估结果，包括：① 巷道名称、埋深、所处位置、与周围其他巷道的空间关系，提供巷道所处盘区采掘工程平面图和层间对照图；② 提供地质柱状图，并说明巷道顶、底板岩性分布特征。

（2）巷道断面设计。

（3）锚杆支护形式、参数设计。

（4）锚杆支护材料型号、力学性能、指标和加工工艺，支护材料清单和井下施工机具清单。

（5）锚杆支护施工工艺、施工技术要求和安全技术措施。

（6）矿压监测方法与内容，包括验证初始设计的综合监测和日常安全监测项目，应说明监测测站安设方法，仪器使用方法，提供矿压监测、测站布置图和所需仪器与物品清单。

（7）矿压监测反馈指标及相应的支护修改方法和原则。

（8）围岩复杂地段的支护方法和受到采动影响时的超前支护设计。

3.4 在进行支护设计时，可采用理论验算法（附录 C）、物理模型试验法、数值模拟法以及支护专家系统辅助设计等方法结合工程类比法进行。

3.5 对于特殊条件的巷道，应采用数值模拟法进行验证计算，对各种可行的支护方案进行支护效果分析比较，优选出最佳方案作为初始设计。

3.6 根据巷道围岩分级和各类巷道的特点,支护形式设计原则如下:

(1) 坚硬、完整的Ⅰ类围岩非常稳定巷道,宜采用锚杆+护帮网支护。

(2) 坚硬、较坚硬层状的Ⅱ类围岩稳定巷道,宜采用锚杆+锚索+护帮网支护。

(3) 坚硬块状和中硬层状的Ⅲ类围岩局部不稳定巷道,宜采用锚杆+钢筋梯+锚索+顶、帮菱形网支护。

(4) 中硬块状的Ⅳ类围岩不稳定巷道,宜采用锚杆+钢筋梯(钢带)+锚索+顶、帮菱形网支护,锚杆为大直径、高强度锚杆。

(5) 松软、破碎的Ⅴ类极不稳定巷道,宜采用高强让压锚杆+钢带+顶、帮锚索+锚索梁+钢棚支护。

(6) 过上方采空区煤柱巷道,宜对支承压力影响范围内及应力降低区进行分段设计,对上覆煤柱集中应力影响下巷道围岩支护方式应考虑应力集中系数的影响,适当增加锚杆(索)长度、直径及减小间排距。

(7) 对于冲击倾向巷道,宜选用防冲让压锚杆及鸟窝锚索。

(8) 近距离煤层巷道,宜根据层间距及巷道断面尺寸进行分段设计。

3.7 锚网索带支护作为巷道的基本支护形式,其支护设计包括以下内容:

(1) 巷道断面设计与层位选择。

(2) 锚杆支护参数:

① 锚杆种类。

② 锚杆直径。

③ 锚杆长度。

④ 锚杆间排距。

⑤ 锚固方式及锚固剂规格与数量。

⑥ 锚杆钻孔直径。

⑦ 锚杆角度,一般情况下顶板两角锚杆与垂线呈 $25°±5°$ 角,其余垂直顶板。两帮上部锚杆与水平线呈 $10°$ 角,其余与帮垂直。

⑧ 组合构件的规格和尺寸。

(3) 锚索支护参数。

① 锚索种类。

② 锚索直径。

③ 锚索长度。

④ 锚索间排距。

⑤ 锚固方式及锚固剂规格与数量。

⑥ 锚索钻孔直径。

⑦ 锚索角度。

⑧ 锚索组合构件规格和尺寸。

3.8 钻孔直径、锚杆直径和树脂药卷直径要合理匹配。钻孔直径与锚杆杆体直径之差应为 $6 \sim 10$ mm,钻孔直径与树脂药卷直径之差应为 $4 \sim 8$ mm。锚杆的锚固长度按下式计算:

$$L = L_0 R_1^2 / (R^2 - R_2^2) \tag{5}$$

式中　L——锚固长度,mm;

　　　L_0——树脂药卷长度,mm;

　　　R——钻孔半径,mm;

　　　R_1——树脂药卷半径,mm;

　　　R_2——锚杆半径,mm。

　　3.9　各级巷道的参考支护形式与支护参数如表 9 所示。冲击倾向巷道支护形式与支护参数参考 3.10 节内容。层间距小于 3 m 的巷道支护形式与支护参数参考 3.11 节内容。

表 9　　　　　　　　　　大同矿区巷道支护形式与主要支护参数选择

围岩级别		基本支护形式	主要支护参数
Ⅰ	Ⅰ	锚杆＋护帮网	顶:强度≥335 MPa 的左旋无纵筋螺纹钢锚杆; 帮:强度≥335 MPa 的左旋无纵筋螺纹钢锚杆(煤柱帮)、玻璃钢锚杆(工作面帮); 顶帮锚杆直径:16～18 mm; 锚杆长度:1.6～1.8 m; 间距:0.9～1.0 m; 排距:1.0～1.2 m; 煤柱帮网:菱形金属网; 工作面帮:阻燃塑料网
Ⅱ	Ⅱ₁ Ⅱ₂	锚杆＋锚索＋护帮网	顶锚杆直径:16～20 mm; 帮锚杆直径:16～18 mm; 锚杆长度:1.8～2.0 m; 锚索直径:15.24 mm; 锚索长度:4.3～6.3 m; 锚索间排距:每排 1～2 根,每 2 排锚杆 1 排锚索; 其余参数参考Ⅰ
Ⅲ	Ⅲ₁	锚杆＋钢筋梯＋锚索＋顶、帮菱形网	顶:强度≥400 MPa 的左旋无纵筋螺纹钢锚杆; 煤柱帮:强度≥335 MPa 的左旋无纵筋螺纹钢锚杆; 工作面帮:玻璃钢锚杆; 顶锚杆直径:18～20 mm; 煤柱帮锚杆直径:16～18 mm; 工作面帮锚杆直径:18 mm; 锚杆长度:1.8～2.0 m; 锚杆间排距:0.8～0.9 m; 帮金属网:菱形金属网; 锚索直径:17.8 mm(1×19 丝); 锚索长度:5.3～7.3 m; 锚索间排距:每排 1～3 根,每 2 排锚杆 1 排锚索

围岩级别		基本支护形式	主要支护参数
Ⅲ	Ⅲ₂	锚杆＋钢筋梯＋锚索＋顶、帮菱形网	顶:强度≥400 MPa 的左旋无纵筋螺纹钢锚杆; 煤柱帮:强度≥335 MPa 的左旋无纵筋螺纹钢锚杆; 工作面帮:玻璃钢锚杆; 顶锚杆直径:20～22 mm; 煤柱帮锚杆直径:18 mm,工作面帮锚杆直径:18 mm; 锚杆长度:2.0～2.2 m; 锚杆间排距:0.8～0.9 m; 钢筋梯:直径 12 mm 圆钢焊接钢筋梯; 网:菱形金属网; 锚索直径:17.8 mm(1×19 丝); 锚索长度:5.3～7.3 m; 间排距:每排 2～3 根,每 2 排锚杆 1 排锚索
Ⅳ		锚杆＋钢筋梯(钢带)＋锚索＋顶、帮菱形网	顶:强度≥500 MPa 的左旋无纵筋螺纹钢锚杆; 煤柱帮:强度≥335 MPa 的左旋无纵筋螺纹钢锚杆; 工作面帮:玻璃钢锚杆; 顶锚杆直径:20～22 mm; 煤柱帮锚杆直径:20 mm,工作面帮锚杆直径:18 mm; 锚杆长度:2.0～2.4 m; 间排距:0.75～0.85 m; 钢筋梯(钢带):直径 14 mm 圆钢焊接钢筋梯或 W 钢带; 网:菱形金属网; 锚索直径:17.8 mm(1×19 丝); 锚索长度:6.3～8.3 m; 锚索间排距:每排 2～3 根,每 2 排锚杆 1 排锚索
Ⅴ	Ⅴ₁	高强让压锚杆＋钢带＋锚索＋锚索梁＋钢棚支护	锚杆类型:强度≥500 MPa 且具有让压功能的左旋无纵筋螺纹钢锚杆; 锚杆直径:20～22 mm; 锚杆长度:2.2～2.8 m; 锚杆间排距:0.7～0.8 m; 锚杆钢带:高强钢带(厚度 4～6 mm); 网:直径不小于 6.5 mm 的圆钢焊接网; 让压锚索直径:21.8 mm(1×19 丝); 锚索长度:7.3～10.3 m; 锚索间排距 1.2～1.5 m; 锚索梁:工字钢梁或 T 形钢梁; 钢棚:双工字钢棚

围岩级别		基本支护形式	主要支护参数
V	V₂	高强让压锚杆＋钢带＋组合锚索＋锚索梁＋帮锚索＋可缩钢棚＋注浆联合支护	锚杆类型:强度≥500 MPa 且具有让压功能的左旋无纵筋螺纹钢锚杆; 锚杆直径:22～24 mm; 锚杆长度:2.4～3.0 m; 锚杆间排距:0.6～0.8 m; 锚杆钢带:高强钢带(厚 6 mm); 网:直径不小于 6.5 mm 的圆钢焊接网; 锚索(让压、高强)直径:21.8 mm(1×19 丝); 顶锚索长度:长锚索≥10.3 m,短锚索 6.3～8.3 m; 帮锚索长度:6.3～8.3 m; 锚索间排距:0.8～1.2 m; 锚索梁:工字钢梁或高强钢带; 钢棚:可缩 29～36U; 注浆范围:4～8 m; 注浆压力:浅部 1～2 MPa,深部 3～5 MPa

注:表中锚杆和锚索的锚固力及预紧力取值参考附录 F。

3.10 冲击倾向巷道判别及支护措施。

按煤冲击倾向指数值的大小将煤层冲击倾向性分为 3 类,见表 10。

表 10   煤层冲击倾向性分类、名称及指数

类 别		1 类	2 类	3 类
名 称		无冲击倾向	弱冲击倾向	强冲击倾向
指数	动态破坏时间/ms	$DT>500$	$50<DT\leqslant500$	$DT\leqslant50$
	弹性能量指数	$W_{ET}<2$	$2\leqslant W_{ET}<5$	$W_{ET}\geqslant5$
	冲击能量指数	$K_E<1.5$	$1.5\leqslant K_E<5$	$K_E\geqslant5$

注:当 DT、W_{ET}、K_E 的测定值发生矛盾时,应增加试件数量,其分类可采用模糊综合评判的方法或概率统计的方法进行。

顶板岩层倾向性按煤的冲击倾向指数值的大小分 3 类,见表 11。

表 11   顶板岩层冲击倾向性分类及指标

类别	Ⅰ	Ⅱ	Ⅲ
冲击倾向	无	弱	强
弯曲能量指数/kJ	$U_{WQS}\leqslant15$	$15<U_{WQS}\leqslant120$	$U_{WQS}>120$

当巷道煤层或顶板岩层冲击倾向性指标有一个达到 Ⅱ 级时,将表 8 中计算得到的围岩稳定性指数等级提升 1～2 个亚级,锚杆及锚索均需安装防冲让压装置,巷帮需要施加锚索。

3.11 极近距离巷道支护措施。

对于层间距在 3 m 以下的巷道,主要采用双工字钢棚(对棚)支护,每排由两架钢棚组成,相邻两排钢棚中对中间距为 0.8～1 m,工字钢棚规格强度不低于 11# 矿用工字钢。巷道跨度超过 4 m 后应采取减跨措施。

3.12　初始设计在井下实施后应及时进行矿压监测。将煤巷受掘进影响结束时的监测结果用于验证或修正初始设计,并将修改后的支护设计补充编入掘进工作面作业规程,并完成相应的审批程序。煤巷回采影响期间的监测结果可用于其他类似条件巷道支护设计的验证与修改。

4　支护材料

4.1　一般规定:

(1)各矿设计选用的锚杆支护材料必须符合国家标准、相关行业标准和同煤集团支护材料企业规定,取得煤安标志并具有产品合格证。

(2)锚杆支护材料包括锚杆杆体、锚固剂、托盘、螺母和组合构件(钢筋托梁、钢带、网、让压管)等,各构件的性能、强度与结构必须相匹配,满足整个支护系统的设计强度和变形的要求。

4.2　对新型锚杆支护材料,由研制单位提供技术参数及技术可行性论证材料,报同煤集团生产技术部备案后,可在规定的地点进行工业性试验,经业务主管部门及技术监督部门鉴定后,方可扩大到试验地点以外的现场使用。

4.3　每季度对支护材料生产单位按品种抽样检验一次,同时对检验结果进行通报,各单位均不得购买、使用未经检验或检验不合格的支护材料以及超过质量保证期的支护材料。

4.4　各单位应建立原材料及成品仓库,不得露天存放,树脂锚固剂必须存放在干燥、无阳光直射的库房内,并且要远离热源,一般要求库内温度为 4～25 ℃。

4.5　锚杆支护材料的仓库管理人员必须对每一批到货的产品名称、规格、产品编号、数量、生产日期、到货时间、生产厂家、检验报告、产品合格证、发放情况等建立台账,进行登记,以便鉴别生产厂家和进行质量跟踪。

4.6　金属杆体、托盘、螺母应符合 MT 146.2—2011 的规定。普通锚杆杆体屈服强度不小于 335 MPa,高强锚杆或预应力让压高强锚杆屈服强度不小于 500 MPa。杆体尾部螺纹应采用滚丝工艺加工,必要时采取强化热处理措施,尾部螺纹破断力不得低于杆体破断力。与锚杆配套的螺母应优先选用可实现快速安装的剪切销式、阻尼式、压片式等扭矩螺母并使用减摩垫片。托盘优先选用角度可调的蝶形托盘,托盘承载力应不小于与之配套杆体屈服力标准值的 1.3 倍。

4.7　树脂锚固剂应符合 MT 146.1—2011 的规定,锚固剂生产厂家应提供质量合格证,锚固剂中固化剂的颜色必须符合行业标准中的规定,对锚固剂的性能、特征、外形尺寸、搅拌时间、初凝时间及正确的使用方法均须在产品说明书中详细说明。锚固剂的分类及搅拌、等待时间方面的要求见附录 D。

4.8　钢筋托梁或钢带的选用应根据巷道具体情况选用不同型号和规格,钢带材料抗拉强度应不低于 375 MPa,钢筋托梁应保证焊接质量,W 形钢带的规格、力学性能要求见附录 E。

4.9　锚索用钢绞线应符合 GB/T 5224—2014 的规定,与钢绞线配套的锚具应符合 GB/T 14370—2015 的规定,锚索的其他性能应符合 MT/T 942—2005 的规定。

4.10　巷道顶板应采用菱形金属网或钢筋网,巷帮可根据现场条件选择不同类型和材料的网。

4.11　喷射混凝土。服务期长的巷道或维修巷道可采用喷射混凝土等封闭措施,喷射混凝土的强度等级不能低于 C20,喷射混凝土应符合 GB 50086—2015 的规定。

5　支护施工

5.1　支护施工应按掘进工作面作业规程的有关规定进行,确保支护施工质量。

5.2　锚杆孔施工:

(1)顶板锚杆孔应由外向掘进工作面逐排顺序施工,每排锚杆孔宜由中间向两帮顺序施工。

(2)锚杆孔实际钻孔角度相对设计角度的偏差应不大于 5°。

(3)锚杆孔的间排距误差应不超过 100 mm。

(4)锚杆孔深度误差应在 0～30 mm 范围内。

(5)锚杆孔内的煤岩粉应吹干净。

5.3　锚杆安装:

(1)锚杆安装应优先采用快速安装工艺。

(2)锚固剂使用前应进行检查,不应使用过期、硬结、破裂等变质失效的锚固剂。

(3)当使用 2 卷以上不同型号的树脂锚固剂时,应按锚固剂凝固速度先快后慢的顺序,将锚固剂依次放入钻孔中,先将锚固剂推到孔底,再启动锚杆钻机搅拌树脂锚固剂。

(4)搅拌时间按不同型号和厂家要求严格控制,同时要求搅拌过程连续进行,中途不得间断。加长或全长锚固时,至少使用 1 卷超快或快速型锚固剂。

(5)托盘应紧贴钢带、网或巷道围岩表面,当锚杆与巷道的周边不垂直时应使用异型托盘。与钢带配合使用的托盘,规格尺寸不能大于钢带棱间宽,必要时可增加与钢带匹配的金属垫板,增大接触面积及支护强度。

(6)网规格、联网方式必须在规程措施中明确规定,采用压茬连接方式的压茬宽度应保持在 100～200 mm 范围内,并用铁丝双排扣连接,且将网拉紧压实,紧贴巷道围岩表面。有条件用锚杆托盘压网的必须采用锚杆托盘压网。采用不压茬连接方式的,其网与网之间必须通过自身连接或用铁丝单排扣连接形成整体。联网材料必须采用不低于 14# 的双股铁丝,连接点间距不大于 200 mm。

5.4　锚杆锚固力及预紧力的要求:

(1)井下施工中要采用的锚杆,其扭矩或预紧力大小、紧固时间应在作业规程、措施中明确规定。

(2)锚杆锚固力不小于锚杆杆体材料本身屈服强度,在顶板和两帮设计锚固长度范围内进行拉拔试验,锚固力满足设计要求时,方能在井下使用。

(3)锚杆预紧力不高于锚杆杆体材料本身屈服强度的 50%。

(4)锚杆安装应牢固,托盘紧贴岩面、不松动,锚杆的拧紧扭矩不得小于 100 N·m,附录 F 中给出了锚杆锚固力和预紧力取值范围,表中锚固力和预紧力在完整巷道取低值,在破碎围岩巷道取高值。

5.5　锚索孔施工:

(1) 采用锚索钻机或锚杆钻机钻孔。

(2) 锚索孔深度误差应不大于 100 mm。

(3) 锚索宜垂直于顶板或巷道轮廓线布置,实际钻孔角度与设计角度误差小于 10°。

(4) 锚索间排距误差不大于 100 mm。

5.6　锚索安装:

(1) 安装锚索应优先使用电动或气动张拉机具,不宜使用手动式张拉机具。

(2) 安装锚索时,钢绞线应推到孔底,安装后外露钢绞线长度不宜超过 300 mm。

(3) 锚索紧跟开掘工作面施工时,张拉力应为锚索设计载荷的 0.8~1.0 倍。锚索在掘进机后施工时,张拉力应为锚索设计载荷的 1.0~1.3 倍。

(4) 锚索钻孔中有淋水时,应采用补强措施。

5.7　锚索锚固力及预紧力的要求:

锚索锚固力和预紧力应在作业规程、措施中明确规定,常用锚索的锚固力和预紧力范围参考表见附录 F。

5.8　喷射混凝土的施工应按 GB 50086—2015 的规定执行。

5.9　其他施工要求:

(1) 锚杆支护作业时,如遇断层破碎带、煤层松软区、地质构造变化带、地应力异常区、动压影响区等围岩支护条件复杂地区,必须采用加密锚杆、全长锚固、锚索锚固、点柱及架棚等强化支护措施。

(2) 巷道如需注浆,则注浆施工滞后于掘进施工的时间应为巷道围岩变形速度变慢前后,一般情况下,注浆加固时间应在巷道掘进施工后 30 天左右。

(3) 对已施工的巷道应每班查看,对失效、松动等不合格的锚杆、锚索应及时补打或紧固。

(4) 采用锚杆支护的煤层巷道,应备有一定数量的其他支护材料作防范措施。

(5) 任何煤巷作业地点,作为永久支护的锚杆、锚索、钢带、金属网等不应作为起吊设备或悬挂其他重物。

5.10　未涉及部分应严格按照最新版的《煤矿安全规程》执行。

6　支护施工质量检测

6.1　各矿应加强各自不同类型、不同赋存条件巷道支护施工质量管理,严格检查验收制度,切实把支护质量检测作为日常工作进行有效管理。

6.2　巷道支护施工质量检测由各矿主管部门负责,每班都应对支护施工质量按设计要求进行检测。如果检测结果不符合设计要求,应立即停止施工,并根据具体情况分析处理。

6.3　锚杆支护施工质量检测的内容包括锚杆锚固力、锚杆预紧力、锚杆安装几何参数、锚杆托盘安装质量、组合构件和网安装质量、锚索安装质量检测等。

6.4　锚杆锚固力检测应符合以下规定:

(1) 锚杆锚固力检测采用锚杆拉拔仪在井下巷道中进行。

(2) 锚固力检测数量。锚杆锚固力检测抽样率为 3%,锚杆在 300 根以下,顶、帮取样各不少于 1 组;300 根以上,每增加 1~300 根,相应多取样 1 组;每组不少于 3 根。

（3）被检测锚杆都应符合设计要求。只要有 1 根不合格，再抽样 1 组进行试验。若还不符合要求，必须组织有关人员研究锚杆施工质量不合格的原因，并采取相应的处理措施。

（4）锚杆锚固力最低值不得小于设计值得 90%。

（5）各矿每年应按锚杆类型、岩性至少进行一次锚杆破坏性拉拔试验，每种类型不少于 3 根，锚杆的破坏性抗拔力不得低于杆体额定破断力，否则，要分析原因并采取相应措施，对锚索的破坏性拉拔试验每年每类型按岩性不少于 2 根，出现低于额定破断力的现象，要分析原因并采取相应措施。

6.5　锚杆预紧力检测应符合以下规定：

（1）锚杆预紧力检测采用力矩扳手。

（2）每小班顶、帮各抽样 1 组（3 根）进行锚杆螺母扭矩检测，每根锚杆螺母拧紧力矩都应达到设计值。

（3）每组中有 1 个螺母扭矩不合格，就要再抽查 1 组（3 根）。若仍发现有不合格的，应将本班安装的所有螺母重新拧紧一遍。

6.6　锚杆安装几何参数检测应符合以下规定：

（1）锚杆安装几何参数检测验收由班组完成。检测间距不大于 20 m，每次检测点数不应少于 3 个。

（2）几何参数检测内容包括锚杆间排距、锚杆安装角度、锚杆外露长度。

（3）锚杆间、排距检测。采用钢卷尺测量测点处呈四边形布置的 4 根锚杆之间的距离。

（4）锚杆安装角度检测。采用半圆仪测量钻孔方位角。

（5）锚杆外露长度检测。采用钢板尺测量测点处一排锚杆外露长度最大值。

6.7　锚杆托盘安装质量检测应符合以下规定：

（1）锚杆托盘应安装牢固，与组合构件一同紧贴围岩表面，不松动。对难以接触部位应楔紧、背实。

（2）锚杆托盘安装质量检测方法采用实地观察和现场扳动。

（3）检测频度同锚杆几何参数，每个测点应以一排锚杆托盘为一组检测。

6.8　组合构件与铺网安装质量检测应符合以下规定：

（1）采用现场观察方法检测。

（2）组合构件与金属网应紧贴巷道表面。

（3）尺量网片搭接长度，应符合设计要求。网间按设计要求连接牢固。

6.9　锚索安装质量检测应符合以下规定：

（1）锚索安装几何参数，包括间距、排距、安装角度及锚索外露长度等，由班组每班进行检查，检测方法同锚杆检测。

（2）锚索预紧力检测采用张拉设备进行，锚索预紧力的最低值应不小于设计值的 90%。

6.10　注浆巷道的施工质量的检验数量，应按照注浆加固面积每 100 m² 抽查 1 组，每组 10 m²，不少于 3 处。

7　矿压监测

7.1　监测方案与实施办法必须编入巷道作业规程。

7.2 巷道支护矿压监测用于验证和修改锚杆支护初始设计、评价支护效果并及时发现异常情况,保证巷道安全。

7.3 监测内容:

综合监测的主要内容为巷道表面和深部位移、顶板离层、锚杆(锚索)受力状况,日常监测主要内容为顶板离层观测。

7.4 观测频度:

距掘进工作面 50 m 内或采煤工作面 100 m 内观测频度每天应不少于一次。在此范围以外,且巷道变形速度小于 2 mm/天,顶板离层仪的观测频度可为每周一次。

7.5 井下进行矿压监测前,应做好以下准备工作:

(1)组织矿压监测队伍,要求监测工对监测工作认真负责,并具有一定支护知识和经验。

(2)按设计要求的规格和数量准备所需监测仪器和测站安设所需物品。

(3)准备矿压监测所需的记录表格。

(4)对监测工进行技术培训,使其掌握测站安设方法和仪器的使用和操作方法。

7.6 巷道表面位移监测应满足以下要求:

(1)巷道表面位移监测内容包括顶底板移近量、两帮移近量、顶板下沉量、底鼓量和帮位移量。

(2)采用测枪、测杆或其他有效仪器进行巷道表面位移测量。

(3)一般采用十字布点法安设测站,每个测站应安装两个监测断面。基点应安设牢固,防止在监测过程中脱落。

7.7 巷道顶板离层监测应满足以下要求:

(1)采用顶板离层指示仪监测顶板离层,顶板离层指示仪应安设在巷宽的中部。

(2)顶板离层指示仪的安设应紧跟掘进工作面。作为指导性原则,顶板离层指示仪的最大安装间隔为:

① 实体煤巷:Ⅲ类及Ⅲ类以上巷道 50 m、Ⅳ类巷道 40 m;

② 沿空巷道:Ⅲ类及Ⅲ类以上巷道 40 m、Ⅳ类巷道 30 m;

③ 巷宽大于 5 m 的大断面巷道:综放(采)切眼 20 m。

(3)每个巷道交岔点应安设顶板离层指示仪,复杂地段如断层及围岩破碎带、顶板淋水、应力集中区、交岔点及硐室等特殊条件位置巷道必须安设顶板离层指示仪。

(4)双基点顶板离层指示仪浅基点应固定在锚杆端部位置,深基点一般应固定在锚杆上方稳定岩层内 300~500 mm。若无稳定岩层,深基点在顶板中的深度不小于 6 m。

(5)所有存在缺陷、表面模糊不清的离层指示仪应立即更换,新指示仪安在同一孔和同一高度上,如果不可能安装在同一钻孔中,应靠近原位置钻一新孔,原指示仪更换后,要记录其读值,并标明其已被更换。

(6)掘进施工单位指派专人每班对距掘进工作面 50 m 内的顶板离层仪进行观测和记录,在 50 m 以外,除非离层仍有明显增长的趋势,顶板离层仪观测频度可减少为每周 1~2 次。

7.8 锚杆、锚索受力监测应满足以下要求:

(1)采用测力锚杆监测加长或全长锚固锚杆受力,采用锚杆(索)测力计监测端部锚固锚杆和锚索受力。

（2）应合理布置观测断面上测力锚杆或锚杆（索）测力计的数量与位置，以全面了解锚杆、锚索受力分布状况。

（4）每个测站的每根测力锚杆或每个锚杆（索）测力计都应有专门的标号，以便记录读数。

（5）观测频度为：距掘进工作面 50 m 和采煤工作面 100 m 内每天 1 次，其他时间为每周 1～2 次，若遇到特殊情况，应适当增加观测次数。

7.9　当巷道尺寸或掘进工艺改变，或观察到围岩地质条件发生变化时，应根据变化情况增加测站数。

7.10　每个测站的位置、仪器分布都应绘图标明，并详细注明相关的地质与生产条件，每个测站都应设定专门的编号，以便用于读数时识别。

7.11　应及时分析、处理综合监测数据，并进行信息反馈，分析判断锚杆支护初始设计是否合理，需要修正时，提出修正意见，并提交支护设计变更，掘进作业规程应作相应修改，审批通过后在井下实施，并继续进行监测。

7.12　各矿应保存矿压监测数据，编制矿压监测报告，建立存档制度。

8　支护技术管理

8.1　公司生产部和技术中心对各矿不同赋存条件及类型的巷道支护技术进行归总管理。整体协调锚杆支护技术和管理工作，组织巷道锚杆支护技术培训，对各矿进行定期检查和监督。

8.2　各矿掘进副总工程师、生产技术科（部）在矿主管矿长、总工程师领导下，对巷道支护技术推广应用进行管理。

8.3　技术管理：

（1）按照设计方案编制施工组织设计和作业规程，并严格按照设计和作业规程规定进行认真贯彻和组织施工，施工中出现新的问题和异常现象，必须及时补充施工措施，按照施工措施严格施工，否则不准施工。

（2）做好巷道支护设计、施工、评估、优化、检测、验收等技术资料的收集、整理、建档工作，做到一工程一档案，建档管理。

8.4　质量管理：

（1）技术人员要不断深入现场，进行技术指导和施工技术管理。

（2）质检人员要每天深入现场，巡回检查工程质量情况，发现问题及时汇报，并认真做好检查、检验、验收记录。

（3）施工人员要严格按照作业规程、措施进行施工，严禁违章、违规施工，确保施工质量达到设计要求。

（4）施工单位要建立岗位责任制度和施工质量检查制度，做到每班都有原始记录。

8.5　安全措施：

（1）施工前对施工人员进行安全、技术培训，并经考核合格后方可上岗。

（2）定岗定责，严格按照规程操作。

8.6　本规范解释权归同煤集团。

附录 A　大同矿区地应力测试统计表

表 A-1　　　　　　　　　　大同矿区地应力测试统计表

测点	埋深/m	最大水平主应力 σ_H		最小水平主应力 σ_h		垂直应力 σ_v/MPa	σ_H/σ_v	σ_H/σ_h
		数值/MPa	方位角/(°)	数值/MPa	方位角/(°)			
煤峪口矿	364	11.77	144.70	5.84	54.70	7.78	1.51	2.02
晋华宫矿 8210 工作面	330	12.40	118.88	7.56	28.88	9.46	1.31	1.64
晋华宫矿 8701 工作面	280	9.87	95.91	4.02	5.91	7.88	1.25	2.46
燕子山矿 1035 水平大巷	245	12.43	3.32	6.24	93.32	6.92	1.80	1.99
燕子山矿 1140 水平大巷	153	5.58	167.21	4.98	77.21	5.22	1.07	1.12
忻州窑矿 11 层 2908 巷	271	6.99	162.11	1.03	72.11	3.06	2.28	6.79
忻州窑矿西二一斜井	352	12.95	150.65	7.14	60.65	7.28	1.78	1.81
忻州窑矿东三火药库	370	13.11	151.90	11.00	61.90	8.78	1.49	1.19
忻州窑矿西二盘区车场	355	12.67	156.57	11.65	66.57	8.71	1.45	1.09
忻州窑矿西二人行斜井	356	11.85	154.30	10.56	64.30	9.91	1.20	1.12
忻州窑矿东二 14-3 无极车绕道	322	11.07	150.26	10.71	60.26	10.84	1.02	1.03
同家梁矿	360	12.34	144.93	6.37	54.93	6.93	1.78	1.94
同忻煤矿北一盘区 8107 顶回风巷	546	20.96	64.38	11.98	154.38	13.66	1.53	1.75
同忻煤矿北一盘区 8107 回风巷	546	19.58	66.02	12.34	156.02	14.41	1.36	1.59
同忻煤矿北二盘区回风大巷	512	20.63	64.35	12.87	154.35	12.51	1.65	1.60
塔山矿二盘区水仓外环	490	15.79	132.73	8.47	42.73	8.65	1.83	1.86
云冈矿 404 盘区 5413 巷	205	6.37	90	6.01	180	6.17	1.03	1.06

附录 B　大同矿区围岩岩性力学指标

表 B-1　　　　　　　　　大同矿区七类基本岩性力学指标(侏罗系)

岩性	单轴抗压强度/MPa	劈裂抗拉强度/MPa	弹性模量/GPa	泊松比	黏聚力/MPa	内摩擦角/(°)
粗砂岩	28.75~60.35	3.83~9.96	10.67~13.17	0.18~0.21	5.8~24.51	33.41~35.78
中砂岩	99.90~128.40	9.80~10.63	21.10~22.10	0.11~0.17	7.85~13.02	30.00~31.70

岩性	单轴抗压强度/MPa	劈裂抗拉强度/MPa	弹性模量/GPa	泊松比	黏聚力/MPa	内摩擦角/(°)
细砂岩	98.20～126.20	7.71～11.82	20.30～22.90	0.13～0.23	8.76～13.37	22.90～32.80
粉砂岩	112.50～139.20	8.06～10.23	12.50～23.80	0.17～0.25	12.04～13.06	20.60～28.50
泥岩	34.27～45.30	4.41～6.37	8.00～25.28	0.16～0.19	6.83～14.1	22.90～34.52
砂质泥岩	49.52～58.21	5.25～6.19	7.76～9.42	0.18～0.21	4.55～6.27	26.62～35.68
煤	19.90～33.00	1.60～3.13	1.29～3.13	0.25～0.38	2.40～4.81	21.90～25.90

表 B-2 　　　　　　　　　　**大同矿区十类基本岩性力学指标(石炭系)**

岩性	单轴抗压强度/MPa	劈裂抗拉强度/MPa	弹性模量/GPa	泊松比	黏聚力/MPa	内摩擦角/(°)
粗砂岩	39.16～62.01	2.27～5.88	13.6～11.34	0.20～0.23	4.88～9.54	32.93～45.76
中砂岩	90.32～106.19	10.11～10.92	25.86～41.73	0.15～0.23	15.11～17.03	42.78～44.44
细砂岩	87.35～121.03	12.69～12.91	20.90～33.98	0.17～0.19	16.72～19.55	38.46～44.72
粉砂岩	48.90～74.15	7.81～8.77	21.31～38.76	0.20～0.32	5.06～12.15	22.52～43.70
泥岩	18.34～39.40	3.10～5.48	11.29～14.67	0.19～0.22	4.99～5.53	32.86～38.67
砂质泥岩	45.33～51.23	4.49～5.87	2.77～4.15	0.21～0.24	3.70～5.71	23.60～31.64
高岭岩	21.70～40.62	0.52～5.05	1.18～15.98	0.22～0.24	0.83～12.10	4.19～36.57
煌斑岩	58.23～73.58	4.58～5.76	9.85～11.26	0.18～0.21	5.30～9.72	28.9～31.10
硅化煤	0.82～3.15	0.12～0.48	0.25～1.15	0.20～0.24	0.08～0.14	21.6～28.10
煤	9.94～14.36	0.46～1.83	2.02～8.31	0.23～0.29	2.59～4.23	37.53～40.71

附录 C　支护理论验算公式

（1）悬吊理论

① 锚杆长度 L

$$L = L_1 + L_2 + L_3 \tag{C-1}$$

式中　L_1——锚杆外露长度，mm；

L_2——软弱岩层厚度，可根据柱状图确定，mm；

L_3——锚杆伸入稳定岩层深度（一般不小于 300 mm）。

② 锚固力

锚固力 N 可按锚杆杆体的屈服载荷计算。

$$N = \pi d^2 \sigma_{屈} / 4 \tag{C-2}$$

式中　$\sigma_{屈}$——杆体材料的屈服极限，MPa；

d——杆体直径，mm。

③ 锚杆间排距

锚杆间距 $\qquad\qquad D \leqslant 1/2L$

锚杆排距 $\qquad\qquad L_0 = \dfrac{Nn}{2} \cdot K\gamma a L_2$

式中　n——每排锚杆根数；

　　　N——设计锚固力，kN/根；

　　　K——安全系数，取 2～3；

　　　γ——上覆岩层平均重力密度，可参考取 24 kN/m³；

　　　a——1/2 巷道掘进宽度，m。

（2）自然平衡拱理论

① 两帮煤体受挤压深度 C

$$C = \left(\frac{K\gamma HB}{1\,000 f_c K_c} \cos \frac{\alpha}{2} - 1 \right) h \tan\left(45° - \frac{\varphi}{2}\right) \qquad (C-3)$$

式中　K——自然平衡拱角应力集中系数，与巷道断面形状有关，矩形断面取 2.8；

　　　γ——上覆岩层平均重力密度，可参考取 24 kN/m³；

　　　H——巷道埋深，m；

　　　B——固定支撑力压力系数，按实体煤取 1；

　　　f_c——煤层普氏系数；

　　　K_c——煤体完整性系数，取 0.9～1.0；

　　　α——煤层倾角；

　　　h——巷道掘进高度，m；

　　　φ——煤体内摩擦角，可按 f_c 反算。

② 潜在冒落高度 b

$$b = (a+c)\cos \alpha f_r / K_y \qquad (C-4)$$

式中　a——顶板有效跨度的一半，m；

　　　K_y——直接顶煤岩类型系数，当岩石 $f=3$～4 时取 0.45，$f=4$～6 时取 0.6，$f=6$～9 时取 0.75；

　　　f_r——直接顶普氏系数。

③ 两煤帮侧压值 Q_s

$$Q_s = KNC\gamma_煤 \left[h\sin \alpha + b\cos \frac{\alpha}{2} \tan\left(45° - \frac{\alpha}{2}\right) \right] \qquad (C-5)$$

式中　n——采动影响系数，取 2～5；

　　　$\gamma_煤$——煤体重力密度，kN/m³。

④ 顶锚杆长度 L

$$L = L_1 + b + L_2 \qquad (C-6)$$

式中　L_1——锚杆外露长度，m；

　　　L_2——锚固端长度，m；

　　　b——潜在冒落拱高度，m。

锚杆间距 $\qquad\qquad D \leqslant 1/2L$

锚杆排距 $$L_0 = \frac{Nn}{2} \cdot K\gamma ab$$

式中　n——顶板每排锚杆根数；

　　　N——每根锚杆锚固力，kN；

　　　K——安全系数，取 $2\sim3$；

　　　γ——上覆岩层平均重力密度，可取 24 kN/m^3；

　　　a——1/2 巷道掘进跨度，m。

⑤ 煤帮锚杆

锚杆长度 $$L = L_1 + C + L_2$$

锚杆间距 $$D = \frac{Nh}{2L_0}KQ_s$$

式中　N——设计锚杆锚固力，MPa；

　　　K——安全系数，取 $2\sim3$；

　　　L_0——煤帮锚杆排距，同顶板排距；

　　　Q_s——两帮侧压值，kN。

（3）组合梁理论

① 锚杆长度 L

$$L = L_1 + L_2 + L_3 \tag{C-7}$$

式中　L_1——锚杆外露长度，m；

　　　L_3——锚固端长度，m；

　　　L_2——组合梁自撑厚度，m；

$$L_2 = \frac{0.612BK_1P\sigma_1\sigma_x}{2\psi} \tag{C-8}$$

　　　K_1——与施工方法有关的安全系数，掘进机掘进取 $2\sim3$，爆破法掘进取 $3\sim5$，巷道受动压影响取 $5\sim6$；

　　　P——组合梁自重均布载荷，MPa；

　　　ψ——与组合梁层数有关的系数，见表 C-1；

表 C-1　　　　　　　　　　　　　　　　ψ 系数取值表

组合层数	1	2	3	$\geqslant4$
ψ 值	1.0	0.75	0.7	0.65

　　　B——巷道跨度，m；

　　　σ_1——最上一层岩层抗拉计算强度，可取试验强度的 $0.3\sim0.4$ 倍，MPa；

　　　σ_x——原岩水平应力，$\sigma_x = \lambda\gamma z$，MPa；

　　　λ——侧压力系数，一般为 $0.25\sim0.4$；

　　　γ——上覆岩层平均重力密度，kN/m^3；

　　　z——巷道埋深，m。

② 锚杆间距

以上所选锚杆长度，还需验算组合梁各层间不发生相对滑动，并保证最下面一层岩层的稳定性。

$$D \geqslant \frac{0.815 m_1 \sigma_1}{KP} \tag{C-9}$$

式中　m_1——最下面一层岩层的厚度,m;

　　　K——安全系数,取 8~10;

　　　P——本层自重均布荷载,$P = \gamma_1 m_1$,MPa;

　　　γ_1——最下面一层岩层的重力密度,kN/m³。

附录 D　锚固剂分类表

表 D-1　　　　　　　　　　　　　锚固剂分类表

类型	特性	凝胶时间/s	等待时间/s	颜色标识
CKa	超快	8~25	10~30	黄
CKb		26~40	30~60	红
K	快速	41~90	90~180	蓝
Z	中速	91~180	480	白
M	慢速	>180	—	—

注:1. 在(22±1)℃环境温度条件下测定。

　　2. 搅拌应在锚固剂凝胶之前完成。

附录 E　钢带规格与型号

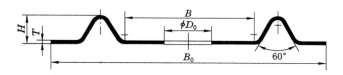

图 E-1　W 形钢带截面形状及标注符号

表 E-1　　　　　　　　　　　W 形钢带长度及允许偏差

定尺精度	长度/mm	允许偏差/mm
普通定尺	>4 000	30 0
精切定尺	3 000~4 000	20 0
	<3 000	10 0

表 E-2   W 形钢带材料力学性能

屈服点 σ_s/(N/mm²)	抗拉强度 σ_b/(N/mm²)	延长率 δ_s/%
≥235	375～500	≥20

附录 F 锚杆锚固力及预紧力

表 F-1   锚杆锚固力及预紧力

编号	钢材型号	直径/mm	规范公称面积/mm²	锚固力/kN	预紧力/kN	预紧力矩/N·m
1	335	16	201.1	70～80	20～30	60～120
2		18	254.5	90～100	25～35	90～150
3		20	314.2	100～120	30～40	120～150
4		22	380.1	130～140	40～50	150～225
5	400	16	201.1	80～90	20～30	75～120
6		18	254.5	100～110	30～40	120～150
7		20	314.2	130～140	40～50	150～225
8		22	380.1	150～170	50～60	300～375
9	500	16	201.1	100～110	30～40	120～150
10		18	254.5	130～140	40～50	150～225
11		20	314.2	160～170	50～60	225～300
12		22	380.1	190～210	60～80	300～390
13	600	16	201.1	120～130	40～50	135～180
14		18	254.5	150～170	50～60	195～240
15		20	314.2	190～210	60～80	240～390
16		22	380.1	230～260	70～90	360～400

表 F-2   锚索锚固力(设计依据及检测办法)和预紧力建议取值   单位：kN

编号	型号	直径/mm	抗拉强度/MPa	规范公称截面积/mm²	锚索材料强度/kN	锚索设计锚固力/kN	锚索预紧力/kN
1	SKP15-1/1860	15.24	1 860	140	250	200	60～80
2	SKP18-1/1860	17.8	1 860	191	340	270	80～110
3	SKP22-1/1860	21.8	1 860	286	510	400	120～160

附录 G 专业术语

下列术语和定义适用于本规范。

(1)煤巷：煤层巷道，在煤层中掘进的巷道且巷道断面中煤层占 4/5 以上。

（2）半煤岩巷：巷道断面中煤层占 1/5 以上而小于 4/5。

（3）岩巷：岩层巷道，在岩层中掘进的巷道且巷道断面中岩层占 4/5 以上。

（4）大断面巷道：巷道宽度不小于 5 m 的煤巷。

（5）锚杆支护：以锚杆为基本支护形式的支护方式。

（6）锚杆（索）排距：沿巷道走向相邻锚杆（索）之间的距离。

（7）围岩松动圈：开挖后表层围岩随位移的发生与发展、破坏逐渐向深处扩展，使其连续性和完整性遭到破坏的部分煤或者岩石圈。

（8）树脂锚杆：对巷道围岩起锚固作用的一套构件，包括杆体、树脂锚固剂、托盘、螺母与减摩垫圈等。

（9）杆体屈服载荷：锚杆杆体屈服时承受的拉力，kN。

（10）杆体拉断载荷：锚杆杆体所能承受的极限拉力，kN。

（11）锚固剂：将锚杆杆体锚固于钻孔中的无机或有机化学固结材料。

（12）锚固长度：锚杆杆体、锚固剂和钻孔孔壁的有效结合长度。

（13）端部锚固：锚杆锚固长度不超过 500 mm 或不超过钻孔长度的 1/3。

（14）锚杆拉拔力：锚杆拉拔试验时，锚杆破断或失效时的极限拉力，kN。

（15）锚杆锚固力：锚杆锚固部分或杆体在拉拔试验时，所能承受的极限载荷，kN。

（16）锚杆工作阻力：锚杆在支护状态下承受的载荷，kN。

（17）搅拌时间：安装树脂锚杆时，从开始搅拌树脂锚固剂到停止搅拌所用的时间。

（18）等待时间：安装锚杆时，从搅拌停止后到可以开始上紧螺母的时间。

（19）预紧力：安装锚杆或锚索时所施加的预紧力，kN。

（20）预紧力矩：安装锚杆时，拧紧锚杆螺母所施加的力矩，N·m。

（21）初始设计：根据地质力学评估结果提出的锚杆支护设计，按照该设计施工后应得到井下矿压监测的验证或修改。

（22）动态信息反馈：对矿压监测数据和资料分析和解释，验证和修改初始设计。

（23）复杂地段：指断层及围岩破碎带、应力集中区、顶板淋水区、裂隙发育区、巷道穿层地段、瓦斯异常区等地段。

（24）异常情况：巷道位移、离层、锚杆受力等发生突变的情况。

参 考 文 献

[1] 曾亚武,朱以文.岩石材料的剪切破坏特征[J].三峡大学学报(自然科学版),2002,24(1):48-51.

[2] 陈安敏,顾金才,沈俊,等.预应力锚索的长度与预应力值对其加固效果的影响[J].岩石力学与工程学报,2002,21(6):848-852.

[3] 陈洪凯,唐红梅,王蓉,等.锚固岩体参数的等效方法研究[J].应用数学和力学,2001,22(8):862-868.

[4] 陈妙峰,唐德高,周早生,等.锚杆锚固机理试验研究[J].建筑技术开发,2003,30(4):21-23.

[5] 陈荣,杨树斌,吴新生,等.砂固结预应力锚杆的室内试验及锚固机理分析[J].岩土工程学报,2000,22(2):235-237.

[6] 陈胜宏,强晟,陈尚法.加锚岩体的三维复合单元模型研究[J].岩石力学与工程学报,2003,22(1):1-8.

[7] 陈旭光,张强勇.岩石剪切破坏过程的能量耗散和释放研究[J].采矿与安全工程学报,2010,27(2):179-184.

[8] 程海旭,吴凯统,庄灿涛.岩石破裂系分形及分维数测定[J].地球物理学进展,1995,10(1):92-103.

[9] 程计多.锚索与锚杆作用机理相同性的探讨[J].煤炭工程,2007(1):70-71.

[10] 程良奎.锚喷支护技术讲座(二)——锚杆支护的作用与设计[J].有色金属(矿山部分),1978(2):46-51.

[11] 邓华锋,李建林,王乐华.考虑卸荷的加锚裂隙岩体力学参数研究[J].岩土力学,2008,29(4):1027-1030.

[12] 丁秀丽,盛谦,韩军,等.预应力锚索锚固机理的数值模拟试验研究[J].岩石力学与工程学报,2002,21(7):980-988.

[13] 董方庭,宋宏伟,郭志宏,等.巷道围岩松动圈支护理论[J].煤炭学报,1994,19(1):21-29.

[14] 董方庭.锚喷支护研究——围岩松动圈测定及锚固体强度实验(实验小结)[J].中国矿业学院学报,1980(2):25-36.

[15] 杜时贵,李军,徐良明,等.岩体质量的分形表述[J].地质科技情报,1997,16(1):91-96.

[16] 方从严.加锚岩体力学效应的研究[J].安徽建筑工业学院学报(自然科学版),2011,19(3):19-21.

[17] 方祖烈,陈万新,丁延梭,等.BM-1型机械式多点位移计在金川矿区的应用[J].岩石力

学与工程学报,1984,3(1):132-139.

[18] 方祖烈.对金川矿区不良岩体水平巷道地压活动规律的几点认识[J].北京科技大学学报,1982(4):11-15.

[19] 付国彬,姜志方.深井巷道矿山压力控制[M].徐州:中国矿业大学出版社,1996.

[20] 付宏渊,蒋中明,李怀玉,等.锚固岩体力学特性试验研究[J].中南大学学报(自然科学版),2011,42(7):2095-2101.

[21] 高峰,谢和平,赵鹏.岩石块度分布的分形性质及细观结构效应[J].岩石力学与工程学报,1994,13(3):240-246.

[22] 高峰,周科平,胡建华.顶板诱导致裂的数字探测及其分形特征研究[J].岩土工程学报,2008,30(12):1894-1899.

[23] 高明中.锚固体梁的弯曲突变失稳问题分析[J].岩土力学,2004,25(8):1267-1270.

[24] 勾攀峰,侯朝炯.锚固岩体强度强化的实验研究[J].重庆大学学报(自然科学版),2000,23(3):35-39.

[25] 勾攀峰.巷道锚杆支护提高围岩强度和稳定性研究[D].徐州:中国矿业大学,1998.

[26] 郭映龙,叶金汉.节理岩体锚固效应研究[J].水利水电技术,1992(7):41-44.

[27] 郭中领,符素华,张学会,等.土壤粒径重量分布分形特征的无标度区间[J].土壤通报,2010,41(3):537-541.

[28] 韩伯鲤,陈霞龄,宋一乐.岩体相似材料的研究[J].武汉水利电力大学学报,1997,30(2):6-9.

[29] 韩军,丁秀丽,朱杰兵.岩土锚固技术的新进展[J].长江科学院院报,2001,18(5):65-67.

[30] 韩立军,陈学伟,李峰.软岩动压巷道锚注支护试验研究[J].煤炭学报,1997,22(3):241-245.

[31] 韩立军,贺永年,蒋斌松,等.环向有效约束条件下破裂岩体再破坏特性分析[J].岩石力学与工程学报,2008,27(增2):3483-3489.

[32] 韩立军,贺永年.深部破裂岩体锚注加固结构承载机理分析[J].煤炭学报,2005,30(增):38-41.

[33] 何满潮,袁和生,靖洪文,等.中国煤矿锚杆支护理论与实践[M].北京:科学出版社,2004.

[34] 何则干,陈胜宏.加锚岩体的阶谱复合单元法研究[J].岩石力学与工程学报,2006,25(8):1698-1704.

[35] 贺永年.软岩巷道围岩松动带及其状态分析[J].煤炭学报,1991,16(2):63-69.

[36] 侯朝炯,柏建彪,张农,等.困难复杂条件下的煤巷锚杆支护[J].岩土工程学报,2001,23(1):84-88.

[37] 侯朝炯,勾攀峰.巷道锚杆支护围岩强度机理研究[J].岩石力学与工程学报,2000,19(3):342-345.

[38] 侯朝炯,郭励生,勾攀峰.煤巷锚杆支护[M].徐州:中国矿业大学出版社,1999.

[39] 侯朝炯,李学华.综放沿空掘巷围岩大、小结构的稳定性原理[J].煤炭学报,2001,26(1):1-7.

[40] 侯朝炯. 煤巷锚杆支护的关键理论与技术[J]. 矿山压力与顶板管理, 2002(1):1-5.

[41] 黄国军, 周澄, 赵海涛. 牛头山双曲拱坝整体稳定三维地质力学模型试验研究[J]. 西北水电, 2004(2):49-52.

[42] 黄建军, 杨海霞, 赵会德. 某地下洞室群加锚岩体支护仿真分析研究[J]. 人民黄河, 2013, 35(6):128-130.

[43] 黄润秋, 许强. 显式拉格朗日差分分析在岩石边坡工程中的应用[J]. 岩石力学与工程学报, 1995, 14(4):346-354.

[44] 贾颖绚, 宋宏伟, 段艳燕. 非连续岩体锚杆导轨作用的物理模拟研究[J]. 中国矿业大学学报, 2007, 36(4):614-617.

[45] 蒋斌松, 张强, 贺永年, 等. 深部圆形巷道破裂围岩的弹塑性分析[J]. 岩石力学与工程学报, 2007, 26(5):982-986.

[46] 靖洪文, 李元海, 梁军起, 等. 钻孔摄像测试围岩松动圈的机理与实践[J]. 中国矿业大学学报, 2009, 38(5):645-669.

[47] 靖洪文. 深部巷道大松动圈围岩位移分析及应用[D]. 徐州:中国矿业大学, 2001.

[48] 康天合, 郑铜镖, 李焕群. 循环荷载作用下层状节理岩体锚固效果的物理模拟研究[J]. 岩石力学与工程学报, 2004, 23(10):1724-1729.

[49] 康志强, 贾玉波, 罗忠伟. 裂隙岩体加锚剪切试验及边坡岩体模拟研究[J]. 煤矿安全, 2013, 44(3):55-58.

[50] 孔恒, 王梦恕, 高海宏. 岩体锚固承载结构的构成分析[J]. 西部探矿工程, 2003(2):97-99.

[51] 李大伟, 侯朝炯. 围岩应变软化巷道锚杆支护作用的计算[J]. 采矿与安全工程学报, 2008, 25(1):123-126.

[52] 李桂臣. 软弱夹层顶板巷道围岩稳定与安全控制研究[D]. 徐州:中国矿业大学, 2008.

[53] 李连华, 丁延棱. 采场巷道深部围岩位移特征[J]. 矿山压力与顶板管理, 2001(4):50-53.

[54] 李术才, 陈卫忠, 朱维申, 等. 加锚节理岩体裂纹扩展失稳的突变模型研究[J]. 岩石力学与工程学报, 2003, 22(10):1661-1666.

[55] 李术才, 王刚, 王书刚, 等. 加锚断续节理岩体断裂损伤模型在硐室开挖与支护中的应用[J]. 岩石力学与工程学报, 2006, 25(8):1582-1590.

[56] 李术才, 王汉鹏, 钱七虎, 等. 深部巷道围岩分区破裂化现象现场监测研究[J]. 岩石力学与工程学报, 2008, 27(8):1545-1553.

[57] 李术才, 朱维申. 加锚断续节理岩体力学特性的研究及其应用[J]. 煤炭学报, 1997, 22(5):490-494.

[58] 李术才. 加锚断续节理岩体损伤模型及应用[D]. 武汉:中国科学院武汉岩土力学研究所, 1996.

[59] 李树清. 深部煤巷围岩控制内、外承载结构耦合稳定原理的研究[D]. 长沙:中南大学, 2008.

[60] 李天斌, 徐进, 任光明. 西安地区断裂构造活动性的地质力学模拟研究[J]. 工程地质学报, 1994, 3(2):34-42.

[61] 李伟,程久龙.深井煤巷高强高预紧力锚杆支护技术的研究与应用[J].煤炭工程,2010(1):30-33.

[62] 李晓.岩石峰后力学特性及其损坏软化模型的研究与应用[D].徐州:中国矿业大学,1995.

[63] 李新平,代翼飞,郭运华,等.地下洞室锚固结构的力学特性与锚固机理研究[J].金属矿山,2009(399):19-28.

[64] 连建发,慎乃齐,张杰坤.基于分形理论的岩体质量评价初探[J].勘探科学技术,2003(2):3-5.

[65] 刘波,韩彦辉.FLAC原理、实例与应用指南[M].北京:人民交通出版社,2005.

[66] 刘社育,赵国堂.软岩巷道锚喷网支护参数的合理确定[J].湘潭矿业学院学报,1997,12(4):11-16.

[67] 刘伟平,扶名福,罗小艳.岩体灌浆锚杆的非局部摩擦分析[J].力学季刊,2005,26(2):280-285.

[68] 陆士良,汤雷,杨新安.锚杆锚固力与锚固技术[M].北京:煤炭工业出版社,1998.

[69] 陆银龙,王连国,杨峰,等.软弱岩石峰后应变软化力学特性研究[J].岩石力学与工程学报,2010,29(3):640-648.

[70] 鹿守敏,董方庭,高明德,等.软岩巷道锚喷网支护工业试验研究[J].中国矿业学院学报,1987(2):23-32.

[71] 马芳平,李仲奎,罗光福.NIOS相似材料及其在地质力学相似模型试验中的应用[J].水力发电学报,2004,23(1):48-51.

[72] 马刚,周伟,常晓林,等.锚杆加固散粒体的作用机制研究[J].岩石力学与工程学报,2010,29(8):1577-1584.

[73] 麦倜曾,张玉军.锚固岩体力学性质的研究[J].工程力学,1987(1):106-116.

[74] 毛光宁.美国锚杆支护综述[J].中国煤炭,2001,27(11):54-59.

[75] 孟波,靖洪文,陈坤福,等.软岩巷道围岩剪切滑移破坏机理及控制研究[J].岩土工程学报,2012,34(12):2255-2262.

[76] 缪海宾.损伤引起岩石剪切破坏的数值模拟研究[D].沈阳:辽宁工程技术大学,2008.

[77] 缪协兴,茅献彪,胡光伟,等.岩石(煤)的碎胀与压实特性研究[J].实验力学,1997,12(3):394-400

[78] 牛双建.深部巷道围岩强度衰减规律研究[D].徐州:中国矿业大学,2011.

[79] 彭海明,彭振斌,韩金田,等.岩性相似材料研究[J].广东土木与建筑,2002,12(12):13-17.

[80] 彭振华,丁浩,连建发,等.分形理论在地下工程岩体质量评价中的应用[J].隧道建设,2003,23(1):7-10.

[81] 佘诗刚,董陇军.从文献统计分析看中国岩石力学进展[J].岩石力学与工程学报,2013,32(3):442-464.

[82] 石修松,程展林.堆石料颗粒破碎的分形特性[J].岩石力学与工程学报,2010,29(增2):3853-3857.

[83] 宋桂红.加锚裂隙岩体整体力学性质研究与分析[D].武汉:武汉理工大学,2006.

［84］宋宏伟,牟彬善.破裂岩石锚固组合拱承载能力及其合理厚度探讨［J］.中国矿业大学学报,1997,26(2):33-36.

［85］宋宏伟.非连续岩体中锚杆横向作用的新研究［J］.中国矿业大学学报,2003,32(2):161-164.

［86］孙广忠.论地质工程的基础理论［J］.工程地质学报,1996,4(4):1-6.

［87］孙广忠.岩体力学的进展——岩体结构力学［J］.岩石力学与工程学报,1991,10(2):112-116.

［88］孙林松,郭兴文.考虑界面特性的加锚岩体组合单元模型［J］.河海大学学报(自然科学版),2005,33(4):418-421.

［89］王川婴,LAW K TIM.钻孔摄像技术的发展与现状［J］.岩石力学与工程学报,2005,24(19):3440-3448.

［90］王宏伟,姜耀东,赵毅鑫,等.软弱破碎围岩高强高预紧力支护技术与应用［J］.采矿与安全工程学报,2012,29(4):474-480.

［91］王继承,茅献彪,朱庆华,等.综放沿空留巷顶板锚杆剪切变形分析与控制［J］.岩石力学与工程学报,2006,25(1):34-39.

［92］王江海.耗散结构理论与地质学研究［J］.地球科学进展,1992,7(2):5-11.

［93］王金华,康红普,高富强.锚索支护传力机制与应力分布的数值模拟［J］.煤炭学报,2008,33(1):1-6.

［94］王书法,朱维申,李术才,等.加锚岩体变形分析的数值流形方法［J］.岩石力学与工程学报,2002,21(8):1120-1123.

［95］王水林,吴振君,李春光,等.应变软化模拟与圆形隧道衬砌分析［J］.岩土力学,2010,31(6):1929-1936.

［96］王卫军,李树清,欧阳广斌.深井煤层巷道围岩控制技术及试验研究［J］.岩石力学与工程学报,2006,25(10):2102-2107.

［97］王学滨,潘一山,伍小林.不同强度岩石中开挖圆形巷道的局部化过程模拟［J］.防灾减灾工程学报,2010,30(2):123-128.

［98］王学滨,王玮,潘一山.不同弹模时圆形巷道围岩的应变局部化数值模拟［J］.地质力学学报,2011,17(2):200-209.

［99］王泳嘉,邢纪波.离散单元法同拉格朗日元法及其在岩土力学中的应用［J］.岩土力学,1995,16(2):1-14.

［100］韦四江.预紧力对巷道围岩锚固体稳定的作用机理［D］.焦作:河南理工大学,2011.

［101］文特·简·卡里,许升阳,鞠文君.澳大利亚煤矿利用加固技术与应力控制方法控制围岩［J］.煤炭工程,1992(11):44-46.

［102］吴福元,林强.耗散结构在地质学中的应用及其评述［J］.长春地质学院学报,1992,22(1):31-38.

［103］吴拥政.锚杆杆体的受力状态及支护作用研究［D］.北京:煤炭科学研究总院,2009.

［104］吴拥政.强动压下回采巷道高预紧力强力锚杆支护技术［J］.煤炭科学技术,2010,38(3):12-14.

［105］伍永平,王超,李慕平,等.煤矿软岩巷道顶底板剪切变形破坏机理［J］.西安科技大学

学报,2007,27(4):539-543.

[106] 伍佑伦,王元汉,许梦国.拉剪条件下节理岩体中锚杆的力学作用分析[J].岩石力学与工程学报,2003,22(5):769-772.

[107] 肖同强,柏建彪,杨峰.高预紧力锚杆支护理论与技术发展现状[J].煤炭技术,2011,30(2):79-81.

[108] 谢广祥,杨科,常聚才.煤柱宽度对综放回采巷道围岩破坏场影响分析[J].辽宁工程技术大学学报,2007,26(2):173-176.

[109] 谢和平,彭瑞东,鞠阳.岩石变形破坏过程中的能量耗散分析[J].岩石力学与工程学报,2004,23(21):3565-3570.

[110] 徐金海,石炳华,王云海.锚固体强度与组合拱承载能力的研究与应用[J].中国矿业大学学报,1999,28(5):482-485.

[111] 徐金海,石炳华,王云海.松软围岩锚杆支护系统承载能力的研究与应用[J].辽宁工程技术大学学报(自然科学版),2000,19(4):371-374.

[112] 徐磊,任青文,杜小凯,等.加锚岩体结构面组合单元研究[J].三峡大学学报(自然科学版),2009,31(5):42-45.

[113] 徐永福,张庆华.压应力对岩石破碎的分维的影响[J].岩石力学与工程学报,1996,15(3):193-200.

[114] 许明,张永兴,阴可.砂浆锚杆的锚固及失效机理研究[J].重庆建筑大学学报,2001,23(6):10-15.

[115] 杨超,崔新明,徐水平.软岩应变软化数值模型的建立与研究[J].岩土力学,2002,23(6):695-697.

[116] 杨臻,郑颖人,张红,等.岩质隧洞围岩稳定性分析与强度参数的探讨[J].地下空间与工程学报,2009,5(2):283-290.

[117] 杨建辉,夏建中.层状岩石锚固体全过程变形性质的试验研究[J].煤炭学报,2005,30(4):414-417.

[118] 杨米加,贺永年.破裂岩石的力学性质分析[J].中国矿业大学学报,2001(2):9-13.

[119] 杨米加,贺永年.试论破坏后岩石的强度[J].岩石力学与工程学报,1998,17(4):379-385.

[120] 杨圣奇,渠涛,韩立军,等.注浆锚固裂隙砂岩破裂模式和裂纹扩展特征[J].工程力学,2010,27(12):156-163.

[121] 杨双锁,康立勋.锚杆作用机理及不同锚固方式的力学特征[J].太原理工大学学报,2003,34(5):540-543.

[122] 杨双锁,张百胜.锚杆对岩土体作用的力学本质[J].岩土力学,2003,24(supp):279-282.

[123] 杨松林,朱焕春,刘祖德.加锚层状岩体的本构模型[J].岩土工程学报,2001,23(4):427-430.

[124] 杨为民.锚杆对断续节理岩体的加固作用机理及应用研究[D].济南:山东大学,2009.

[125] 杨延毅,王慎跃.加锚节理岩体的损伤增韧止裂模型研究[J].岩土工程学报,1995,17(1):9-17.

[126] 杨延毅.加锚层状岩体的变形破坏过程与加固效果分析模型[J].岩石力学与工程学报,1994,13(4):309-317.

[127] 叶金汉.裂隙岩体的锚固特性及其机理[J].水利学报,1995(9):68-74.

[128] 伊腾福夫,孟庆仁.锚杆支护法(1)[J].矿业工程,1979(1):36-45.

[129] 易顺民,唐辉明.三轴压缩条件下三峡坝基岩石破裂的分形特征[J].岩土力学,1999,20(3):24-28.

[130] 易顺民,赵文谦.单轴压缩条件下三峡坝基岩石破裂的分形特征[J].岩石力学与工程学报,1999,18(5):497-502.

[131] 于学馥,郑颖人,刘怀恒,等.地下工程围岩稳定分析[M].北京:煤炭工业出版社,1983.

[132] 余伟健,高谦,朱川曲.深部软弱围岩叠加拱承载体强度理论及应用研究[J].岩石力学与工程学报,2010,29(10):2134-2142.

[133] 翟英达.多裂隙围岩中锚固结构形成的力学机理[J].煤炭学报,2011,36(9):1435-1439.

[134] 翟英达.锚杆预紧力在巷道围岩中的力学效应[J].煤炭学报,2008,33(8):856-859.

[135] 张季如,唐保付.锚杆荷载传递机理分析的双曲函数模型[J].岩土工程学报,2002,24(2):188-192.

[136] 张茂林.断续节理岩体破裂演化特征与锚固控制机理研究[D].徐州:中国矿业大学,2013.

[137] 张宁,李术才,李明田.单轴压缩条件下锚杆对含三维表面裂隙试样的锚固效应试验研究[J].岩土力学,2011,32(11):3288-3305.

[138] 张绪言,杨双锁.沿空巷层状顶板变形特征及对锚固结构的影响[J].地下空间与工程学报,2005,1(6):899-902.

[139] 张玉军,刘谊平.锚固正交各向异性岩体的本构关系和破坏准则[J].力学学报,2002,34(5):812-818.

[140] 张玉军.钻孔电视探测技术在煤层覆岩裂隙特征研究中的应用[J].煤矿开采,2011,16(3):77-80.

[141] 章青,卓家寿.加锚岩体的界面应力元模型[J].岩土工程学报,1998,20(5):50-53.

[142] 赵文,谢强,詹志锋.北盘江大桥岸坡位移特征模型试验研究[J].四川大学学报,2002,34(4):60-63.

[143] 赵赤云,薛玺成.模拟岩体结构面锚固试验[J].水利水电技术,1999,30(12):39-41.

[144] 赵尚毅,郑颖人,时卫民,等.用有限元强度折减法求边坡稳定安全系数[J].岩土工程学报,2002,24(3):343-346.

[145] 赵同彬,谭云亮,刘珊珊.加锚岩体流变特性及锚固控制机制分析[J].岩土力学,2002,33(6):1730-1734.

[146] 赵星光,蔡明,蔡美峰.岩石剪胀角模型与验证[J]岩石力学与工程学报,2010,29(5):970-980.

[147] 赵瑜,卢义玉,陈浩.深埋隧道三心拱洞室平面应变模型试验研究[J].土木工程学报,2010,43(3):68-74.

[148] 赵瑜.深埋隧道围岩系统稳定性及非线性动力学特性研究[D].重庆:重庆大学,2007.

[149] 郑维春,杨江明.井底车场大跨度交岔点围岩移动研究[J].煤矿开采,2006,11(6):80-82.

[150] 郑颖人,邱陈瑜,张红,等.关于土体隧洞围岩稳定性分析方法的探索[J].岩石力学与工程学报,2008,27(10):1968-1980.

[151] 郑颖人,徐浩,王成,等.隧洞破坏机理及深浅埋分类标准[J].浙江大学学报(工学版),2010,44(10):1851-1875.

[152] 郑颖人,赵尚毅,邓楚键,等.有限元极限分析法发展及其在岩土工程中的应用[J].中国工程科学,2006,8(12):39-61.

[153] 郑颖人,赵尚毅.岩土工程极限分析有限元法及其应用[J].土木工程学报,2005,38(1):91-99.

[154] 郑颖人.隧洞破坏机理及设计计算方法[J].地下空间与工程学报,2010,6(增2):1521-1532.

[155] 钟新谷,徐虎.管缝式锚杆防治软岩巷道底鼓的试验研究[J].岩土力学,1996,17(1):16-21.

[156] 朱浮声,郑雨天.全长粘结式锚杆的加固作用分析[J].岩石力学与工程学报,1996,15(3):333-337.

[157] 朱焕春,荣冠,肖明,等.张拉荷载下全长粘结锚杆工作机理试验研究[J].岩石力学与工程学报,2002,21(3):379-384.

[158] 朱建明,徐秉业,岑章志.岩石类材料峰后滑移剪膨变形特征研究[J].力学与实践,2001,23(5):19-22.

[159] 朱建明,徐秉业,任天贵,等.巷道围岩主次承载区协调作用[J].中国矿业,2000,9(2):41-44.

[160] 朱敬民,王林.岩石和锚杆组合材料力学性能的模拟研究[J].重庆建筑工程学院学报,1988(2):11-18.

[161] 朱维申,李术才,陈卫忠.节理岩体破坏机理和锚固效应及工程应用[M].北京:科学出版社,2002.

[162] 朱维申,任伟中.船闸边坡节理岩体锚固效应的模型试验研究[J].岩石力学与工程学报,2001,20(5):720-725.

[163] 朱训国,杨庆,栾茂田.岩体锚固效应及锚杆的解析本构模型研究[J].岩土力学,2007,28(3):527-532.

[164] 卓家寿,赵宁.不连续介质静、动力分析的刚体弹簧元法[J].河海大学学报,1993,21(5):34-43.

[165] 邹志辉,汪志林.锚杆在不同岩体中的工作机理[J].岩土工程学报,1993,15(6):71-79.

[166] BOOCA P. The application of pull out test to high strength concrete strength estimation[J]. Mater. Struct. (RILEM), 1984, 17(99):211-212.

[167] CHEN S H, EGGER P, MIGLIAZZA R, et al. Three-dimensional composite element modeling of hollow bolt in rock masses:In:Proceedings of the ISRM Interna-

tional Symposium on Rock Engineering for Mountainous Regions-Eurock' 2002 [C]. Madeira, Portugal:[s. n.],2002:753-759.

[168] CHEN S H, EGGER P. Three-dimensional elasto-visco-plastic finite element analysis of reinforced rock masses and its application[J]. International Journal for Numerical and Analytical Methods in Geomechanics, 1999, 23(1):61-78.

[169] CHEN S H, QIANG S, CHEN S F, et al. Composite element model of the fully grouted rock bolt [J]. Rock Mechanics and Rock Engineering, 2004, 37 (3): 193-212.

[170] CHUNLIN C L. Field observations of rock bolts in high stress rock masses[J]. Rock Mech. Rock Eng. ,2010(43):491-496.

[171] CHUNLIN C L. Rock support design based on the concept of pressure arch[J]. International Journal of Rock Mechanics & Mining Sciences, 2006(43):1083-1090.

[172] D. 伍尔斯莱格. 锚固岩体作为一种各向异性连续介质的特性与岩体巷道的设计建议: 第六届国际岩石力学大会论文集[C],1987:279-283.

[173] DONG F T,GGUO Z H,LAN B. The theory of supporting broken zone in surrounding rock[J]. Journal of China University of Mining & Technology, 1991, 2(1):64-71.

[174] DULACSKA H. Dowel action of reinforcement crossing cracks in concrete[J]. American Concrete Institute Journal, 1972, 69(12):754-757.

[175] FAIRHURST C,SIGNH B. Roof bolting in horizontally laminated rock[J]. Engineering and Mining Journal, 1974(185):80-90.

[176] FREEMAN T J. The behavior of fully bonded rock bolts in the kielder experimental tunnel[J]. Tunnels and Tunneling, 1978(10):37-40.

[177] FU G B, JING H W, XU J H. Stability analysis of surrounding rock of a deep roadway and its supporting practice:In: Proceedings of the 8th International Congress on Rock Mechanics. Part 2[C]. Rotterdam:A. A. Balkema, 1995:559-565.

[178] GRASSELLI G. 3D behavior of bolted rock joints:experimental and numerical study[J]. International Journal of Rock Mechanics and Mining Sciences, 2005, 42(1):13-24.

[179] HASHIMOTO JUN, TAKIGUCHI, KATSUKI. Experimental study on pullout strength of anchor bolt with an embedment depth of 30 mm in concrete under high temperature[J]. Nuclear Engineering and Design, 2004, 229:151-163.

[180] HOBST L, ZAJIC J. Anchoring in rock[M]. Amsterdam:Elsevier, 1977.

[181] HOCK E, BROWN E T. Practical estimates of rock mass strength[J]. International Journal Rock Mechanics and Mining Science, 1997, 34(8):1165-1186.

[182] HOFBECK J A, IBRAHIM I O, MATTOCK A H. Shear transfer in reinforced concrete[J]. American Concrete Institute Journal, 1969:129-128.

[183] KAWAI T. A new discrete model for analysis of solid mechanics problem[J]. Seisan Kenkyn, 1977, 29(4):208-210.

[184] LEE Y K,PIETRUSZCZAK S. A new numerical procedure for elasto-plastic analy-

sis of a circular opening excavated in a strain-softening rock mass[J]. Tunnelling and Underground Space Technology, 2008, 23(5):588-599.

[185] LI C, STILLBORG B. Analytical models for rock bolts[J]. International Journal of Rock Mechanics and Mining Sciences, 1999, 36(8):1013-1029.

[186] LI J. A review of techniques, advances and outstanding issues in numerical modelling for rock mechanics and rock engineering[J]. International Journal of Rock Mechanics & Mining Sciences, 2003, 40(3):283-353.

[187] LI S J, FENG X T, WANG C Y, et al. ISRM suggested method for rock fractures observations using a borehole digital optical televiewer[J]. Rock Mechanics and Rock Engineering, 2013, 46(3):635-644.

[188] MENG B, JING H W, CHEN K F, et al. Failure mechanism and stability control of a large section of very soft roadway surrounding rock shear slip[J]. International Journal of Mining Science and Technology, 2013, 23(1):127-134.

[189] OTTOSEN N S. Nonlinear finite element analysis of pullout test[J]. ASCE J. Struct. Div. , 1981,107(ST4):591-601.

[190] RAOUL O, ROKO, JAAK J K. A laboratory study of bolt reinforcement influence on beam building, beam failure and arching in bedded mine roof[C]. Proceedings of the International Symposium on Rock Bolting, Abisko, Edited by OVE STEPHANSSON university of Lulea, Sweden, 1983:205-217.

[191] SAPEGIN D D, PRIDOROGIINA I V, KOZYREVA I V. Experimental studies on strength of rock bolting[C]. Proceedings of the International Symposium on Rock Bolting. Abisko. Edited by OVE STEPHANSSON university of Lulea, Sweden, 1983:233-239.

[192] SPANG K, EGGER P. Action of fully-grouted bolts in jointed rock and factors of influence[J]. Rock Mechanics and Rock Engineering, 1990, 23(3):201-229.

[193] STONE W C, GIZA B J. The effect of geometry and aggregate on the reliability of the pullout test[J]. Concr. Int. , 1985, 7(2):27-35.

[194] STONE W C, CARINO N J. Comparison of analytical with experimental strain distribution forthe pullout test[J], ACI, 1984, 81(1):3-15.

[195] STONE W C, CARINO N J. Deformation and failure in large-scale pullout tests[J]. ACI. 1983,80(6):501-512.

[196] SUN X. Grouted rock bolts used in underground engineering in soft surrounding rock or highly stressed regions[C]. International Symposium on Rock Bolting, A. A. Balkema, 1984:93-100.

[197] VERVUURT A, VAN MIER J G M, SCHLANGEN E. Analyses of anchor pullout in concrete[J]. Materials and Structures, 1994, 27:251-259.

[198] WINDSOR C R. Rock reinforcement systems[J]. Int. J. Rock Mech. Min. Sci. 1997, 34(6):919-951.

[199] WULLSCHLAGER D, NATAU O. The bolted rockmass as an anisotropic continu-

um-material behavior and design suggestion for rock cavities:Proceedings of 6th IS-RM Congress[C]. Montreal，Canada，1987:1321-1324.

[200] YAP L P,RODGER A A. A study of behavior of vertical rock anchors using the finite element method[J]. International Journal of Rock Mechanics and Mining Sciences，1984，21(2):47-61.